2035中国教育发展战略研究

丛书主编 袁振国

# 高等教育赋能上海科技创新中心建设研究

朱军文 余新丽 杨颉 著

华东师范大学出版社

图书在版编目(CIP)数据

高等教育赋能上海科技创新中心建设研究/朱军文,余新丽,杨颉著. —上海:华东师范大学出版社,2020
(2035中国教育发展战略研究)
ISBN 978-7-5760-0043-6

Ⅰ.①高… Ⅱ.①朱…②余…③杨… Ⅲ.①高等教育-关系-科技中心-建设-研究-上海 Ⅳ.①G322.751

中国版本图书馆CIP数据核字(2020)第036279号

**2017年上海市文教结合"高校服务国家重大战略出版工程"资助项目**

2035中国教育发展战略研究
## 高等教育赋能上海科技创新中心建设研究

著　者　朱军文　余新丽　杨　颉
项目统筹　阮光页
责任编辑　白锋宇　王冰如
责任校对　张　筝　时东明
装帧设计　高　山

出版发行　华东师范大学出版社
社　　址　上海市中山北路3663号　邮编200062
网　　址　www.ecnupress.com.cn
电　　话　021-60821666　行政传真　021-62572105
客服电话　021-62865537　门市(邮购)电话 021-62869887
地　　址　上海市中山北路3663号华东师范大学校内先锋路口
网　　店　http://hdsdcbs.tmall.com

印刷者　上海锦佳印刷有限公司
开　本　787×1092　16开
印　张　13.5
字　数　244千字
版　次　2020年2月第1版
印　次　2020年2月第1次
书　号　ISBN 978-7-5760-0043-6
定　价　45.00元

出版人　王　焰

(如发现本版图书有印订质量问题,请寄回本社客服中心调换或电话021-62865537联系)

## 2035中国教育发展战略研究编委会

**主　编**　袁振国
**副主编**　王　焰　柯　政
**编　委**（按姓氏笔画为序）
　　　　　王　莉　王　焰　田　凤　白锋宇　朱军文
　　　　　刘贵华　刘复兴　阮光页　陈纯槿　林炊利
　　　　　尚俊杰　柯　政　姜　勇　袁振国　黄忠敬
　　　　　彭正梅　董圣足

### 总 序

这是一个史无前例的大变革时代。

科学技术迅猛发展，国际关系急剧变化，社会生产方式、生活方式深度变革，毫无疑问，教育方式和学习方式也面临着重大转型发展的历史挑战和前所未有的改善机遇。

自互联网、大数据、云计算取得突破性进展以来，教育的转型发展已初见端倪，随着人工智能、物联网、脑科学等的新突破，这种转型发展将更快、更强烈：

教育的形态，从以教为重心向以学为重心转移，从固定人群在固定地点、固定时间、学习固定内容的学校教育，向任何人在任何地点、任何时间、学习任何内容的泛在教育转型；

教育的功能，从以知识传授为中心向以能力培养为重心转移，尤其注重责任能力、思维能力、学习能力、沟通能力、创新能力、解决复杂问题能力的培养；

教育的内容，从以知识体系为主线的分科性的学科教育为主，向以核心素养为主导的综合性、问题性教学为主转型；

教育的评价和要求，从班级授课制背景下的统一化、标准化，向瓦解班级授课制的多样化、个性化、选择性的因材施教转型；

教育的形式，从以教定学，教什么学什么、怎么教怎么学，向以学定教，学什么教什么、怎样学就怎样教转型；

教育的手段，从以黑板粉笔为主要工具的线下教育，向基于互联网、物联网、人工智能的线上线下融合教育转型；

教育的生涯，从一次受教终身受益，向不间断的终身教育转型；

……

与此同时，未来社会对人才的数量、质量和类型不断提出新的要求。教育不断变革才能适应社会要求的不断变化，才能为受教育者奠定成功和幸福的基础。

关注 2030、关注未来教育形态，已经成为国际热点。2015 年 11 月，联合国教科文组织发布《教育 2030 行动框架》，指出：必须在当今发展的大背景中来审视"教育2030",教育系统必须相互关联,回应迅速变化的外部环境,如变革的劳动力市场、技术的更新换代、城镇化的兴起、政治环境的不稳定、环境恶化、自然风险与灾难、对自然资源的争夺、人口压力、全球失业率的攀升、贫穷的困扰、不平等的扩大以及和平与安全所面临的更多威胁。

经济合作与发展组织(OECD)在其发布的"2030年教育计划"中写道:"2030年,世界将会更加复杂,易于波动,不确定因素增多,形势不定。全球化、数字化、气候变化、人口结构变动以及其他重大趋势不仅创造了机会,而且给个人和社会带来了挑战,需要人们积极应对。下一代人需要掌握一种全新的、不同于以往的技能,才能取得成功,为有序社会作出贡献。虽然到2030年还有一段时间,但是现在开始读小学的孩子们将会在2030年踏入职场。"

中国经过改革开放40多年的发展,已经迅速发展为教育大国,并不断向教育强国迈进。面对快速发展、充满不确定性的未来,必须学会以不变应万变,以超常思维谋划未来,谋划适应和引领未来的教育。为此,华东师范大学教育学部和华东师范大学出版社联合申报了上海市文教结合"高校服务国家重大战略出版工程"项目,组织业内专家撰写"2035中国教育发展战略研究"丛书。

丛书从"服务国家重大战略"出发,希望对未来一二十年中国教育必将面临的重大挑战,对教育改革的重点领域和关键环节,进行整体思考、系统回应;从服务上海科创中心和教育综合改革试点出发,对上海如何贯彻先一步、高一层、领先发展的战略思想作出回答。丛书的指导思想是:第一,以2035年作为参照点,选取当前国家教育现代化战略推进过程中必然遇到的重大理论和实践问题,对下一阶段中国教育发展方向、问题和路径进行战略性、前瞻性和富有针对性的探讨;第二,以各级各类教育为经,以重大问题、发展趋势为纬,勾画未来教育蓝图;第三,以前瞻性、可操作性和实证性作为基本写作要求;第四,重视方法手段的变革,更注重制度性创新。

丛书的第一批作品包括:《新时期学前教育发展研究》(华东师范大学姜勇教授等)、《延长义务教育年限研究》(中国人民大学刘复兴教授等)、《"双一流"建设突破研究》(中国教育科学研究院刘贵华教授等)、《高考改革深化研究》(华东师范大学袁振国教授等)、《民办学校分类管理推进策略研究》(上海市教育科学研究院董圣足研究员等)、《面向2035教育经费投向研究》(华东师范大学陈纯槿副教授)、《未来教育重塑研究》(北京大学尚俊杰研究员)、《教育舆情演变与应对研究》(中国教育科学研究院田凤副研究员)、《高等教育赋能上海科技创新中心建设研究》(华东师范大学朱军文教授等)、《为了人的更高发展：国际社会谋划 2030 年教育研究》（华东师范大学彭正梅教授等）、《OECD 教育指标引领教育发展研究》（华东师范大学黄忠敬教授等）。

谋定而后动。社会发展越快，超前研究、多元研究越是重要。希望这套丛书能为我国未来教育改革发展提供战略性参考，也能激发广大从事和关心教育的读者的丰富思考。

袁振国

2019 年 9 月

# 目录

绪论 / 1

## 第一章 全球科技创新中心建设与高等教育的使命 / 7
第一节 高等教育与世界科学中心转移 / 7
第二节 高等教育与国家综合竞争力消长 / 11
第三节 高等教育与经济新城转型升级 / 16
第四节 全球科创中心建设与上海高等教育 / 25

## 第二章 国外高等教育如何服务全球科创中心 / 35
第一节 高等教育是全球科创中心原始创新的源头 / 35
第二节 高等教育是全球科创中心人才蓄水池 / 39
第三节 高等教育是全球科创中心产业创新策源地 / 45
第四节 对上海建设全球科创中心的启示 / 53

## 第三章 高水平大学如何强化科创中心的创新策源能力 / 56
第一节 上海高校创新策源能力的总体状况与分布 / 56
第二节 上海高校的创新策源平台及其组织模式 / 67
第三节 制约上海高校创新策源能力的主要问题 / 79
第四节 强化高水平大学创新策源能力的政策建议 / 82

## 第四章 上海高校人才培养如何更好服务全球科创中心建设 / 85
第一节 上海高校的人才培养与人才输送 / 85

第二节　上海高校的创新创业教育 / 96

　　第三节　上海高校研究生创新能力：参与科研项目的视角 / 107

　　第四节　高校人才培养服务上海全球科创中心建设 / 112

第五章　上海高校学科发展如何对接全球科创中心建设 / 114

　　第一节　上海学科布局情况 / 114

　　第二节　上海高校学科在国家创新体系中的地位分析 / 125

　　第三节　上海高校学科的国际地位 / 130

　　第四节　上海学科发展情况与服务科创中心建设展望 / 139

第六章　大学科技园区与科创中心功能承载区如何融合发展 / 141

　　第一节　上海高校科技成果转化：从校办产业到大学科技园区建设 / 141

　　第二节　上海高校大学科技园区发展的瓶颈 / 151

　　第三节　科创中心功能承载区是大学科技园区发展的新机遇 / 154

　　第四节　加快"两区融合"发展的政策建议 / 162

第七章　长三角高等教育如何协同赋能全球科创中心建设 / 165

　　第一节　长三角一体化战略与全球科技创新中心建设 / 165

　　第二节　长三角高等教育协同发展的历程与现状 / 168

　　第三节　长三角地区的科技协同与创新动力 / 171

　　第四节　国际高等教育赋能区域发展的经验 / 184

　　第五节　长三角高等教育协同赋能科创中心建设的未来方向 / 187

**参考文献** / 191

**后记** / 199

## 图表目录

图1-1 1978—1999年苏州、杭州、深圳的GDP占全国比重变化趋势 / 17

图1-2 1978—1999年苏州、杭州、深圳人均GDP变化趋势 / 17

图1-3 1978—1999年苏州、杭州、深圳的高等学校数 / 19

图1-4 1978—1999年苏州、杭州、深圳三地高校专任教师情况 / 19

图1-5 苏州、杭州、深圳高校增长情况 / 21

图1-6 苏州、杭州、深圳三地高校在校生数增长情况 / 23

图1-7 苏州、杭州、深圳三地高校毕业生数增长情况 / 23

图1-8 苏州、杭州、深圳的SCI论文数增长情况 / 24

图1-9 苏州、杭州、深圳三地其他高校发表论文数量占比提升 / 25

图1-10 上海市普通高校院校类型分布 / 26

图1-11 上海市普通高校不同院校类型的专任教师分布 / 26

图1-12 上海市普通高校专任教师职称分布 / 27

图1-13 上海市普通高校学生分布 / 27

图1-14 沪京部属高校现有院士、杰青、长江学者情况 / 29

图1-15 沪京部属高校创新团队情况 / 30

图1-16 沪京部属高校近5年在《自然》和《科学》上的发文数量 / 31

图3-1 上海高校从事科技活动人员数 / 57

图3-2 上海高校科技活动收入 / 58

图3-3 上海高校项目数和项目投入人力 / 59

图3-4 上海高校发表论文数和科技专著数 / 61

图3-5 上海高校专利申请数和授权数 / 62

图3-6 上海高校在《自然》和《科学》上发表论文数量的变化趋势 / 65

图 3-7　上海市创新策源平台的分布 / 68

图 3-8　不同研究基地发表 Q1—Q4 区期刊论文的比例对比 / 74

图 5-1　上海在建一级学科雷达图 / 115

图 5-2　软科世界一流学科领域和学科 / 132

图 5-3　QS 世界大学学科排名领域与学科名称 / 132

图 5-4　THE 世界大学学科排名的学科领域 / 133

图 5-5　U.S. News 世界大学学科排名的学科领域 / 135

图 5-6　ESI 世界大学学科领域名称 / 137

图 7-1　长三角地区概况 / 166

图 7-2　ESI 前 1% 学科分布情况与长三角的优势 / 177


表 1-1　1999 年全国 GDP 前十城市的高校在校生和专业技术人员规模 / 19

表 1-2　1999 年以来苏州、杭州、深圳部分新增高等教育机构情况 / 21

表 1-3　沪京高校国内综合竞争力情况 / 28

表 1-4　沪京高校国际综合竞争力情况 / 28

表 1-5　沪京部属高校博士学位教师情况 / 29

表 1-6　沪京部属高校人才培养状况 / 30

表 2-1　全球科创中心所在地高水平大学的基础研究产出 / 36

表 2-2　全球科创中心所在地高水平大学的自然指数排名(2018) / 38

表 2-3　部分全球科创中心、研究型大学和国家实验室叠加情况 / 39

表 2-4　全球科创中心所在地高水平大学的国际学生比例 / 42

表 2-5　全球科创中心所在地高水平大学获得诺贝尔奖人数 / 43

表 2-6　全球科创中心一流大学的全球顶尖科学家 / 44

表 2-7　伦敦及其他英国高等教育机构专业招生比例对比 / 46

表 2-8　"应用科学"计划四大项目 / 48

表 2-9　全球科创中心近五年大学校友创办的创业公司情况 / 52

表 2-10　斯坦福大学校友在硅谷创办的部分企业(1939—2012) / 52

表 3-1　上海市部分部属高校从事科技活动人员数分布 / 57

表 3-2　上海市高校科技经费投入和变化情况 / 58

表 3-3　上海高校项目数和项目投入人力校际分布 / 60

表 3-4　上海高校发表论文数和科技专著数校际分布 / 61

| 表 3-5 | 上海高校专利申请数和授权数校际分布 / 62 |
| 表 3-6 | 2010—2016 年上海高校高水平论文和国内相对影响力情况 / 63 |
| 表 3-7 | 2010—2016 年上海高校高水平论文和国际相对影响力情况 / 64 |
| 表 3-8 | 上海高校科技论文被引次数及篇均被引次数 / 64 |
| 表 3-9 | 上海高校科技论文被引次数及篇均被引次数全球排名情况 / 65 |
| 表 3-10 | 上海高校在《自然》和《科学》上发表论文的校际分布 / 66 |
| 表 3-11 | 上海市科技成果获奖情况 / 66 |
| 表 3-12 | 2012—2017 年上海高校科技成果获奖情况校际分布 / 67 |
| 表 3-13 | 上海高校国家重点实验室分布 / 69 |
| 表 3-14 | 上海高校省部级重点实验室校际分布 / 69 |
| 表 3-15 | 上海高校国家工程技术研究中心 / 70 |
| 表 3-16 | 上海高校省部级工程技术研究中心校际分布 / 70 |
| 表 3-17 | 2009—2018 年上海高校国家重点实验室发表论文情况 / 72 |
| 表 3-18 | 2009—2018 年研究基地发表论文情况对比 / 73 |
| 表 3-19 | 2009—2018 年研究基地发表论文引用情况对比 / 74 |
| 表 3-20 | 美国能源部国家实验室依托高校及建筑规模 / 76 |
| 表 3-21 | 美国能源部国家实验室的大科学装置情况 / 77 |
| 表 3-22 | 美国能源部国家实验室人员构成(2011) / 78 |
| 表 3-23 | 美国能源部国家实验室经费来源 / 78 |
| 表 4-1 | 上海高校分学历层次在校生人数 / 85 |
| 表 4-2 | 上海高校各学科门类在校生人数 / 86 |
| 表 4-3 | 上海高校分学历层次毕业生人数 / 86 |
| 表 4-4 | 上海高校各学科门类毕业生人数 / 87 |
| 表 4-5 | 上海高校毕业生总体就业率情况 / 88 |
| 表 4-6 | 上海高校各学科门类就业人数情况表 / 89 |
| 表 4-7 | 上海高校毕业生留沪工作趋势表 / 90 |
| 表 4-8 | 上海高校在沪报到就业毕业生工作行业流向表 / 91 |
| 表 4-9 | 上海高校创业项目申报及资助情况 / 97 |
| 表 4-10 | 上海高校研究生参与科研项目情况 / 108 |
| 表 4-11 | 上海高校研究生参与科研项目的分学科情况 / 109 |
| 表 4-12 | 上海高校研究生参与科研项目的隶属情况 / 110 |

表 4-13　上海高校研究生参与科研项目的类型情况 / 111

表 4-14　上海高校研究生参与科研项目的来源情况 / 111

表 5-1　上海高校和科研机构在建一级学科基本情况 / 115

表 5-2　上海高校在建一级学科数量 / 116

表 5-3　上海高校在建一级学科的学科点数量情况 / 117

表 5-4　上海高校在建一级学科数量最多的 5 个学科的建设高校 / 118

表 5-5　2016—2018 年上海新增新兴和交叉型本科专业 / 119

表 5-6　高端装备制造领域的学科分布与发展水平 / 122

表 5-7　生物医药与大健康领域的学科分布与发展水平 / 123

表 5-8　人工智能与大数据领域的学科分布与发展水平 / 123

表 5-9　新能源与新材料领域的学科分布与发展水平 / 125

表 5-10　上海高校第四轮学科评估结果 / 126

表 5-11　上海高校学科领域的第四轮学科评估结果分布 / 127

表 5-12　上海高校第四轮一级学科评估结果与部分省市比较 / 128

表 5-13　上海高校入围"双一流"建设的情况 / 129

表 5-14　上海高校在四大学科排名和 ESI 中的情况 / 131

表 5-15　上海高校 THE 学科排名上榜高校及排名 / 134

表 5-16　上海高校 U.S. News 学科排名入围情况 / 136

表 5-17　2019 年 9 月上海高校入选 ESI 前 1% 学科 / 138

表 6-1　上海市国家大学科技园分布情况 / 143

表 6-2　上海市国家大学科技园及部分分园(基地)分布 / 146

表 6-3　大学科技园创新产业集群 / 149

表 6-4　上海市国家大学科技园基本情况(2018) / 150

表 6-5　上海市国家大学科技园企业孵化情况(2018) / 150

表 6-6　上海市国家大学科技园工作人员情况 / 151

表 6-7　上海全球科创中心各功能承载区发展定位 / 154

表 6-8　上海科创中心功能承载区功能布局 / 158

表 6-9　上海科创中心功能承载区产业布局 / 158

表 7-1　长三角地区国家级高新区企业主要指标 / 173

表 7-2　长三角 ESI 前 1% 学科分布 / 177

表 7-3　长三角地区围绕科创中心建设的优势学科(根据 ARWU 学科

排名）/ 178

表 7-4　长三角高校占有研究优势的热点前沿问题 / 180

表 7-5　2017 年长三角新增交叉型本科专业 / 181

表 7-6　欧洲各国家高等教育宏观特征 / 185

## 绪 论

"要加快向具有全球影响力的科技创新中心进军",是2014年5月习近平总书记在上海考察时,对上海作出的重要指示。2015年5月,上海市发布《关于加快建设具有全球影响力的科技创新中心的意见》(下称《意见》),全力推进科技创新,实施创新驱动战略,落实全球科技创新中心建设部署。《意见》提出到2020年形成科技创新中心基本框架体系,到2030年形成科技创新中心城市核心功能。如今,上海科创中心建设已走过五年。从概念到方案,从理念到政策,从蓝图到行动,上海持续深入推进具有全球影响力科创中心建设。从2019年5月上海科创中心建设五年成绩发布会上的信息看[1],这五年上海搭框架、打基础,科创中心建设取得了一系列实质性突破,重大成果不断涌现。接下来的5—10年,在顶层设计框架基本形成后,如何从根本上建立全球科创中心"自下而上"的自发展、自循环机制,在自主创新能力和创新策源能力上实现质的跃升?这一问题亟待破解。为此,必须先回答,国家层面全球科技创新中心、城市层面全球科技创新中心和基于建设科技强国战略目标的城市科技创新中心建设等一系列相互关联的基本概念和相互关系问题。理清楚了这些概念和问题,知道从哪里来,要到哪里去,才能找到清晰的路径,采取更有力的政策举措。

### 一、国家层面的全球科技创新中心

国家层面的全球科技创新中心在早期阶段与世界科学中心的称谓基本一致。人们往往更习惯用世界科学中心来说明其在全球科技创新网络中的角色。关于国家层面的世界科学中心,最早由科学学奠基人贝尔纳(J. D. Bernal)在《历史上的科学》一书的序言中提出。他在揭示世界范围内科学进步存在不均衡增长的基础上,提出了科学活动中心的思想,将其贯穿在全书的篇章中进行了阐述。他绘制了一张形象的科学技术史图,描绘了自人类诞生以来世界科学中心随时间推进在全球各国家、地区和城市转移扩散的迁移历程[2]。日本科学史学者汤浅光朝受贝尔纳启发,用定量的方法,基

---

[1] 上海市科学技术委员会. 上海科创中心建设五年成绩亮眼[EB/OL]. (2019-05-23). http://www.shanghai.gov.cn/nw2/nw2314/nw2315/nw31406/u21aw1384293.html.
[2] [英]贝尔纳. 历史上的科学[M]. 伍况甫,等,译. 北京:科学出版社,1959.

于科学史年表的科学成果指标,对世界科学中心进行了创造性的定量刻画。他经过研究认为,一个国家科学成果数占世界科学成果总数的25%及以上的时期,就称为该国的科学兴隆期;处于科学兴隆期的国家,就是世界科学中心。[①] 汤浅光朝以这一界定为指标,统计发现自文艺复兴之后,世界科学中心经历了意大利——英国——法国——德国——美国的转移轨迹,每个国家的科学兴隆期平均约为80年。当然,现在的美国,其科学兴隆期已经被拉长,打破了之前的80年规律。

关于国家层面的全球科技创新中心的界定被广泛接受。后续众多学者以此为标准,通过找寻不同的科技编年史料,分析科学发展的历史及其在国与国之间的变迁过程。随着全球化的进程加快,世界科学发展的走向,已经出现国家层面世界科学中心从单核转向多核的趋势,呈现多个世界科学中心并存,或一个主中心与多个辅中心并存的状态。

以国家层面的世界科学中心视角来看,无论是意大利还是英国、法国、德国、美国,在其站到世界科学中心前沿,成为世界科学中心的过程中,都具有在科学上出现颠覆性创新的现象存在。在界定世界科学中心的过程中,虽然是以一国科学成果占世界成果总数25%这个数量指标来衡量,但是能引起一国科学研究重大成果井喷式增长的,需要有对制约科学发展的基础性瓶颈的重大突破。一个新领域的诞生,往往才会引致随后的科学的繁荣。意大利成为科学中心的时代,其标志性突破在于力学、解剖学和天文学等方面的巨大变革,并据此颠覆了此前有关人体和宇宙中心说的权威;第二个时期,则以从培根、笛卡尔到牛顿等为代表,形成了一种新的数学—力学的世界模型,确立了一整套严密的科学方法[②]。关于英国、德国、美国等在世界科学中心更替中的颠覆性科技创新,第一章中将会进一步分析。

从国家层面看,成为世界科学中心需要颠覆性的重大科学突破,并引致随后的科学的井喷式发展。一个国家如何在科技创新上实现重大突破,在全球科技竞争中保有优势地位,这是众多学者关注的研究议题。构建国家创新体系,提升国家创新能力,是这一领域研究中的代表性观点。英国学者弗里曼(C. Freeman)根据日本的产业发展经验提出了国家创新体系的理念,强调政府对技术创新的有效干预是提升一国创新能力的重要因素。弗里曼将国家创新体系的构成要素分为4个方面,即政府管理、企业研发、教育和培训、产业结构。在国家创新体系的支持下,建设创新型国家,通过科技

---

① Yuasa M. Center of scientific activity: Its shift from the 16th to the 20th century [J]. Japanese Studies in the History of Science, 1962,1(1): 57-75.
② 刘则渊. 贝尔纳论世界科学中心转移与大国博弈中的中国[J]. 科技中国,2017(1): 18—24.

要素驱动而不是传统的资源驱动,实现经济、社会的持续和协调发展,这是主要发达国家的经验。一般认为,创新型国家应至少具备以下4个基本特征:创新投入高,国家的研发投入占国内生产总值(GDP)的比例一般在2%以上;科技进步贡献率高达70%以上;自主创新能力强,国家的对外技术依存度指标通常在30%以下;创新产出高。从国家层面看,成为世界科学中心一定是创新型国家;而创新型国家,其科学技术的水平一定也是高的。

## 二、城市层面的全球科技创新中心

关于城市层面的科技创新中心的相关概念始于20世纪80年代。随着美国硅谷和波士顿、德国慕尼黑、日本筑波及印度班加罗尔等一批具有世界影响力的科技中心或新兴产业中心异军突起,学者们对科技活动的空间异质性问题的关注开始逐步从国家层面下移到次国家的区域或城市层面。[1]

美国《在线》杂志在2000年最早提出"全球技术创新中心"概念,并通过高校与研究机构培训熟练技术人员或科技创新能力、大企业和跨国公司、人们的创业积极性、获取风险资本情况等四个指标评选了硅谷、波士顿等46个城市层面的全球技术创新中心。但目前,国际上尚无完全统一、广为接受的关于"全球科技创新中心"的评价体系。比较权威且连续发布的三大指标体系包括:美国普华永道的"机遇之都"评价,其关于"创新机遇"的指标侧重于城市的创新投资环境;日本森纪念财团城市战略研究所开展的全球实力城市评价,其"城市研发"指标侧重于城市科技创新能力;澳大利亚咨询机构2thinknow的"创新城市"评价,其指标侧重于城市文化创意能力。[2] 从上述机构对全球科技创新中心城市进行评价的指标看,侧重各有不同,差异较大。从排名结果一致性看,美国《在线》杂志和澳大利亚2thinknow两个机构关于世界排名前46名的科技创新城市名单中,约有50%是不重复的,结果的差异性也较大。[3]

据此,我们可以看到,与国家层面的世界科学中心及其转移路径得到学界较为一致认可有所不同,从机构对城市层面的全球科技创新中心的评价操作中,尚无统一的、广为接受的权威声音。评价指标不同,结果也不同,除少数排名靠前的毫无争议的代表性城市如硅谷外,对于其他一些城市在全球科技创新网络中的重要性及其代表性,尚无一致判断。

---

[1] 杜德斌,何舜辉. 全球科技创新中心的内涵、功能与组织结构[J]. 中国科技论坛,2016(2):10—15.
[2] 屠启宇,王冰. 发挥智力资本优势参与全球创新网络:从国际指标体系看上海建设全球科技创新中心[J]. 华东科技,2015(4):70—73.
[3] 杜德斌,段德忠. 全球科技创新中心的空间分布、发展类型及演化趋势[J]. 上海城市规划,2015(2):76—81.

上海提出建设全球科技创新中心战略目标后,在上海和国内迅速掀起了研究的热潮。华东师范大学杜德斌教授率先对此问题进行了系统的分析,他认为全球科技创新中心是指科技创新资源密集、科技创新活动集中、科技创新实力雄厚、科技成果辐射范围广大,从而在全球价值网络中发挥显著增值功能并占据领导和支配地位的城市或地区。[①] 上海交通大学骆建文教授等认为,科技创新中心是指具有密集的科技创新资源、雄厚的科技创新实力、发达的创新文化、浓郁的创新氛围、较强的科技辐射与带动城市群发展的中心城市,并扮演了新知识、新技术和新产品的创新源地和产生中心的角色。[②] 王德禄认为,科技创新中心是由科学中心演变而来的,两者最大的区别在于科技创新中心是经济中心,而不是技术中心。[③] 肖林认为,全球科技创新中心不是狭义的知识中心和科技成果转化中心,而是科技、经济、文化高度融合,创新、创意、创业相互交织的综合性创新中心。[④] 从上述几种代表性观点中不难看出,关于全球科技创新中心的理解,一方面凸显了其在科技资源运用上的相对优势地位,另一方面突出了其在产业形态上的引领地位;此外,也强调了城市综合实力和整体的国际影响力。

同时,我们也看到,与日本学者汤浅光朝对"世界科学中心"创造性的定量刻画不同,理论专家和智库机构均未能提出一个被广泛接受的刻画全球科技创新中心城市的定量维度。这既使得全球科技创新中心的表述多样化了,也使得全球科技创新中心的建设目标变得模糊。如果停留于此,则全球科技创新中心城市与早先提出的区域创新体系,并未有实质性突破。

在弗里曼提出国家创新体系概念后,库克(P. Cooke)把国家创新体系概念衍生到一般的区域创新体系,并提出区域创新体系是由地理区位上相互分工且相互关联的生产企业、研究机构和高等学校等组成的区域性组织体系[⑤]。三螺旋理论则在此基础上,引入政府的角色,从大学、产业、政府之间的螺旋互动关系出发,研究创新发展的动力和不同主体之间的关系,将具有不同价值取向的高校、企业、政府在促进区域经济社会发展上统一起来,使知识、生产和行政三个领域动力合一。据此可以理解,全球科技创新中心是城市发展目标,而支撑全球科技创新中心目标的应是高水平的、充满活力的区域创新体系,以及大学、企业和政府在知识、生产和行政服务三个方向上的协同

---

① 杜德斌.上海建设全球科技创新中心的战略路径[J].科学发展,2015(1):93—97.
② 骆建文,王海军,张虹.国际城市群科技创新中心建设经验及对上海的启示[J].华东科技,2015(3):64—68.
③ 王德禄.以新经济视角看"科技创新中心"[J].中关村,2014(6):80.
④ 肖林.未来30年上海全球科技创新中心与人才战略[J].科学发展,2015(7):14—19.
⑤ Cooke P. Regional innovation systems: Competitive regulation in the new Europe [J]. Geoforum, 1992,23(3):365-382.

合力。

如果将国家层面全球科技创新中心与城市层面全球科技创新中心进行简单比较,可以看到:其一,与国家层面全球科技创新中心较长历史跨度的分析和研究不同,城市层面全球科技创新中心还属于较短时间跨度的分析;其二,和国与国之间科技创新中心的替代关系不同,城市层面的全球科技创新中心并无相互直接替代的转移研究,或者说单从城市层面看,全球科技创新中心之间的竞争性较弱;其三,城市层面的全球科技创新中心存在多中心并存的状况;其四,无论是国家层面还是城市层面,无论是在国家创新体系还是在区域创新体系中,高等教育都是极为重要的创新策源地。

### 三、科技强国战略目标牵引下的上海全球科创中心建设

推动我国经济发展方式转型是改革开放以来一项长期而艰巨的任务。1995年,国家在"九五"计划中就提出要加快经济发展方式转型,大力推进经济从粗放型向集约型转变。20余年来,经济发展转型升级的任务尚未从根本上解决。

党的十八大以来,习近平总书记对经济转型工作高度重视,对经济发展方式转型有过全面系统的阐述。习近平总书记多次强调,转变经济发展方式要强化创新驱动。从全球范围看,科学技术越来越成为推动经济社会发展的主要力量,创新驱动是大势所趋。一个国家只是经济体量大,还不能表明其强大。我们是一个大国,在科技创新上要有自己的东西。2015年党的十八届五中全会提出创新、协调、绿色、开放、共享五大发展理念,将创新作为引领发展的第一动力。2016年,中共中央、国务院发布《国家创新驱动发展战略纲要》,提出"2020年进入创新型国家行列"、"2030年跻身创新型国家前列"、"2050年建成世界科技创新强国"的三步走目标。党的十九大报告提出,以习近平新时代中国特色社会主义思想为指导,深入实施创新驱动发展战略,加快建设创新型国家和世界科技强国。

世界经济论坛(World Economic Forum,WEF)在其发布的《全球竞争力报告》中曾指出,影响经济发展的最主要因素为要素、效率和创新。根据对不同因素的倚重度不同将经济发展分为三个阶段:要素驱动阶段(factor-driven)、效率驱动阶段(efficiency-driven)和创新驱动阶段(innovation-driven)。随着经济发展平稳地转入下一个阶段,每个子指标所占的权重也会相应地平稳调整。WEF还认为各因素对经济发展贡献的大小与该国(地区)的经济发展水平相关,因此可以根据人均GDP来判断该国(地区)处于哪一个经济发展阶段或过渡期。根据该分类方法,创新型国家(地区)中除韩国和中国台湾地区位于效率驱动阶段向创新驱动阶段过渡的阶段外,其他国家

(地区)均已进入创新驱动阶段,即创新成为经济发展的主要推动力。[①] 加快实现创新驱动,从总体上看是要实现三个方面的历史性转变。一是在科技创新水平方面,推动我国实现从跟踪为主到跟跑、并跑、领跑"三跑"并存的历史性转变;二是在创新战略导向方面,推动我国科技创新与经济社会发展的关系实现从"面向、依靠、服务"到"融合、支撑、引领"的历史性转变;三是在全球创新竞争格局方面,推动我国实现从被动跟随到主动挺进世界舞台中心的历史性转变。[②] 实现了三个方面的历史性转变,则科技强国战略目标就可顺理成章地得以实现。

实现世界科技强国战略目标的过程,也是成为世界科学中心的过程,成为国家层面全球科技创新中心的过程。按照传统的区分方式,成为国家层面的全球科技创新中心是该国重大科技成果占世界重大科技成果总数的25%及以上。如何达到?如何实现?显然,拥有多个城市层面的全球科技创新中心,是成为世界科技强国或世界科学中心的必要条件,也是建成世界科技强国的必然要求。

在国家建设世界科技强国的战略目标牵引下,研究和分析上海全球科技创新中心建设,则对其任务和路径有了完全不同的理解。上海建设具有全球影响力的科技创新中心,不仅是上海市发展动力转型的需要,更是国家经济发展方式转型的需要。加强上海全球科技创新中心建设,实际上是要打造我国经济发展创新动力的一个策源地,是要解决制约创新瓶颈的基础科学问题和具有颠覆性的关键共性技术问题,是要实现能够引起科技创新井喷式增长的核心科学突破,从而带来新兴产业蓬勃发展的源头创新。因此,上海建设具有全球影响力的科技创新中心应该更侧重基础研究,更需要高等教育的赋能。

---

[①] 刘念才,周铃. 面向创新型国家的研究型大学建设研究[M]. 北京:中国人民大学出版社,2007.
[②] 汪克强. 引领新时代科技强国建设的重大战略[N]. 人民日报,2017-11-07.

## 第一章　全球科技创新中心建设与高等教育的使命

全球科技创新中心建设与高等教育发展具有不可分割的密切关联,这是一个基本没有争议的话题。然而,由于"十年树木,百年树人"的人才成长特点,高等教育在人才培养与输送方面的成效并不能立竿见影;而且高等学校开展的多数科学研究偏重基础,不具有直接应用的短期可见的价值,因此,对于高等教育在科技创新中心建设中的作用到底有多重要,并无共识。这样的认识偏差,可能带来政策举措上的错位,以短期见效的政策谋长期发展的目标。由此,立足国家层面全球科技创新中心兴起与转移的经验,立足主要发达国家崛起过程中高等教育大发展与科技实力提升的历史视角,立足我国经济新城谋求发展转型升级过程中倚重高等教育的案例,对于充分认识高等教育在建设全球科技创新中心中的重要价值,把握高等教育适度超前发展的基本规律,是必不可少的。

## 第一节　高等教育与世界科学中心转移

### 一、世界科学中心的五次转移

20世纪30年代,美国科学社会学家默顿(R. K. Merton)运用定量方法研究了科学兴趣中心转移的现象。到20世纪50年代,英国科学家贝尔纳和丹皮尔(W. C. Dampier)先后研究了科学活动的分期与科学活动中心转移的规律。受默顿的计量方法和贝尔纳研究选题的启发,日本科学史家汤浅光朝用定量方法分析了近现代以来世界科学中心及其转移的规律,科学学上称之为"汤浅现象"。[1] 汤浅光朝研究发现,自文艺复兴时期以来的近400年时间,世界科学中心每隔80年左右发生一次转移,先后从意大利到英国、法国、德国和美国。

此后,学者们根据不同的科学史年表对该问题进行了持续的研究,得出了不同的世界科学中心转移的轨迹,形成了世界科学单中心转移、世界科学多中心转移、世界技术中心转移等结论。但对于世界科学中心依照从意大利到英国、法国、德国、美国的顺

---

[1] 冯烨,梁立明.世界科学中心转移的时空特征及学科层次析因(上)[J].科学学与科学技术管理,2000(5):4—8.

序转移,以及相应国家成为世界科学中心主要时期的认识基本一致。① 从 16 世纪中期开始,1540—1610 年间,意大利成为第一个世界科学中心;1660—1730 年间,英国逐渐取代意大利,成为第二个世界科学中心;1770—1830 年间,法国逐渐取代英国,成为第三个世界科学中心;1810—1920 年间,德国逐渐取代法国,成为第四个世界科学中心;1920 年至今,美国逐渐取代德国,成为第五个世界科学中心,并且打破了世界科学中心每隔 80 年转移一次的论断。

## 二、高等教育对世界科学中心转移具有深层次影响

众多学者对世界科学中心转移的原因进行了多角度的分析。已有研究大多认为,高等教育的发展与繁荣是世界科学中心转移不可回避的重要原因之一。

王子龙以不同历史时期各国大学培养的杰出科技人才和大学的数量为指标,分析了世界高等教育中心的形成标志及其转移情况。② 根据此研究,世界高等教育中心最早产生于意大利(12 世纪初—16 世纪末),随后沿着英国(17 世纪初—1810 年)——德国(1810—1862 年)——美国(1862 年至今)的路线转移。每个成为世界高等教育中心的地区都在其大学培养的世界科技名人数量上保持着绝对优势,在大学规模上处在领先的位置。迟景明认为近现代的世界高等教育中心在欧洲中世纪大学出现后,经过意大利、英国、法国、德国、美国五个中心,其间发生四次转移。他认为高等教育中心一般而言先于科学中心,高等教育中心的转移为科学中心转移提供必要的基础,高等教育中心转移在一定程度上导致科学中心的转移。③ 周光礼认为世界高等教育中心的转移与"汤浅现象"之间存在着正向的相关性,高等教育是推动"汤浅现象"发生的重要因素。④ 总之,高等教育中心的转移与世界科学中心的转移紧密相关。

高等教育的改革和发展是一个国家成为科学中心的重要原因,这一点在法国、德国和美国科学中心形成过程中表现得尤为明显。同时,在科学中心转移过程中,科学技术也影响着高等教育的内容和课程结构,从而促进高等教育的改革和发展。也就是说,高等教育与科学技术形成了良性的互动关系。⑤ 德国超越英国主要依靠化工技术的发展,美国成为世界技术中心主要依靠电子技术的兴起,这些技术均产生于该国的

---

① 潘教峰,刘益东,陈光华,张秋菊.世界科技中心转移的钻石模型[J].中国科学院院刊,2019(1):10—21.
② 王子龙.世界高等教育中心转移现象研究[D].金华:浙江师范大学,2018.
③ 迟景明.科学中心转移与高等教育中心转移之间的关系[J].教育科学,2003(6):35—37.
④ 周光礼.走向高等教育强国:发达国家教育理念的传承与创新[J].高等工程教育研究,2010(3):66—77.
⑤ 揭选州.论高等教育与世界科学中心的转移[D].武汉:武汉大学,2004.

大学,然后发展成为各国的主导产业。①

一批高水平研究型大学的崛起使德国在19世纪站在了世界科学技术发展的前沿。本-戴维(J. Ben-David)认为,"直至大约19世纪70年代,德国许多大学实际上是世界上一个学生能获得如何进行科学和学术研究知识的唯一的机构"。1864年到1869年,世界生理学的100项重大发现中,德国占89项;1855年到1870年,德国取得了136项电学、光学、热力学的重大发明,英法两国合计为91项;到1869年止,德国取得了33项医学发明,英法两国合计为29项。德国逐渐成为世界科学中心。1880年,德国工业发展速度超过英国。1895年,世界经济中心由英国转移到德国。②

1900年后,美国研究型大学群体开始形成。美国研究型大学的研究生教育和科学研究进入了一个新的发展时期,并带动了整个高等教育水平的提升。美国大学也是从这时起逐步取代了德国大学原先的地位,逐渐成为世界高等教育的中心。1930—1960年间,美国成功地将世界科学中心从欧洲转移到本土。高等教育快速发展,特别是一批高水平研究型大学的崛起,对美国的科学技术、经济发展水平、综合国力的提高有着重要的贡献。美国通过研究型大学建设跻身第二次科技革命主要国家之列,并成为第三、第四次科技革命的发源地和主导国,成功地将世界科学中心的地位保持了近一个世纪。当下,美国仍然是世界科学中心,且没有衰退迹象,打破了世界科学中心一般维持80年即转移的规律。这种科技优势与其拥有发达的高等教育系统、众多世界一流大学有重要的关系。随着美国高等教育系统的扩张和创新能力的提升,这一优势仍然被持续地巩固着。

### 三、新科技革命背景下的高等教育更为关键

当前,全球新一轮科技革命和产业革命正在孕育之中,科学进步和技术变革的速度比历史上任何一个时期都要快。科技创新能力在国家和地区综合实力竞争中的重要性更为凸显。科技快速迭代的发展特点对综合能力提出了更高要求,高等教育与科技融合发展的趋势越来越明显。因此,新科技革命背景下的高等教育更为关键。

1. 大学在创新人才培养和高层次人才汇聚中的作用无可替代

在国家创新能力建设中,创新人才的培养是基础所在。人才培养的水平直接决定着知识创新和技术创新的成败,因此人才培养在国家创新能力建设过程中处于先导地

---

① 刘念才,周铃.面向创新型国家的研究型大学建设研究[M].北京:中国人民大学出版社,2007.
② 任学安.大国崛起——德国[M].北京:中国民主法制出版社,2006.

位,将创新人才培养作为创新能力建设的重要战略举措是发达国家的共同国策。20世纪中叶以来,由于科技日新月异,使得知识更新越来越快,产品换代周期越来越短,人才需求类型越来越多、层次越来越高,人才匮乏成为世界各国共同面临的问题。从国际经验看,世界主要创新国家都立法赋予高校为唯一学位授予机构的地位,明确高校是人才培养的主体。高校同时还是高层次人才聚集的高地,全世界 3/4 的诺贝尔科学奖获得者在大学从事着科学研究工作。汤姆森科技信息集团(Thomson Scientific)公布的 21 个学科世界前 5 900 名最具学术声望的专家中,85% 以上在创新型国家或地区,其中高水平研究型大学成为这些专家在创新型国家或地区中最为理想的工作场所,聚集了 71% 以上的专家,在大学工作的顶级专家合计占到 73% 以上。高校,特别是研究型大学已经成为创新型国家或地区的人才高地。

2. 大学作为知识创新体系核心的功能更为明显

世界各国知识创新的普遍规律证明了大学特别是高水平研究型大学是知识创新体系的核心组成部分。全世界 2/3 的《自然》(Nature)和《科学》(Science)论文是大学发表的,3/4 的诺贝尔科学奖是大学获得的。其中,世界排名前 100 名的大学发表的《自然》和《科学》论文占大学论文总数的 3/4 左右,世界排名前 100 名的大学获得的诺贝尔科学奖占大学获奖总数的 94%。同时,在世界主要创新型国家中,政府是基础研究经费的主要提供者,大学是基础研究的主要执行者。美国联邦政府的资助比例一直保持稳定,并处于很高的水平。而且,政府对大学基础研究经费的资助采取重点扶持、择优资助的做法,一流研究型大学的基础研究已成为影响发达国家原始性知识创新的核心力量。

3. 大学通过技术转移转化与区域和产业的直接联系更为密切

20 世纪的技术革命和高科技产业的发展,根本性地改变了人类的生产方式和生活方式,而在每次科技革命中,高校都发挥着主要作用。迄今为止,影响人类生活方式的重大科技成果中有 70% 诞生于研究型大学。科学发展史也表明,科技知识的产生和发展与高校有着不解之缘,许多重大的科学理论的提出、科学技术上的重大突破,都产生于高校。以美国为例,其高校的自主技术创新活动对国家有很大的贡献。首先,高校教师的自主技术创新的实力强并持续高速发展,高校教师的发明公开数、专利获准及授权执行的数量在近十年间的平均增长率为 126%;其次,高校技术创新成果转化程度高,美国高校相关衍生公司的数量和专利申请数量近十年的平均增长率为 154%;第三,高校参与科技创新对国家的经济、社会有很大贡献,近八年美国高校技术创新成果带来的技术进步为美国增加了 200 亿经济收入和 17 万个工作机会。

4. 大学作为国际交流桥梁的作用日益重要

随着全球化的日益深入,大学正成为不同文化之间交流互鉴的平台,成为全球科技合作的主要组织者和参与者。大学在国际合作交流中的角色也更多地超过了高等教育交往和科学研究合作的范畴,成为学生和学者在不同国家和地区间行走的"中转站"和"服务区"。在这样的态势下,已经看到,一个国家的高等教育国际化程度高,这个国家的开放程度和国际化程度也高。一个地区或城市的高等教育发达、高等教育国际化程度高,这个地区或城市的国际化程度就高,汇聚国际资源的能力就强,对国际人才的吸引力就大。大学在国际科技合作和文化交流中的桥头堡作用已经越来越凸显。

## 第二节 高等教育与国家综合竞争力消长

综观19世纪下半叶德国兴起、19世纪末20世纪初美国脱颖而出、20世纪中叶日本走向繁荣的共同经验,可以发现,大国和平崛起均离不开高等教育的持续推动,都伴随着其高等教育大发展。[①]

### 一、高等教育科研职能的发展与德意志的崛起

18世纪的德国,部分大学开始在启蒙思想的指引下寻求适应新的社会政治环境的途径。其中最具有代表性的是哈勒大学和哥廷根大学,它们排除宗教偏见的束缚,开创了大学学术自由的先河,为学术的发展创造了条件。哈勒大学建于1694年,以主张学术自由而被称为"第一所现代大学"。[②] 1737年成立的哥廷根大学延续了哈勒大学的办学理念,把思想宽容和研究自由看作是大学的根本原则。哥廷根大学不但聘请了一批一流的学者,还注重科研环境的建设。两所大学都鼓励开展学术探索,教师们都被要求在教学之外进行学术著述。发展知识的观念已经进入教授的角色规范。

19世纪初,在洪堡(W. von Humboldt)和费希特(J. G. Fichte)的努力下,柏林大学于1810年正式成立。柏林大学将研究任务作为教授的正式职责,认为科学研究是学者的最高职责,也是一名优秀的大学教师必不可少的职责。在为教师提供充分的教学科研自由的同时,也允许学生享有充分的学习自由。"科研与教学相统一"是柏林大学的办学理念。

柏林大学还强调通过哲学把各种经验科学联系起来,并成功地改造了哲学院,将

---

[①] 刘念才,周铃. 面向创新型国家的研究型大学建设研究[M]. 北京:中国人民大学出版社,2007.
[②] 转引自陈洪捷. 德国古典大学观及其对中国的影响[M]. 北京:北京大学出版社,2006.

其变为大学的中心。科学研究方法的使用使得新的哲学院在科学知识、学术研究和教学方法上处于领先地位,成为科学研究的发源地。

柏林大学的创立以及一系列革命性的变革标志着学术研究正式成为大学的基本功能。此后成立的布雷劳斯大学(1811年)、波恩大学(1818年)、慕尼黑大学(1828年)等纷纷效仿柏林大学,莱比锡大学和海德堡大学等一批古老大学也按照柏林大学模式进行了改革,科学研究的精神在德国大学蔚然成风。

科学研究职能的引入和学科发展的专门化,催生了实验室。德国式的大学实验室成为"已经在讲课中掌握科学的基本原理的学生通过实际经验学习科研的地方"①。以吉森大学的李比希、海德堡大学的本森、莱比锡大学的科尔比、慕尼黑大学的贝耶为首的化学家利用大学实验室,结合德国农业和矿业的特色,开展了化肥和煤化工等方面的研究。1871年德意志统一后,正是凭借着这些科学成就,迅速发展了合成化学工业,超越了英国。自大学引入科研职能后,一批研究型大学的崛起,使德国在19世纪站上了世界科技发展的前沿,德国也快速崛起成为世界强国。

**二、高等教育大发展与美国时代的到来**

美国独立建国初期,在教育尚未普及的情况下,就意识到高等教育的重要性,以长远眼光投资高等教育。1819年,美国创立了第一所州立大学弗吉尼亚大学,明确提出学校就是为了培养国家需要的人才。弗吉尼亚大学取消了神学,设立现代语言、政治经济和自然科学等学科。1862年美国颁布《莫里尔法案》(Morrill Act),动用当时政府唯一可用的资源——土地来促进教育的发展。截至1890年,共创建和改造了52所赠地学院,②其中51所赠地学院已发展成今日的世界一流大学,奠定了美国综合实力的根基。

19世纪中叶以后,一批从德国归来的美国学者积极地在美国推广德国的大学理念,从而推动了美国大学的变革和研究生教育的开展。密歇根大学是美国公认的最早开设学士后教育的大学。耶鲁大学于1847年最早开设博士学位课程。受耶鲁大学的影响,康奈尔大学在1868年成立时就宣布培养研究生是该校的办学任务之一,并于1872年开始授予哲学博士学位。从1870年起,艾略特(C. W. Eliot)对哈佛大学进行全面的现代化改造,通过实施选修制、改造专业学院、设立研究生院等措施将自由探索

---

① 转引自[美]伯顿·克拉克.探究的场所——现代大学的科研和研究生教育[M].王承绪,译.杭州:浙江教育出版社,2001.
② 载于http://www.nasulgc.org/publications/Land-Grant/Schools.html.

和学术研讨的精神渗透到哈佛大学。1876年,哈佛大学管理委员会通过决议,正式建立研究生部。同年成立的约翰斯·霍普金斯大学以德国大学为样板,是美国历史上第一所以科研和培养研究生为主要任务的研究型大学,以实施研究生教育和进行科学研究作为其最重要的使命。由于约翰斯·霍普金斯大学注重科学研究,积极培养科学研究人才,并实行研究生院教育制度,使其在短时期内成为举世闻名的研究型大学。约翰斯·霍普金斯大学的新举措为哈佛、耶鲁、康奈尔、加利福尼亚、威斯康辛、芝加哥、斯坦福等大学所效仿。开展正规研究生教育,把科学研究放在重要位置,拓展了美国大学的新功能。这对19世纪末期的整个美国高等教育产生了重大影响,一批有正规研究生院和研究生教育的新大学群体逐渐形成。美国高等教育成功地扩大了研究生教育规模,并加强了应用性科学研究,使得高等教育成为推动知识创新的龙头。

1860年,美国已经成为仅次于英国、法国和德国的第四大工业国。第二次世界大战之后,美国进一步加强了世界第一强国和世界科技中心的地位。这与美国研究型大学的发展有着密切的关系。1945年,美国科学研究与发展局局长万尼瓦尔·布什(Vannevar Bush)向罗斯福总统提交了具有划时代意义的报告《科学:无止境的前沿》(Science: The Endless Frontier),建议联邦政府加强对科学研究的宏观管理,进一步发挥大学在科研和科技人才培养方面的作用。布什的报告奠定了美国战后科技政策的基础,特别是在《国防教育法》(National Defense Education Act)颁布之后,联邦政府加强了对大学尤其是研究型大学的资助。1959—1964年间,联邦政府对研究型大学的经费支持达到最高点,每年分别比上一年增长33%、23%、23%、24%、21%;1964年联邦政府对大学研究的支持经费是1959年的200%。联邦政府把科研经费投向创造力最旺盛、学术实力最强大的大学或研究机构。1962年,得到资助最多的6所大学得到了联邦政府科研经费资助的57%,前20所大学得到了79%;联邦政府资助资金占这20所大学经费支出的比例从20%提高到80%以上,这些大学也被称为"联邦拨款大学"。[①] 在美国联邦政府的资助下,美国高等教育得到进一步快速发展。据卡内基教学促进基金会对美国高等教育机构分类的结果,美国研究型大学由1973年的92所发展为2000年的151所,进一步巩固了美国高等教育系统的竞争力。

高等教育快速发展,特别是一批高水平研究型大学的崛起,对美国的科学技术、经济发展水平、综合国力的提高有着重要的贡献。美国通过研究型大学建设跻身第二次科技革命主要国家之列,并成为第三、第四次科技革命的发源地和主导国,成功地将世

---

① 贺国庆,等. 外国高等教育史[M]. 北京:人民教育出版社,2003.

界科技中心的地位保持了近一个世纪。这种科技优势随着美国高等教育系统的扩张和创新能力的提升,得到了持续巩固。

### 三、高等教育优先发展与日本经济的腾飞

1868年明治维新后,日本政府提出"富国强兵"、"殖产兴业"、"文明开化"三大政策。教育作为文明开化的工具以及实施殖产兴业和实现富国强兵的手段受到政府的高度重视,确立了优先发展初等教育和高等教育的战略方针。1877年成立的东京大学是日本第一所具有现代意义的高等教育机构,其创办目的是引进西方先进的文化和技术。1881年后,东京大学在办学上逐步转向德国模式。1886年,东京大学改名为帝国大学,并成立研究生院,开展研究生教育。日本政府全力支持帝国大学的建设,到1890年为止,政府将全部教育经费的40%拨给东京大学,使之成为日本最著名的大学。① 此后又相继设置了京都帝国大学、东北帝国大学、九州帝国大学、北海道帝国大学、大阪帝国大学和名古屋帝国大学,形成了由7所大学组成的帝国大学系统。帝国大学系统成为日本战前大学科研和研究生教育的重镇,并形成了一批以应用性技术开发为目的的研究所,京都帝国大学的化学研究所和东北帝国大学的金属材料研究所为日本的重化工业和钢铁业的发展提供了技术支撑。1935年前日本共授予了496个博士学位,其中帝国大学系统授予了389个。② 帝国大学系统培养了大批技术性官员和高级研究人员,为日本快速的工业化提供了人才储备,也为战后日本快速崛起奠定了人才基础。

战后日本政府把发展高等教育作为重建经济的重要战略举措。在1957年制定的《新长期经济计划》中,首次将高等教育发展计划编入经济发展计划,强调提高科技人员素质和确保科技人员数量,要求加强科学技术教育。1963年的《中期经济计划》中进一步强调提高人的能力和振兴科学技术的重要性,要求加强大学本科教育和研究生教育,造就大批高才能的科技人才和管理人才。1963年《关于改善大学教育》的报告提出扩大教育规模,增设理科类的高等教育机构,并分类建设高等教育,以适应日本社会经济发展对高等教育多样化的要求。1966年的《经济社会发展计划》中把提高人的能力和开发自主技术、提高国际竞争能力作为最主要的政策措施。为此,提出充实高等学校设施设备、提高理工科比例、完善研究生院制度和增加研究生数量的要求。基于此,1960年至1970年间,日本高等教育机构的总数从525所增加到921所,增加了

---

① 任学安.大国崛起——日本[M].北京:中国民主法制出版社,2006.
② [日]国立教育研究所.日本近代教育百年史(第5卷)[M].文唱堂,1974:490.

75%。高等教育迎来了新的大发展阶段。

据《日本经济新闻》数据,自汤川秀树1949年获得日本首个诺贝尔物理学奖以来,50年间仅有5名日本人获奖。而自2001年以来,截至2019年,已有19人在自然科学领域获得诺贝尔奖,超越英、法、德等国,仅次于美国。这些诺贝尔奖获得者多集中于东京大学、京都大学、名古屋大学等国立大学。这几所学校也是战前"帝国大学系统"成员校。

日本的高等教育特别注重为国家战略目标服务,在进行基础研究的同时也积极进行应用性研究和技术开发工作,为日本科技的发展起到了巨大的作用,特别是推动了日本产业从技术引进向技术创新转型。1981年,日本政府颁布《高技术密集区促进法》,鼓励在大学附近兴办科技园,并建成了以筑波大学为中心的筑波科技园和以九州大学为核心的九州硅岛,成为日本高科技新兴产业的策源地。同时京都大学、大阪大学、东京工业大学、筑波大学等一批研究型大学在机器人控制、半导体材料、纳米材料、光触媒技术方面的研究成果,使得日本的机器人制造、家用办公电子设备、汽车电子、高清显示器等技术和产业规模保持世界领先地位,成为制造业强国。

### 四、高等教育发展与大国崛起的启示

从德国、美国和日本的发展史中我们可以看到,高等教育特别是高水平研究型大学与国家的崛起有着密不可分的联系。一般而言,高等教育适度超前发展有利于国家的崛起,同时国家的快速发展阶段也是高等教育系统中高水平研究型大学形成的集中时期。世界大学学术排行500强大学中,德国大学共有42所,其中有27所是在1860年前,即德国崛起前期成立的,占总数的64%;168所美国世界500强大学中有145所是在美国崛起的1776—1945年间创立的,占总数的80%;34所日本世界500强大学中的97%成立于1868—1918年期间,即"明治维新"到"大正景气"和第二次世界大战后这两个日本历史上快速崛起的阶段。从二战后成立的世界500强大学的国家分布来看,美国23所,日本19所,德国11所,分别位居世界的1—3位,这也与第二次世界大战后世界经济发展的格局相吻合。[1]

从高等教育发展与大国崛起的历程中可以看到,高等教育适当超前发展是大国崛起的战略选择。德国的柏林大学、美国的弗吉尼亚大学、日本的东京大学都是在国家处于极端困难的情况下由政府下决心创建,并给予了特殊的物质和政策支持。这表明德、美、日政府充分认识到高等教育的战略性意义,采取了先行建设的政策举措。因为

---

[1] 程莹,刘念才.世界知名大学建校时间的实证分析[J].清华教育研究,2007(4):56—63.

高等教育,特别是高水平研究型大学不仅是高素质人才的苗圃,还是科技进步的源头。这一点,对国家如此,对率先发展的区域或城市也是如此。

## 第三节　高等教育与经济新城转型升级

高等教育对国家经济社会发展的贡献、与区域经济社会发展的联系、对改善个人和家庭境况的积极作用等越来越得到认可。改革开放40多年来,一些快速发展的经济新城中,原有的高等教育资源较为稀缺,但随着其经济发展水平的快速增长,未来转型升级对高等教育的需求却越发强烈。一些经济新城借助国家深化高等教育管理体制改革的契机,采取多重举措,加强区域高等教育发展,谋求为城市经济和产业发展注入持久动力。深圳、苏州、杭州是改革开放以来我国经济快速发展的典型代表,城市国民生产总值规模已经位于全国前十,但本地所拥有的优质高等教育资源情况与经济实力极不相称。近些年,三座城市着力加强区域高等教育中心建设,力度大,影响广泛,对于认识高等教育在城市转型升级中的价值具有重要参考意义。

### 一、经济新城产业升级遭遇创新瓶颈

改革开放以来,我国经济取得快速发展,但经济发展方式如何实现从以资源消耗为主的粗放型增长向主要依靠科技进步的集约型增长转变始终是个难题。

1. 改革开放后快速发展的经济新城

在1978—1999年期间,苏州、杭州、深圳等东部城市,以长三角、珠三角经济带为依托,在对外开放中,抓住历史机遇,实现了快速发展,成为地方经济社会发展的领头羊,地区经济总量不断增长,占全国GDP的比重逐年攀升,为率先探索经济发展转型提供了厚实的基础,也对率先转型提出了迫切需求。

1978年,苏州GDP为31.95亿元,杭州为28.40亿元,分别占全国GDP总量的0.87%和0.77%,到1999年,苏州、杭州GDP分别增至1358.43亿元、1225.28亿元,分别占全国GDP总量的1.50%和1.35%。作为经济特区的深圳,其GDP占全国比例从1979年的0.05%跃升至1999年的1.99%。2000年,深圳GDP仅次于北京、上海、广州,位列全国第4位,而苏州、杭州也排在全国第7位和第8位。

苏州、杭州的人均GDP从1978年的634元和565元增至1999年的23582元和19961元,深圳人均GDP则从1979年的606元增至1999年的29747元,远超同期7229元的全国人均GDP水平,分别是全国人均GDP的3.26倍、2.76倍和4.11倍。

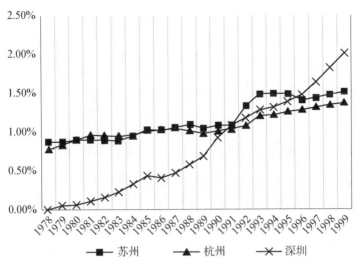

**图 1-1　1978—1999 年苏州、杭州、深圳的 GDP 占全国比重变化趋势**

数据来源：苏州市统计局.苏州统计年鉴[M].中国统计出版社,2000；杭州市统计局.杭州统计年鉴[M].中国统计出版社,2000；深圳市统计局.深圳统计年鉴[M].中国统计出版社,2000。

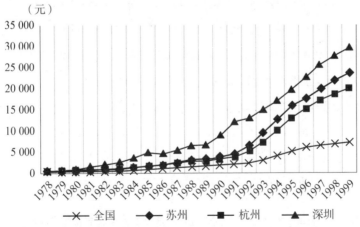

**图 1-2　1978—1999 年苏州、杭州、深圳人均 GDP 变化趋势**

数据来源：苏州市统计局.苏州统计年鉴[M].中国统计出版社,2000；杭州市统计局.杭州统计年鉴[M].中国统计出版社,2000；深圳市统计局.深圳统计年鉴[M].中国统计出版社,2000。

在 2000 年人均 GDP 的城市排名中，深圳位列全国第 2 位，苏州第 7 位，杭州第 12 位。

2. 经济转型与产业升级的困境

改革开放初期，苏州、杭州、深圳三次产业结构的比重分别是 28∶56∶16、22∶

60∶18、37∶20∶43。到20世纪末,三座城市的第一产业比重均有大幅度减少,分别下降了21%、14%、36%;第二产业作为这一时期的支柱产业,维持在较高比重,分别达到了56%、51%、50%;第三产业则迎来了大发展,分别上升了21%、23%和7%。经过改革开放最初20年的发展,苏州、杭州、深圳的产业结构不断优化,第一产业、第二产业、第三产业在地方经济结构中的占比顺利实现从"二一三"向"二三一"的转变。

但从第二产业的内部结构和技术含量看,在改革开放最初的20年期间,苏州、杭州、深圳三座城市与沿海其他率先开放的城市基本一致,主要是以出口加工业为主。该模式释放了劳动力资源禀赋的活力,但单一的贸易加工发展模式仍然处于以劳动密集型产业为主的产业链低端。[①] 这种产业结构对外技术依赖强,本土自主创新不足,缺乏核心技术,发展可持续性受到限制。从代工制造向自主创新转型,最大的瓶颈是缺乏独立研发的创新能力和丰富的高素质劳动力。

## 二、经济新城高教资源存量相对不足

我国高等学校传统上是面向大区设置,省会及中心城市的高等教育资源分布相对比较丰富。目前的高校区域分布格局在1952年院系调整过程中基本定型,若想新成立学校,无论在办学许可还是资源投入、文化积淀等方面均存在较高门槛。因此,在高等教育总体快速发展的背景下,高教资源区域分布不均状况并未改善。

截至1999年,苏州、深圳分别仅拥有普通高等学校7所和2所,在校生约3.6万人和1.1万人。杭州作为省会城市,高教资源相对比较丰富,拥有18所高校,在校生规模达到8.6万人,但与上海、北京、广州等城市相比仍有较大差距。从所在城市每万人专业技术人员规模来看,1999年深圳仅有14.55人,苏州11.52人,杭州15.90人,与北京、上海、天津、重庆、成都等城市相比,差距较大。

表1-1 1999年全国GDP前十城市的高校在校生和专业技术人员规模

| 城市 | GDP(亿元) | 高校在校生(人) | 每万人专业技术人员数(人) |
| --- | --- | --- | --- |
| 上海 | 4 188 | 184 929 | 70.38 |
| 北京 | 2 677 | 221 580 | 134.66 |
| 广州 | 2 139 | 130 596 | 36.99 |

---

① 刘志彪,张晔.中国沿海地区外资加工贸易模式与本土产业升级:苏州地区的案例研究[J].经济理论与经济管理,2005(8):57—62.

续表

| 城市 | GDP（亿元） | 高校在校生（人） | 每万人专业技术人员数（人） |
|---|---|---|---|
| 深圳 | 1 804 | 10 568 | 14.55 |
| 重庆 | 1 663 | 93 075 | 43.80 |
| 天津 | 1 501 | 90 450 | 52.20 |
| 苏州 | 1 358 | 36 108 | 11.52 |
| 杭州 | 1 225 | 86 274 | 15.90 |
| 成都 | 1 190 | 106 332 | 26.84 |
| 无锡 | 1 138 | 16 104 | 10.90 |

数据来源：中国城市发展研究会.中国城市年鉴2000[M].中国城市年鉴社,2000：104—132。

从1978—1999年苏州、杭州、深圳三地高校发展来看，其高校数量和专任教师数量在1985年之后一直保持稳定，表明三地高等教育规模缺少增量资源注入，无法满足随经济社会发展而持续增长的高等教育需求。

在"科教兴国"、"人才强国"战略带动下，加快科教发展，提升劳动力素质，加强科技对经济社会发展的贡献，逐渐成为共识。深圳、苏州、杭州等改革开放后快速发展的经济新城，为了弥补高等教育资源相对不足的短板，在20世纪末开始着力增加高教资源，加快教育特别是高等教育发展，打造区域高教中心，以期为城市经济转型升级注入新动力。

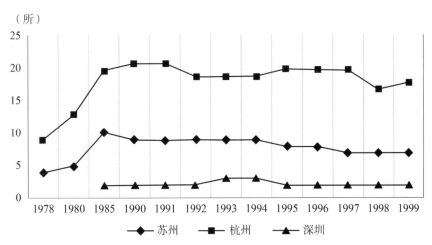

图1-3 1978—1999年苏州、杭州、深圳的高等学校数

数据来源：苏州市统计局.苏州统计年鉴[M].中国统计出版社,2000；杭州市统计局.杭州统计年鉴[M].中国统计出版社,2000；深圳市统计局.深圳统计年鉴[M].中国统计出版社,2000。

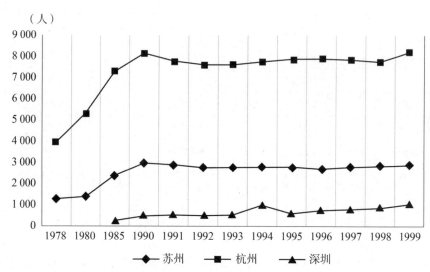

图1-4 1978—1999年苏州、杭州、深圳三地高校专任教师情况

数据来源：苏州市统计局.苏州统计年鉴[M].中国统计出版社,2000；杭州市统计局.杭州统计年鉴[M].中国统计出版社,2000；深圳市统计局.深圳统计年鉴[M].中国统计出版社,2000。

### 三、经济新城打造高教中心效果显著

新建大学城、高教园区，扩充本地原有高教资源，或者大力引进国内外优质学校异地办学为本地新增高等教育资源，成为经济新城的主要举措。苏州、杭州、深圳三座城市分别以苏州独墅湖科教创新区、下沙大学城和深圳大学城高教园区建设为载体，通过给予办学用地支持，设置专项支持资金，将本地新建高校和外地大学分校的师资队伍纳入城市总体人才计划支持范围，对学校引进的高层次人才给予专门奖励，对学校引进人才科研用房、安家落户、子女入学、配偶落户等给予系列配套政策支持等方式，积极做强高等教育。为形成高等教育资源的集聚优势，苏州实施了名城名校融合发展战略；杭州启动实施"三名工程"，计划用10年时间引进建设一批"名校名院名所"，打造高等教育和创新人才新高地；深圳提出到2020年，建成高校18所左右，在校生规模达20万人的目标。经济新城打造高教新中心的努力，不仅引起广泛关注，其成效也逐渐体现。

1. 高等教育机构数量显著增长

苏州、杭州、深圳三地通过新建和引进外部优质高等教育资源的方式，实现了本地高等教育机构数量的大幅度增长。1999—2016年期间，苏州普通高等学校从7所增

加到 22 所,杭州普通高等学校从 18 所增加到 39 所,深圳普通高等学校从 2 所增加到 12 所。苏州和深圳两地引进的异地合作办学高校,涵盖了清华大学、北京大学、哈尔滨工业大学、浙江大学、南京大学、西安交通大学、中国人民大学等一大批国内高水平研究型大学。

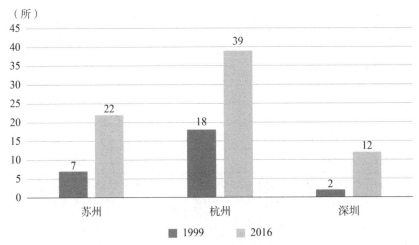

图 1-5 苏州、杭州、深圳高校增长情况

数据来源:苏州市统计局.苏州统计年鉴[M].中国统计出版社,2000/2017;杭州市统计局.杭州统计年鉴[M].中国统计出版社,2000/2017;深圳市统计局.深圳统计年鉴[M].中国统计出版社,2000/2017。

表 1-2 1999 年以来苏州、杭州、深圳部分新增高等教育机构情况

| 所在地 | 高校名称 | 成立时间 | 办学层次 |
| --- | --- | --- | --- |
| 苏州 | 南京大学苏州研究生院 | 2003 | 硕士/博士 |
| | 苏州大学独墅湖校区 | 2004 | 本科/硕士/博士 |
| | 西交利物浦大学 | 2006 | 本科/硕士/博士 |
| | 中国人民大学苏州校区 | 2012 | 本科/硕士/博士 |
| | 东南大学苏州研究院 | 2012 | 硕士/博士 |
| | SKEMA 商学院苏州校区 | 2016 | 本科/硕士 |
| 杭州 | 中国计量大学现代科技学院 | 1999 | 本科 |
| | 浙江工商大学杭州商学院 | 1999 | 本科 |
| | 杭州师范大学钱江学院 | 1999 | 本科 |
| | 杭州电子科技大学信息工程学院 | 1999 | 本科 |
| | 浙江大学城市学院 | 1999 | 本科/硕士 |

续 表

| 所在地 | 高校名称 | 成立时间 | 办学层次 |
| --- | --- | --- | --- |
| 杭州 | 浙江中医药大学滨江学院 | 2000 | 本科 |
| | 浙江音乐学院 | 2016 | 本科/硕士 |
| | 西湖大学 | 2018 | 硕士/博士 |
| 深圳 | 清华大学深圳研究生院 | 2001 | 硕士/博士 |
| | 北京大学深圳研究生院 | 2001 | 硕士/博士 |
| | 哈尔滨工业大学(深圳) | 2002 | 本科/硕士/博士 |
| | 南方科技大学 | 2012 | 本科/硕士/博士 |
| | 香港中文大学(深圳) | 2014 | 本科/硕士/博士 |
| | 中山大学深圳校区 | 2015 | 本科/硕士/博士 |
| | 深圳北理莫斯科大学 | 2016 | 本科/硕士/博士 |

注：本表"高等教育机构"是指以办学为主体的机构，东南大学苏州研究院因包含了东南大学软件学院（苏州）、东南大学-蒙纳士大学苏州联合研究生院和联合研究院等办学主体，故纳入本表讨论。
数据来源：根据苏州、杭州、深圳教育局网站及各高校官网数据整理。

苏州、杭州、深圳三地引进的高等教育资源中还包括以高端培训及产学研转化为重点的大学研究院。苏州以苏州独墅湖科教创新区为载体，引进了一大批国内优秀大学在园区设立研究院，另外吸引到了包括牛津大学、哈佛大学、加州大学洛杉矶分校、新加坡国立大学、乔治华盛顿大学等欧美一流大学在内的多家境外大学落户园区。①杭州市已引进名院名所共建科研院所19家。② 深圳虚拟大学园聚集了60所国内外知名院校。③

2. 高等教育为城市培养和输送人才规模大幅提升

从在校生规模来看，1999年，苏州、杭州、深圳的在校生规模为39 341人、89 109人、10 568人，到2016年分别增长到了231 910人、480 953人、91 883人，苏州、杭州增长了4倍多，而深圳的增长则超过了7倍。从毕业生规模来看，1999—2016年期间，苏州、深圳普通高校毕业生数分别从7 926人、2 146人增加到了62 894人、25 437人。2016年，杭州普通高校毕业生数增加到128 434人。这其中，新设立学校发挥了重要作用。以深圳为例，哈尔滨工业大学(深圳)自2002年以来累计培养了8 000多名毕业生，毕业生平均留深率高达52%，就职于高新技术企业和科研单位的比例超过毕业生

---

① 苏州工业园区管委会. 高等教育[EB/OL]. (2018-02-17). [2018-08-12]. http://www.sipac.gov.cn/dept/szdshkjcxq/jywh/gdjy/201802/t20180227_687879.htm.
② 毛国锋,王莹. 加快杭州引进名院名所的对策研究[J]. 杭州科技,2017(5)：15—20.
③ 深圳虚拟大学园简介[EB/OL]. [2018-08-22]. http://www.szvup.com/Html/xygk/3840.html.

总数的70%,毕业生创办的企业逾80%在深圳。① 根据北大深圳研究生院公布的数据,近年来其毕业生留深率持续走高。2015年,北大深圳研究生院留深毕业生比例为30%,2017年达到38.3%。②

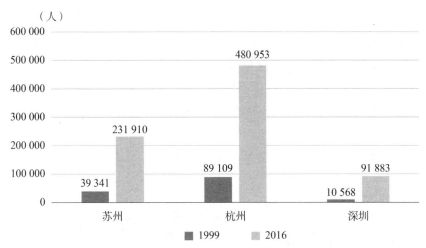

**图1-6 苏州、杭州、深圳三地高校在校生数增长情况**

数据来源:苏州市统计局.苏州统计年鉴[M].中国统计出版社,2000/2017;杭州市统计局.杭州统计年鉴[M].中国统计出版社,2000/2017;深圳市统计局.深圳统计年鉴[M].中国统计出版社,2000/2017。

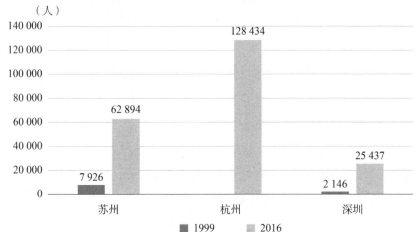

**图1-7 苏州、杭州、深圳三地高校毕业生数增长情况**

数据来源:苏州市统计局.苏州统计年鉴[M].中国统计出版社,2000/2017;杭州市统计局.杭州统计年鉴[M].中国统计出版社,2000/2017;深圳市统计局.深圳统计年鉴[M].中国统计出版社,2000/2017。

注:杭州1999年的数据缺失。

---

① 腾讯教育.哈工大(深圳)就业率超97%超半数毕业生留深[EB/OL].(2018-06-15).[2018-08-25]. http://edu.qq.com/a/20180615/031948.htm.
② 王玉凤.深圳人才政策诱惑大 北大深圳研究生院毕业生留深率猛增[EB/OL].(2017-07-04).[2018-08-25]. http://sohu.com/a/154233454_465583.

3. 科研产出规模快速增长

从国际科技论文发表情况看,1999—2016年间,苏州、杭州、深圳的SCI论文数分别从121篇、858篇、26篇增长到4 901篇、13 774篇、6 087篇,占全国SCI论文的比重分别增加了0.85%、0.94%、1.92%,达到1.37%、4.60%、2.03%,超过全国平均增长速度。尤其是深圳,2016年的SCI论文数是1999年的200余倍,从一个侧面体现了三座城市科技创新能力加速发展的态势。

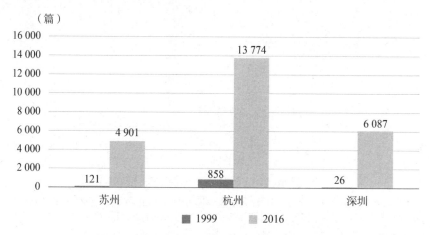

图1-8 苏州、杭州、深圳的SCI论文数增长情况

数据来源:Web of Science SCI-Expanded核心数据库,文献类型为article,检索时间为2018年8月11日。

1999年苏州、杭州、深圳三地SCI论文大多来自少数高校,苏州的121篇SCI论文中,苏州大学就占了107篇;杭州的858篇中,浙江大学占了771篇;深圳的26篇中,来自深圳大学的有13篇,分别占比达88%、90%和50%。2016年,对三座城市SCI论文作出贡献的大学开始逐步扩散。深圳SCI论文发表量居前五位的大学分别是深圳大学、清华大学深圳研究生院、北京大学深圳研究生院、哈尔滨工业大学(深圳)和南方科技大学,分别是1 586篇、609篇、597篇、558篇、520篇,深圳大学占比从50%下降到26%,清华大学深圳研究生院和北京大学深圳研究生院占比10%,哈尔滨工业大学(深圳)和南方科技大学则占到9%。在苏州、杭州地区SCI论文发表量中一枝独秀的苏州大学、浙江大学,尽管其发表量较1999年增长显著,分别增长到3 334篇、8 401篇,但其占本市SCI论文发表量比重下降到了68%和61%。由此可见,新建高校的创新贡献显著提升。

4. 高校成为三座城市吸引高层次人才的"梧桐树"

以深圳为例,南方科技大学建校短短不足十载,但其教师队伍已经成为深圳市人

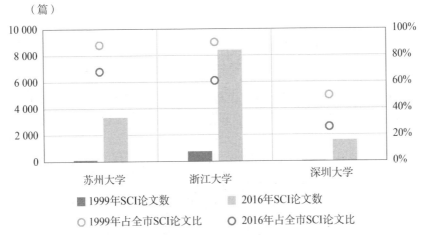

图 1-9　苏州、杭州、深圳三地其他高校发表论文数量占比提升

数据来源：Web of Science SCI-Expanded 核心数据库，文献类型为 article，检索时间为 2018 年 8 月 11 日。

才集聚地。截至 2017 年 8 月底，南方科技大学在校教师 389 人，其中包括两院院士 17 人、国家"千人计划"入选者 38 人、"长江学者"特聘教授 15 人、"国家自然科学基金杰出青年基金"获得者 18 人、"青年千人计划"入选者 59 人。教师中 90％以上具有海外工作经验，60％以上具有在世界排名前 100 名大学工作或学习的经历。[①] 哈工大（深圳）由 10 余位两院院士领衔，全职教师中包括国家"千人计划"入选者 10 人、"青年千人计划"入选者 14 人、"国家自然科学基金杰出青年基金"获得者及"长江学者"特聘教授 10 人、国家百千万人才工程入选者 5 人、教育部新世纪人才 15 人、中组部"万人计划"科技创新领军人才 2 人、国家自然科学基金优秀青年科学基金项目获得者 2 人等。全职教师中 80％以上具有海外留学和工作经历。[②] 可见，高校作为人才"梧桐树"和"蓄水池"的作用逐渐彰显，对改进城市创新生态发挥了重要作用。

## 第四节　全球科创中心建设与上海高等教育

高等教育存量资源相对不足的经济新城打造高教中心的经验，对上海这样的高等教育资源丰富的城市建设全球有影响力科创中心具有重要的启示作用。上海拥有丰富的高等教育存量资源，在全球科创中心建设中，其重点是如何用好现有的高等教育资源，并形成高等教育与科创中心互相促进的机制，为在沪高等学校发展提供新机遇。

---

① 南方科技大学. 师资力量[EB/OL]. [2018-08-15]. http://www.sustech.edu.cn/about_0.
② 哈尔滨工业大学（深圳）. 基本情况[EB/OL]. [2018-08-15]. http://www.hitsz.edu.cn/page/id-3.html.

## 一、上海高等教育资源的总体情况

2018年《上海统计年鉴》显示,全市共有普通高等学校64所,其中民办高校18所;学校类型分为综合、理工、农业、医药、师范、语文、财经、政法、体育和艺术10个类别。其中理工院校24所(37%),财经院校17所(27%),艺术院校5所(8%),综合大学4所(6%),语文和政法院校各3所(5%),农业、医药、师范和体育院校各2所(3%)。

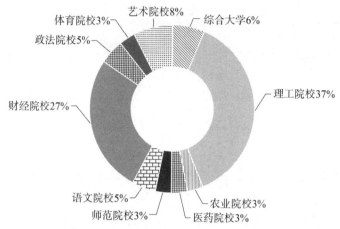

**图1-10 上海市普通高校院校类型分布**

数据来源:2018年《上海统计年鉴》。

截至2017年末,全市64所高校教职员工共计7.39万人,其中专任教师数为4.35万人,占比58.8%。从专任教师在不同类型院校的分布来看,超过10 000人的是理工院校和综合大学;超过5 000人的是财经院校;师范、政法、艺术、语文、医药、农业等大多数类型院校拥有专任教师数量在1 000—5 000人之间。

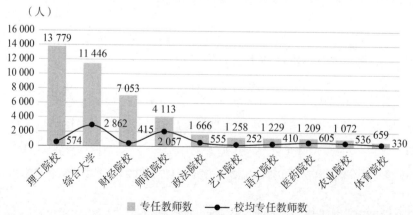

**图1-11 上海市普通高校不同院校类型的专任教师分布**

数据来源:2018年《上海统计年鉴》。

从职称分布上看,中级职称专任教师共有 16 906 人,占比 39%;其次是副高级职称 14 082 人,占比 32%;正高级职称 8 191 人,占比 19%。可以看到,在全市专任教师中,副高级及以上职称占比达到 51%。高校专任教师队伍,对科创中心来说也是一笔宝贵的高素质人才资源。

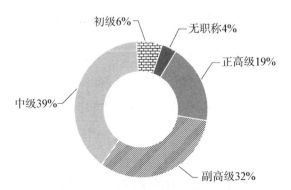

**图 1-12 上海市普通高校专任教师职称分布**

数据来源:2018 年《上海统计年鉴》。

2017 年上海市普通本科高校毕业生中本科 8.69 万人,研究生 4.04 万人;招收本科生 9.73 万人,研究生 5.89 万人;在校本科生 37.62 万人,研究生 15.15 万人。

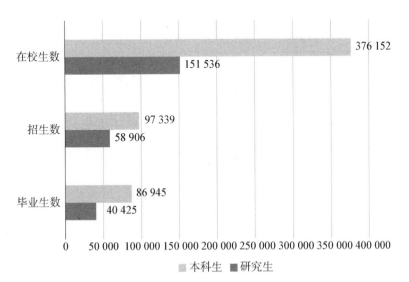

**图 1-13 上海市普通高校学生分布**

数据来源:2018 年《上海统计年鉴》。

## 二、在沪部属高水平大学情况

部属高校是上海市高等教育系统的核心组成部分，是上海市优质高等教育资源的主要代表。在沪部属高校目前有8所，其中复旦大学、上海交通大学、同济大学等高校的办学历史超过百年；华东师范大学、华东理工大学、东华大学、上海财经大学、上海外国语大学等高校在新中国成立后的院系调整中，承接了众多院校的强势学科和特色专业，形成了鲜明的学科特色。立足厚实的办学传统与上海的区位优势，在沪部属高校已经成为我国高等教育体系的重要组成部分，也是上海高等教育系统中最优秀的组成部分，是上海建设具有全球影响力科创中心的重要资源。北京有教育部直属高校24所，另有工业和信息化部等部委所属学校10余所；在沪部属高校的整体水平仅次于北京。

1. 综合竞争力全国领先，世界一流大学建设目标任重道远

根据国内相关研究机构发布的国内大学排名，目前上海市共有6所部属学校位居全国前50名，其中上海交通大学和复旦大学位居前5，部属高校国内综合竞争力仅次于北京。在2018年教育部开展的一级学科评估中，上海市部属高校全国排名A+学科数22个。从国际综合竞争力看，根据软科世界大学学术排名(ARWU)和英国《泰晤士高等教育》(简称THE)世界大学排名的有关结果，上海市有2所部属高校进入世界200强，1所高校进入世界百强行列。

表1-3 沪京高校国内综合竞争力情况

| | 指标 | 上海 | 北京 |
|---|---|---|---|
| 国内综合竞争力 | 名列前茅高校数（前5名） | 2 | 2 |
| | 名列前1%高校数（前25名） | 3 | 5 |
| | 名列前2%高校数（前50名） | 6 | 8 |
| | A+学科数 | 22 | 88 |

注：A+学科数统计对象为沪京两地的"双一流"高校。
资料来源：教育部第四轮学科评估结果和2018年武书连中国大学排名。

表1-4 沪京高校国际综合竞争力情况

| | 指标 | 上海 | 北京 |
|---|---|---|---|
| 国际综合竞争力 | 世界百强高校数 | 1 | 2 |
| | 世界200强高校数 | 2 | 2 |

资料来源：2019年THE世界大学排名；2019年软科世界大学学术排名(ARWU)。

## 2. 师资队伍整体水平较高,海外名校博士教师比例有待提升

上海市部属高校师资队伍的整体水平居于全国前列,其中院士、杰青、长江学者等高层次人才规模,国家创新群体与教育部创新团队数等指标位居全国第二,仅次于北京。教师队伍中博士学位教师比例近75%,超过北京4个百分点。但从国际比较看,世界一流大学博士学位教师比例均超过90%,其中毕业于世界百强大学的教师比例约占85%。上海市部属高校中院士、杰青、长江学者等高层次人才和创新团队的总数与北京相比有较大的差距,但是校均数超过北京。

表1-5 沪京部属高校博士学位教师情况

| 城市 | 教师总量(位) | 博士(位) | 博士学位教师比例 |
| --- | --- | --- | --- |
| 上海 | 15 369 | 11 524 | 74.98% |
| 北京 | 32 985 | 23 414 | 70.98% |

资料来源:《教育部直属高校2016年基本情况统计资料汇编》。

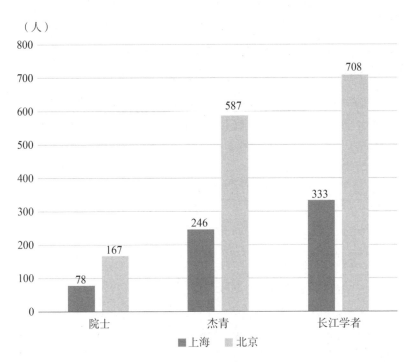

图1-14 沪京部属高校现有院士、杰青、长江学者情况

资料来源:院士数据来自《教育部直属高校2016年基本情况统计资料汇编》;杰青数据来自国家自然科学基金委年度报告和中国科学基金网;长江学者数据来自中国学位与研究生教育信息网及教育部网站。

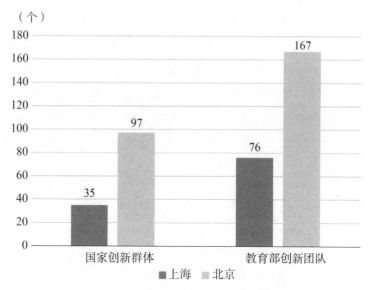

图 1-15　沪京部属高校创新团队情况

资料来源：教育部创新团队数据来自 2004—2017 年教育部创新团队名单；国家创新群体数据来自中国教育部网站和国家自然科学基金委年度报告。

3. 人才培养整体水平位居全国前列，国际化优势明显

从若干关键指标的国内比较看，上海市部属高校人才培养水平位于国内相关省份前列。在校学生中学位留学生比例达 4.5%，显示上海市部属高校国际化办学优势在全国较为领先。上海市部属高校生师比指标较为合理，在校研究生本科生之比超过北京。

表 1-6　沪京部属高校人才培养状况

| | 指标 | 上海 | 北京 |
|---|---|---|---|
| 人才培养状况 | 生师比 | 14∶1 | 13∶1 |
| | 在校研究生本科生之比 | 0.8∶1 | 0.7∶1 |
| | 近 2 届国家级教学成果奖数（项） | 77 | 138 |
| | 在校学生中学位留学生比例（%） | 4.5 | 4.9 |

注：生师比为全日制在校学生数与专任教师数之比，不包括成人教育学生数；近 2 届国家级教学成果奖分别为第 7 届和第 8 届。

资料来源：生师比、在校研究生本科生之比、在校学生中学位留学生比例来自《教育部直属高校 2016 年基本情况统计资料汇编》；国家级教学成果奖数量来自中国教育部网站。

4. 科技创新能力居于全国前列，但重大突破和支撑条件有待提升

从高水平科研产出和科技服务区域、产业情况看，上海市部属高校在国内仍然处

于较为领先位置。从国际论文发表情况看,通过 SCI/SSCI 数据库检索分析,上海市部属高校在影响因子前 20% 期刊发表论文总数位居全国第二;在《自然》和《科学》上发表论文数年均 34 篇,每所学校每年平均 3 篇,校均数超过北京的部属高校。

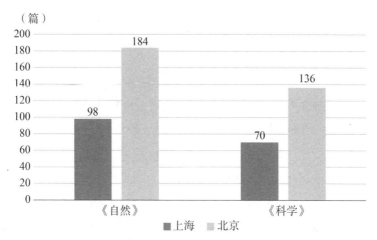

图 1-16 沪京部属高校近 5 年在《自然》和《科学》上的发文数量

资料来源:Web of Science 数据库,检索时间:2019 年 9 月。

### 三、打造全球高等教育高地,支撑全球科创中心建设

1. 明确打造世界一流城市高等教育体系的目标

一流的高等教育系统、具有全球影响力的科创中心、具有世界影响力的国际化大都市三者之间是相互依存的。面向 2035 年的高等教育发展,要在服务国家和上海战略中,加快建成若干所世界一流大学和国际知名高水平研究型大学,促进高等教育综合竞争力进一步提升,国际影响力显著增强;在人才培养质量、创新能力、服务贡献水平等方面实现重大突破,培养一批具有国际视野的拔尖创新人才和引领时代发展的学术大师,涌现一批前沿性成果,增强文化底蕴,成为全球科创中心的重要支柱之一。

2. 坚持保持引领和追求卓越等基本要求

保持引领。充分发挥部属高校在上海高校中的引领作用,保持上海高校在全国的领先地位,不断加大改革创新的力度,推进组织管理、人事制度、人才培养、科研评价、科研模式、资源配置方式、创新文化建设等方面的改革,保持并巩固上海市部属高校与上海市高等教育发展整体水平和关键指标在全国的领先地位,率先实现世界一流大学和一流学科建设目标。

追求卓越。瞄准世界一流水平,聚焦创新策源地建设要求,聚焦重大原始创新目

标，结合上海高等教育的传统优势与特色，加入国际高等教育办学和科学研究前沿的挑战和竞争，为实现国家战略和上海市国际大都市建设提供卓越人才、卓越科研成果和卓越知识服务体系的支撑。

推进协同。发挥部属高校的引领和辐射作用，开展资源融通、合作办学试验，探索在沪部属高校与市属高校共建新模式、区域高等教育协作新机制，进一步推动上海高校在学科专业建设、科研创新、人才培养、师资队伍建设方面的资源共享与协同发展。通过深化体制机制改革，探索协同创新稳定模式，激发城市高等教育系统的整体效能。

服务发展。增强知识创新和知识服务能力，推进教育与科研、产业的紧密结合，促使以部属高校为核心的城市高等教育系统面向科技园区和行业产业加快知识的扩散、传播、共享和应用，促进创新成果的转化和产业化，促进优质高等教育资源、科普资源和体育运动场馆设施向社会开放共享，推动城市高等教育全面渗透、全面融入城市创新发展。

### 3. 聚焦五个方面的重点任务

第一，提高教育质量，成为科创中心拔尖创新人才培养主阵地。深化招生考试制度改革，建立有利于素质教育的招生考试导向机制。按照"多元评价、多次考试、自主选择、自主招生"的原则，完善"独立考试、自主招生"办法，提高生源质量。创新人才培养模式，探索建立科学素养和人文素养融合发展的拔尖人才培养模式，增强学生的实践能力、创新能力和学习能力。优化人才培养结构，围绕国家发展战略和上海经济结构调整需要，主动调整学科专业结构，更好地培养经济社会发展所需的各种专业人才。依据全球科创中心建设对高层次人才的紧迫需求，实施优秀人才培养卓越教育计划。切实提高研究生教育质量。构建和完善学位与研究生教育质量保障和监控体系，加强研究生创新能力和应用能力培养。优化博士、硕士学位授权点布局，主动调整和优化学科结构。继续实施研究生教育创新计划，建立研究生教育质量监控信息化平台，建立专业学位研究生教育教学及管理体系。完善与科研院所联合培养、国内外联合培养、产学研联合培养的"双导师制"，分类推进学术学位研究生和专业学位研究生培养模式改革。

第二，提升原始创新能力，建设新理论、新技术、新思想的策源地。强化部属高校的基础研究主体地位，超前部署若干重大科学问题研究，集中优势力量，突破一批关系经济社会发展重要方向的关键科学问题和前沿技术，取得一批重大原始创新成果。支持和引导科学家将自由探索与服务国家战略相结合，显著增强我国在世界科学研究中的地位和影响力。实施知识服务能力提升工程，以建设高新技术产学研合作开发中心、现代服务业知识服务中心和高级战略研究中心等三类协同创新中心为重点,集聚和培养一批高层次的知识服务领军人才和创新团队。进一步加强与区域发展的融合,解决国家和上海经济社会发展的重大实践和理论问题,以及战略新兴产业发展的共性关键技术和现代服务业瓶颈问题。加快学科高峰建设,瞄准国际科学前沿和创新驱动、创新发展的战略需求,聚焦全球科创中心建设要求,按照"扶需、扶特、扶强"原则,做实一级学科,做强学科方向,构建基础学科、应用学科、交叉新兴学科互为联系、互为促进、协调发展的学科体系。深化学科集群建设,打造特色优势学科群,依托重点学科,带动相关学科发展;培育新的学科增长点,促进特色学科与相近学科间的渗透、交叉和协作,形成若干综合性学科群体;拓展与培育若干具有潜在实力的新兴学科,面向高新科技发展的新趋势,促进学科的更新与发展。

第三,增强社会贡献力,建设创新驱动、转型发展的重要引擎。深化大学科技园区与全球科创中心功能承载区融合发展,发挥大学对周边经济社会发展的辐射优势,形成知识经济圈。推动图书馆、博物馆、网络平台、体育场馆等资源向社会开放。建设若干知识服务中心或平台。围绕国家战略与上海建设现代服务业、先进制造业和"四个中心"及全球科创中心目标,依托高校优势学科,整合各方面资源,建设一批资源共享、开放合作的知识服务平台,提升高校对经济社会的知识服务能力。推进高校技术转移中心和技术转移服务体系建设,建设若干高新技术产学研合作开发中心。聚焦上海高新技术产业化重点领域,与相关企业和研究机构联合建设相应产学研合作开发中心,围绕产业共性关键技术进行攻关,发挥高校在高新技术产业发展中的创新和支撑作用。

第四,引育结合,建设具有国际竞争力的师资队伍。坚持把师德建设摆在教师队伍建设的首位。强化学术规范管理,建立学术诚信评价与复议体系。加大高端人才的引进与培养,建设海外高层次人才信息库,完善海外高层次人才联系制度,创新海外高层次人才引进工作体系。依托高校重点学科、重点实验室、重大创新项目,引进国内外教学名师、大师。加强创新团队建设,依托优势学科和创新科研平台,加大对创新团队的支持力度。完善创新团队引进培育机制,引进海外高层次领军人才担任团队带头人。建立健全创新团队管理制度;优化绩效评价和奖励机制,激发团队创新热情;重视团队文化建设,增强团队凝聚力和竞争力。完善教师评价制度,实行分类评价,完善科学合理的分类评价体系,突出围绕科学前沿和现实需求催生重大成果产出的导向、推进科教结合提升人才培养质量的导向、服务经济社会加快创新驱动发展的导向,倡导卓越与社会责任,倡导在不同领域、不同岗位做出特色。在部分条件成熟的高校率先开展"非升即转"改革试验。积极开展教师年薪制改革探索。

　　第五，推进国际交流与合作，增强高等教育的国际吸引力和竞争力。进一步树立高等教育国际化观念，把国际化作为加速提升高校整体实力的重要途径。积极拓展国际交流合作的国家和地区，强化与美国、欧洲各国及联合国机构的合作，加强与周边国家和地区的交流，深化与港澳台地区的合作，积极构建全球合作网络。全面提升国际化办学水平，主动参与国际合作与竞争。积极推动与国外高水平大学及科研院所开展合作，建设若干国际战略研究中心、联合实验室等，共同开展高水平科学研究。积极利用国外优质高等教育资源，加快国际化特色院系建设。重点加强与世界一流大学、国外高校强势学科以及同类高水平高校的合作办学。实施学生海外经历拓展计划，进一步拓展学生国际视野，提升学生国际交往和竞争能力。鼓励高校与海外院校进行学分互认和学位互授。大力发展留学生教育，整合资源，拓展渠道，尝试预科制，为海外学生攻读本科学位提供优惠政策和便利，扩大学历教育留学生的规模与比例。建设一批国际化的品牌学科专业和课程，建设语言预科中心和留学生中国文化体验基地，提升师资和管理队伍的国际化水平。加强和改进外国文教专家和留学归国人员的聘用工作，完善吸引海外学者来沪从事教学和合作研究的政策体系，积极引进合适的高水平外籍教师。

## 第二章　国外高等教育如何服务全球科创中心

全球科技创新中心作为全球创新网络中的枢纽性节点,是世界创新资源的集聚中心和创新活动的控制中心,是一个国家科技综合实力的重要载体。① 根据2018年全球城市创新指数(Innovation Cities Index),东京、伦敦、旧金山、纽约、洛杉矶、新加坡、波士顿等城市居于前列。它们作为全球创新网络中的枢纽性节点城市,创新资源密集,创新行为活跃,创新实力雄厚。综观全球科创中心的资源禀赋,无一例外地拥有高水平的高等教育系统,且通过直接的或间接的方式对城市的科技创新发挥着举足轻重的影响。东京集中了日本约30%的高等院校和40%的大学生,拥有全日本1/3的研究和文化机构。② 伦敦被誉为高等教育质量最高的城市之一,是拥有世界一流大学最多的城市。新加坡是全球受教育程度最高的城市国家,拥有新加坡国立大学、南洋理工大学等世界一流名校。美国的纽约、旧金山、洛杉矶和波士顿更是名校云集,不仅拥有哈佛大学、耶鲁大学、斯坦福大学、麻省理工学院、哥伦比亚大学、纽约大学、洛克菲勒大学等私立精英高校,更拥有加州大学、纽约州立大学等庞大的公立高等教育系统。

毫无疑问,高等教育在全球科创中心的形成与发展中发挥了重要作用。无论是硅谷的诞生、128号公路的形成、北卡三角区的成立,还是纽约的转型、伦敦的复兴、新加坡的崛起,全球有影响力科创中心的成功之路都离不开高等教育的赋能。那么,高等教育主要通过哪些途径来赋能全球科创中心呢?本章着重以东京、旧金山、伦敦、纽约等一批世界知名的全球科创中心为案例,研究分析高等教育在创新源头供给、创新人才输送和创新成果驱动等方面对全球科创中心所形成的支撑和引领作用。

## 第一节　高等教育是全球科创中心原始创新的源头

原始创新能力高低是衡量全球有影响力科创中心的重要指标,也是全球有影响力科创中心的核心竞争力之一。基础研究是原始创新的源头,而大学是基础研究的主要阵地和重大科技成果的诞生地。大学凭借其一流的科研环境和门类齐全的学科设置,

---

① 杜德斌.全球科技创新中心:世界趋势与中国的实践[J].科学,2018,70(6):15—18.
② 杜德斌.全球科技创新中心:动力与模式[M].上海:上海人民出版社,2015:13.

以及大量的实验室、大科学装置,为全球科创中心注入创新动力,不但输出了数量惊人的高水平论文,还实现了诸多重大科技突破,为全球技术进步提供"弹药"。强大的高等教育系统奠定了其属地城市在全球创新网络中的基本竞争格局。

## 一、高校基础研究是全球科创中心的创新源头

从高等教育的发展历史看,大学在人类科学研究发展历史中发挥着举足轻重的地位。大学对人类科学研究的重大贡献,直接表现为由大学科学家做出来的一大批重大原始创新成果,这些成果成为推动全球技术革新和产业变革的源头动力。不同国家、不同区域高等学校的科技创新实力在不同历史时期的消长,成为影响全球科创中心新格局演化的重要因素。

在当今的全球科技创新中心与高等教育的关系中,仍然可以清晰地看到,大学仍然是全球科技创新的主要的源头供给方。以国际可比的 SCI 和 SSCI 论文作为研究产出指标,对近 5 年东京、伦敦、纽约等全球科创中心城市的研究产出表现及其在全国的占比进行分析可以看出,一流大学[①]的论文发表量和高被引论文在各自国家内都占据了举足轻重的地位。大伦敦地区的 5 所一流大学 5 年里共发表了 168 902 篇论文,占英国全部论文的 38.7%。美国的旧金山、纽约、洛杉矶和波士顿 4 座城市的一流大学合计发表的论文为 379 133 篇,占全美论文总量的 22.7%。日本的东京大学 1 所学校发表的论文量占日本全部论文的 10.6%。新加坡作为城市国家,其两所一流大学的论文产出数量占全国的比例高达 81.7%。除了产出总数和占比高,以高被引论文为指标的高质量科研成果产出及其占比看,全球科创中心城市所在地的高水平大学也占据了很大的比例。伦敦 5 所大学发表的高被引论文占英国全国的比例接近 65.5%;波士顿的 3 所大学占比 21.4%,旧金山、纽约和洛杉矶分别占比 15.3%、11.7%、8.9%;日本的东京大学占比 20.0%;新加坡两所大学的高被引论文占其全国的比例达到 83.1%。(见表 2-1)

表 2-1 全球科创中心所在地高水平大学的基础研究产出

| 城市 | 学校名称 | 近 5 年 SCI & SSCI 论文(篇) | 国内比重 | 近 5 年 SCI & SSCI 高被引论文(篇) | 国内比重 |
|---|---|---|---|---|---|
| 东京 | 东京大学 | 35 934 | 10.6% | 522 | 20.0% |

---

[①] 注:一流大学指进入 2018 年软科世界大学学术排名(ARWU)百强的高校。

续 表

| 城市 | 学校名称 | 近5年SCI & SSCI论文(篇) | 国内比重 | 近5年SCI & SSCI高被引论文(篇) | 国内比重 |
|---|---|---|---|---|---|
| 伦敦 | 剑桥大学 | 35 886 | 8.2% | 1 145 | 14.3% |
| | 牛津大学 | 40 067 | 9.2% | 1 262 | 15.7% |
| | 伦敦大学学院 | 42 261 | 9.7% | 1 239 | 15.5% |
| | 帝国理工学院 | 31 705 | 7.3% | 1 010 | 12.6% |
| | 伦敦大学国王学院 | 18 983 | 4.4% | 593 | 7.4% |
| 旧金山-圣何塞 | 斯坦福大学 | 40 391 | 2.4% | 1 668 | 7.1% |
| | 加州大学伯克利分校 | 29 032 | 1.7% | 1 002 | 4.3% |
| | 加州大学旧金山分校 | 25 054 | 1.5% | 920 | 3.9% |
| 纽约 | 哥伦比亚大学 | 31 964 | 1.9% | 1 148 | 4.9% |
| | 康奈尔大学 | 28 318 | 1.7% | 822 | 3.5% |
| | 洛克菲勒大学 | 2 721 | 0.2% | 141 | 0.6% |
| | 纽约大学 | 21 189 | 1.3% | 623 | 2.7% |
| 洛杉矶 | 加州理工学院 | 21 189 | 0.9% | 615 | 2.6% |
| | 加州大学洛杉矶分校 | 14 777 | 2.1% | 1 004 | 4.3% |
| | 南加州大学 | 34 473 | 1.1% | 458 | 2.0% |
| 波士顿 | 哈佛大学 | 18 815 | 5.4% | 3 491 | 14.9% |
| | 麻省理工学院 | 89 872 | 1.5% | 1 023 | 4.4% |
| | 波士顿大学 | 25 427 | 1.0% | 499 | 2.1% |
| 新加坡 | 新加坡国立大学 | 20 433 | 35.2% | 499 | 39.8% |
| | 南洋理工大学 | 26 992 | 46.5% | 542 | 43.3% |

资料来源：Web of Science,检索时间：2019年5月。

自然指数(Nature Index)是依托于全球数十种顶尖期刊(2014年11月开始选定68种,2018年6月改为82种),统计各大学、科研院所或国家在国际最具影响力的顶尖学术期刊上发表原创性成果情况的指标。根据2018年自然指数学术机构排名结果,国外典型的全球科创中心所在地的高水平大学在自然指数排名中表现亮眼。从全球排名看,东京大学仅次于哈佛大学、耶鲁大学、麻省理工学院,位列全球第4名;其次是哥伦比亚大学,位列全球第16名;排名前50的还包括新加坡国立大学(29)、南洋理工大学(32),位于英国伦敦的帝国理工学院(35)、伦敦大学学院(40),以及德国的慕尼黑大学(47)等。从国内排名看,帝国理工学院和伦敦大学学院的自然指数排名仅次于剑桥大学和牛津大学。

表2-2 全球科创中心所在地高水平大学的自然指数排名(2018)

| 城市 | 学校名称 | FC2017 | AC2017 | 全球排名 | 国内排名 |
| --- | --- | --- | --- | --- | --- |
| 东京 | 东京大学 | 462.22 | 1 152 | 4 | 1 |
| 伦敦 | 剑桥大学 | 406.76 | 1 201 | 6 | 1 |
| | 牛津大学 | 400.93 | 1 174 | 7 | 2 |
| | 伦敦大学学院 | 197.88 | 833 | 40 | 4 |
| | 帝国理工学院 | 218.00 | 936 | 35 | 3 |
| | 伦敦大学国王学院 | 89.89 | 463 | 123 | 8 |
| 旧金山-圣何塞 | 斯坦福大学 | 608.77 | 1 450 | 2 | 2 |
| | 加州大学伯克利分校 | 529.31 | 1 659 | 3 | 3 |
| | 加州大学旧金山分校 | 188.01 | 532 | 45 | 27 |
| 纽约 | 哥伦比亚大学 | 301.17 | 877 | 16 | 8 |
| | 康奈尔大学 | 259.56 | 783 | 23 | 15 |
| | 洛克菲勒大学 | 100.10 | 269 | 107 | 32 |
| | 纽约大学 | 165.15 | 492 | 53 | 49 |
| 洛杉矶 | 加州理工学院 | 299.63 | 891 | 17 | 9 |
| | 加州大学洛杉矶分校 | 313.73 | 886 | 14 | 7 |
| | 南加州大学 | 117.83 | 302 | 87 | 44 |
| 波士顿 | 哈佛大学 | 889.47 | 2 233 | 2 | 1 |
| | 麻省理工学院 | 409.01 | 1 179 | 5 | 4 |
| | 波士顿大学 | 95.42 | 503 | 115 | 51 |

资料来源：2018 Nature Index tables：Institutions-academic。

注：FC全称为fractional count,指分数式计量或每位论文作者的相对贡献。一篇论文的FC总分为1,在假定每人的贡献相同的情况下,该分值由所有作者均分。AC全称为article count,指论文计数。AC的计算方式为一篇文章有一个或者多个作者,每位作者的署名国家或机构均获得1分。

上述具有代表性的全球科创中心城市均拥有国际一流水平的大学。高水平大学在基础研究上源源不断地产出,成为所在城市科创中心的不可或缺的一部分,也是科创中心城市技术创新链条上最基础的部分,是科创中心的创新源头。

## 二、依托高校的重点实验室是全球科创中心探索科学前沿的利器

实验室是有组织地推进科学研究的组织形式。在大科学时代,实验室,特别是拥

有重要科学装置的大规模实验室,是重大研究发现的主要诞生地。高水平大学、依托高水平大学建设的重点实验室和全球科技创新中心往往叠加在一起,在科学发现及支撑经济社会发展方面发挥着巨大的协同作用。

出于科学研究的需要及先发优势,以美国为代表的一批世界一流大学不仅建立了规模庞大的实验室,还托管了众多国家实验室。伦敦、波士顿等地集聚了剑桥大学卡文迪什实验室、麻省理工学院的林肯实验室、加州大学伯克利分校的劳伦斯伯克利国家实验室等一批全球知名实验室。

表 2-3 部分全球科创中心、研究型大学和国家实验室叠加情况

| 城市 | 实验室 | 隶属部门 | 所在大学 | 研究方向 |
|---|---|---|---|---|
| 旧金山-圣何塞 | 直线加速器中心 | 能源部 | 斯坦福大学 | 高能物理、粒子物理 |
| | 劳伦斯伯克利国家实验室 | 能源部 | 加州大学伯克利分校 | 高级材料研究、声明科学研究、能源效率、回旋加速器 |
| 纽约 | 等离子体物理实验室 | 能源部 | 普林斯顿大学 | 等离子体物理和聚变科学研究 |
| 洛杉矶 | 喷气推进实验室 | 美国航空航天局 | 加州理工学院 | 星际探索、地球科学、天体物理、通信工程 |
| 波士顿 | 林肯实验室 | 空军 | 麻省理工学院 | 国防、通信、民航交通管理 |

资料来源:杜德斌.全球科技创新中心:动力与模式[M].上海人民出版社,2015:97。

依托高校建设的实验室是科创中心面向未来科学前沿,开展有组织攻关的平台,创造了大量影响人类进步的重大科学成果,在科学技术史上作出了不可磨灭的贡献。英国剑桥大学卡文迪什实验室发现了电子、中子,发现了原子核的结构,发现了DNA的双螺旋结构等;美国加州大学伯克利分校劳伦斯伯克利国家实验室建立起了第一批电子直线加速器,发现了一系列超重元素,开辟了放射性同位素、重离子科学等研究方向;依托麻省理工学院的林肯实验室开发了卫星通信系统,设计了红外激光雷达,开发了高精度卫星定位与跟踪系统;加州大学洛斯阿拉莫斯国家实验室研制出了世界上第一颗原子弹和第一颗氢弹。这些依托高水平大学的实验室为提升大学整体学术水平起到了重要带动作用,对大学所在城市的科技产业发展,对其国家和人类的科学技术发展都作出了巨大贡献,也必将成为所在城市在未来全球创新网络中占有一席之地的核心支撑,成为所在城市在未来全球科技创新竞争中保持领先优势的核心竞争力之一。

## 第二节　高等教育是全球科创中心人才蓄水池

在大学与科创中心之间相互促进的发展循环中,人才是核心纽带。高水平大学持

续地培养和输送本地化人才,同时以大学为载体吸引、汇聚全球高水平人才,这为科创中心提供必不可少的人才支撑。基于科创中心的发展需要和整体的创新氛围,属地大学的人才培养水平和吸引全球高水平人才的竞争力也会逐步提升。以强大的高等教育系统为支撑,全球科技创新中心往往也是全球有影响力的人才高地。强大的高等教育系统、全球有影响力科创中心和具有世界竞争力的人才高地叠加,是全球科创中心的特点之一。

### 一、高校为科创中心就近培养和输送高素质人才

大学把普通学生教育成为有文化修养、具备优秀专业技能的人。[①] 全球科创中心的人才需求有多个来源渠道,其中最重要的渠道是属地高校的组织培养。因此,大学服务全球科创中心最显著的功能就在于培养和输送各类高素质人才。相关研究表明,高校毕业生的就业区域一般呈放射状分布,越接近放射源(高校),毕业生集聚越多。[②] 因此,可以说,全球科创中心所在地高校培养的人才主要留在学校所在地就业,科创中心所在地高校成为本地人才的主要输送来源。例如,伦敦地区高校每年培养约13万高素质毕业生,将近70%的毕业生留在伦敦地区工作;剑桥科技园内高技术创业公司约1/3的大学生雇员中有70%来自剑桥大学。[③] 根据美国大学学术绩效中心统计,2011年,纽约大都市区的哥伦比亚大学、康奈尔大学和纽约大学共授予博士学位人数1 466人,占地区授予博士学位总数的54.3%;大波士顿地区有2 546人被授予博士学位,其中2 238名毕业于7所顶尖高校,[④]这些毕业生大多选择在当地就业。例如斯坦福大学工学院的博士、硕士毕业生,基本都在学校50公里内就业。斯坦福大学和加州大学伯克利分校每年要向硅谷输送几千名研发与创新型高级人才。强化国际人才培养能力,服务科创中心的全球竞争,是大学在人才培养方面的主要趋势。在全球科创中心建设发展过程中,属地高校的人才培养也从本土的视野逐渐拓展为全球的视野,基于全球的视野制定人才培化相关的政策举措,在课程设置、学生交流及生源上推进国际化进程。

1. 课程设置国际化

为了培养大学生的全球意识,纽约州教育厅规定,所有大学在设置课程时应考虑国际化背景,外国文化和世界历史等课程更是大学生核心课程体系中必须具备的课程门类。例如,随着纽约市所在地高校留学生比例的增加,多种外语教学在纽约各高校

---

① [西]奥尔特加·加塞特.大学的使命[M].徐小洲,陈军,译.杭州:浙江教育出版社,2001:95.
② 李志红,等.大学与城市互动研究[M].济南:山东大学出版社,2009:218.
③ 上海科学技术情报研究所,上海市前沿技术研究中心.全球科技创新中心战略情报研究——从"园区时代"到"城市时代"[M].上海:上海科学技术文献出版社,2016:245.
④ 杜德斌.全球科技创新中心:动力与模式[M].上海:上海人民出版社,2015:94.

成为一种趋势。① 再如,新加坡高校②对课程体系进行国际化重构,根据世界科技发展的前沿成果,不断更新学科设置;借鉴美国模式的选课制和学分制,增设培养学生创造力的课程;提倡通识教育和跨学科的学习方式;南洋理工大学对本科生实行跨学科教学,要求所有学生一半以上的学分必须在其他学院获得,且选修课程在文理科都有一定的比例要求;在课程内容上,新加坡大部分高校都开设了有利于培养学生国际意识和全球观念的国际性课程。

2. 学生交流国际化

"走出去"也是国际化人才培养的重要内容。新加坡国立大学③积极与世界名校签订国际交流项目,吸引更多的优秀学生前来就读;南洋理工大学规定所有本国的本科生必须在国外学习交流至少一个学期,通过国际学生交流计划、全球教育计划、海外实习计划等项目将学生送到美国、欧洲、中国等地学习和生活。慕尼黑工业大学④对外推出"走向全球计划",与全球150多所大学建立合作伙伴关系,在新加坡设立分校,在中国、巴西、印度、日本、埃及等地设立办事处,为学生制订国际交流计划,使学生获得创新创业的国际合作意识与技能;如"国际科学与工程研究生院"(IGSSE)鼓励博士生出国参加各种国际学术会议,要求博士就读期间必须在国外的合作大学进行至少3个月以上的合作研究。

3. 生源国际化

大学积极引入国际优质生源,将人才竞争前移,助力国际人才高地建设。新加坡政府制定相关政策,要求高校中的外国学生比例不得低于20%,以此促进新加坡教育的国际化。新加坡政府和学校通过提供津贴、奖学金、低息或无息助学贷款以及实施"国外人才居住计划"(Scheme for Housing of Foreign Talent)等方式吸引外国学生。⑤日本在2007年开始大幅开放接受海外留学生,2008年发布"30万留学生"计划。英国则早在1999年就推出"国际教育项目",提升英国高校在留学生市场的份额。美国凭借其卓越的高等教育系统,一直以来都是留学生的首选之地。2018年11月,美国国际教育研究院发布的"2018年国际留学生数据表"显示,2017—2018学年,纽约州外国留学生的总数为121 260人,居全美第二;位于纽约市的纽约大学和哥伦比亚大学的留学生数量在全美名列前茅,其国际留学生总量占到全州26.5%。在"世界大学学术排

---

① 夏人青,胡国勇.国际大都市高等教育比较研究[M].上海:上海教育出版社,2018:28.
② 范燏.新加坡高等教育国际化战略分析[J].世界教育信息,2013(13):22—27.
③ 范燏.新加坡高等教育国际化战略分析[J].世界教育信息,2013(13):22—27.
④ 吴亮.德国创业型大学的改革发展及其启示——以慕尼黑工业大学为例[J].高教探索,2016(12):45—50.
⑤ 范燏.新加坡高等教育国际化战略分析[J].世界教育信息,2013(13):22—27.

名"百强高校中,伦敦的国际学生比例最高,5所高校均在35%以上,帝国理工学院的国际学生占比已经超过一半;其次是新加坡的两所高校以超过30%的国际学生比例紧随其后;再次则是纽约、波士顿和旧金山-圣何塞,其大学的国际学生比例都超过了20%。国际学生比例较低的东京大学也达到了13.0%。

表2-4 全球科创中心所在地高水平大学的国际学生比例

| 城市 | 学校名称 | 学生数量 | 国际学生比例 |
| --- | --- | --- | --- |
| 东京 | 东京大学 | 28 143 | 13.0% |
| 伦敦 | 剑桥大学 | 20 087 | 35.5% |
| | 牛津大学 | 24 000 | 38.3% |
| | 伦敦大学学院 | 41 300 | 48.8% |
| | 帝国理工学院 | 17 054 | 55.4% |
| | 伦敦大学国王学院 | 31 000 | 40.9% |
| 旧金山-圣何塞 | 斯坦福大学 | 16 420 | 22.4% |
| | 加州大学伯克利分校 | 42 249 | / |
| | 加州大学旧金山分校 | 3 300 | / |
| 纽约 | 哥伦比亚大学 | 29 462 | 31.7% |
| | 康奈尔大学 | 23 600 | 24.0% |
| | 洛克菲勒大学 | 200 | / |
| | 纽约大学 | 54 520 | 26.4% |
| 洛杉矶 | 加州理工学院 | 2 233 | 27.3% |
| | 加州大学洛杉矶分校 | 43 548 | / |
| | 南加州大学 | 47 500 | 22.8% |
| 波士顿 | 哈佛大学 | 36 012 | 25.9% |
| | 麻省理工学院 | 11 574 | 33.9% |
| | 波士顿大学 | 34 000 | 24.9% |
| 新加坡 | 新加坡国立大学 | 39 000 | 30.5% |
| | 南洋理工大学 | 31 687 | 30.8% |

数据来源:学生数量来自各校官网数据,国际学生数据来自"The top 200 universities for international students 2018",其中东京大学整理自官网数据。

## 二、一流大学为科创中心汇聚全球卓越人才

一流大学是全球顶尖人才集聚的场所,拥有一批具有世界一流大学水平的学术大

师,不仅决定着大学的建设水平和人才培养质量,更推动着全球科创中心基础研究和高技术领域原始创新。[①] 以诺贝尔奖为例,大伦敦地区的剑桥大学、牛津大学等5所一流大学共培养了214位诺奖得主,仅剑桥大学就多达107位教师和校友获得了诺贝尔奖。美国纽约地区的4所高校培养了196位诺奖得主,波士顿地区的两所高校培养了138位诺奖得主,旧金山地区的3所大学培养了76位,洛杉矶地区的两所高校培养了51位。东京大学也培养了10位诺奖得主。

表2-5 全球科创中心所在地高水平大学获得诺贝尔奖人数

| 城市 | 学校名称 | 获得诺贝尔奖人数(位) |
| --- | --- | --- |
| 东京 | 东京大学 | 10 |
| 伦敦 | 剑桥大学 | 107 |
| | 牛津大学 | 52 |
| | 伦敦大学学院 | 29 |
| | 帝国理工学院 | 14 |
| | 伦敦大学国王学院 | 12 |
| 旧金山-圣何塞 | 斯坦福大学 | 40 |
| | 加州大学伯克利分校 | 31 |
| | 加州大学旧金山分校 | 5 |
| 纽约 | 哥伦比亚大学 | 84 |
| | 康奈尔大学 | 50 |
| | 洛克菲勒大学 | 25 |
| | 纽约大学 | 37 |
| 洛杉矶 | 加州理工学院 | 38 |
| | 加州大学洛杉矶分校 | 13 |
| | 南加州大学 | / |
| 波士顿 | 哈佛大学 | 48 |
| | 麻省理工学院 | 90 |
| | 波士顿大学 | / |

数据来源:各高校官网,包括教师和校友获奖者。

通过对全球科创中心一流大学全球高被引科学家的统计,可以窥见全球顶尖科学

---

[①] 苏洋,赵文华. 我国研究型大学如何服务全球科技创新中心建设——基于纽约市三所研究型大学的经验[J]. 教育发展研究,2015(17):1—7.

家在全球科创中心的集聚效应。东京大学拥有20位高被引科学家,占全日本总量的20.2%;伦敦的5所高校拥有227位高被引科学家,占全英国总量的38.8%;而美国的四大科创中心波士顿、旧金山-圣何塞、纽约、洛杉矶分别拥有282位、206位、106位、100位高被引科学家,合计占全美国总量的26.6%。

表2-6 全球科创中心一流大学的全球顶尖科学家

| 城市 | 学校名称 | 高被引科学家 |
| --- | --- | --- |
| 东京 | 东京大学 | 20 |
| 伦敦 | 剑桥大学 | 57 |
| | 牛津大学 | 64 |
| | 伦敦大学学院 | 46 |
| | 帝国理工学院 | 35 |
| | 伦敦大学国王学院 | 25 |
| 旧金山-圣何塞 | 斯坦福大学 | 103 |
| | 加州大学伯克利分校 | 72 |
| | 加州大学旧金山分校 | 31 |
| 纽约 | 哥伦比亚大学 | 41 |
| | 康奈尔大学 | 38 |
| | 洛克菲勒大学 | 14 |
| | 纽约大学 | 13 |
| 洛杉矶 | 加州理工学院 | 25 |
| | 加州大学洛杉矶分校 | 51 |
| | 南加州大学 | 24 |
| 波士顿 | 哈佛大学 | 223 |
| | 麻省理工学院 | 38 |
| | 波士顿大学 | 21 |

数据来源:获奖教师数据来自各高校官网,高被引科学家数据来自科睿唯安 Highly Cited Researchers 2018。

这些杰出的顶尖人才不仅推动了其所在大学和全球科创中心的发展,也促进了国家甚至世界科技的进步。其所在大学和城市,也因为这些顶尖人才的存在,声誉得到进一步的提升,更多的优秀人才愿意进入这些大学和城市学习和工作,由此形成杰出人才源源不断的良性循环。

## 第三节 高等教育是全球科创中心产业创新策源地

大学、企业和政府是推动城市和区域发展的三大核心驱动要素。① 其中,大学将研发成果向产业界转让,强化大学在企业孵化、技术创新中的功能,同时通过技术转移收益反哺大学的科研和人才培养。② 全球科创中心的发展得益于大学所设学科对当地产业的辐射和服务,得益于高水平大学的科技成果转移转化,得益于大学与产业合作的研发推动。毋庸置疑,大学已经成为国际有影响力科创中心产业发展和产业结构升级的重要策源地。在美国,影响人类生活方式的重大科研成果中,70%诞生于高水平研究型大学,如发光二极管、条形码、晶体管等。③ 大学作为全球科创中心的知识生产中心,持续不断地输送最新的研究成果,如斯坦福大学和加州大学伯克利分校的喷墨印刷术、光盘记录仪和计算机用户界面等,都被企业吸收应用,最终形成产品。在生物医学领域,哥伦比亚大学诺贝尔医学奖获得者坎德尔(E. R. Kandel)教授研究发现了"突触的效能如何改变以及涉及哪些分子机理",这对理解人体大脑的正常功能、信号传导紊乱如何引发神经或精神疾病至关重要。借助于此项发现,人们已成功研制出治疗帕金森氏症的新药物。此外,诸如"发现 DNA 是遗传的基础"、"证实胆固醇和心脏疾病之间的相关性"、"确认病毒导致癌症"等来自洛克菲勒大学科学家的重大研究突破,均推动了纽约市生物医学产业的发展。④

### 一、发挥大学学科优势服务产业需求

高校通过学科专业设置与持续调整优化,对接科创中心区域产业发展需求和产业升级。2003 年,东京发布"关于都市新大学的构想",强烈要求所在地大学服务城市发展,致力于解决城市面临的问题,并设立都市教养学部,对所有学生进行都市文化、经济、工学等"都市文明"教育,并新设都市环境、体系设计、保健福利学部,以应对国际化大都市面临的问题。⑤ 旧金山著名的 128 号公路的三大高技术产业——微波、计算机、导航——都来自麻省理工学院的优势学科的辐射和支撑。并且,麻省理工学院的教师和毕业生基于对科技前沿的敏感度,以自身技术优势,创建了一批生物技术公司,将 128 号公路地

---

① 骆大进.科技创新中心:内涵、路径与政策[M].上海:上海交通大学出版社,2016:21.
② 石变梅,吴伟,高树昱.纽约大学理工学院 i²e 创业教育模式探索[J].现代教育管理,2012(4):123—127.
③ 骆大进.科技创新中心:内涵、路径与政策[M].上海:上海交通大学出版社,2016:23.
④ 苏洋,赵文华.我国研究型大学如何服务全球科技创新中心建设——基于纽约市三所研究型大学的经验[J].教育发展研究,2015(17):1—7.
⑤ 夏人青,胡国勇.国际大都市高等教育比较研究[M].上海:上海教育出版社,2018:202.

区打造成全美著名的生物技术走廊,也使生物技术成为旧金山的重要支柱产业。

伦敦的创意与文化产业异军突起,成为仅次于金融服务业的城市经济发展支柱。大伦敦地区高水平大学的学科专业设置,在对接创意产业发展方面也有鲜明的体现。英国高等教育统计局(Higher Education Statistics Agency,HESA)公布的数据显示,2010—2011学年,伦敦高等教育机构录取学生人数最多的3个学科分别是商业与管理研究(15%)、医学及相关学科(12%),以及艺术与设计(11%)。高等教育招生趋势与产业结构的趋同有利于为城市建设提供具有高水平、高技能、高适应能力的劳动力资源,进而实现政府对高等教育机构社会功能的要求。①

表2-7 伦敦及其他英国高等教育机构专业招生比例对比

| 专业 | 伦敦地区高校(%) | 伦敦以外高校(%) |
| --- | --- | --- |
| 牙科医学 | 5 | 2 |
| 医学及相关学科 | 12 | 13 |
| 生物学 | 7 | 8 |
| 兽医学 | 0 | 4 |
| 农学及相关学科 | 0 | 0 |
| 物理学 | 2 | 1 |
| 数学 | 2 | 2 |
| 计算机科学 | 5 | 4 |
| 工程技术 | 6 | 7 |
| 建筑建造及规划 | 3 | 3 |
| 社会学 | 9 | 9 |
| 法学 | 4 | 4 |
| 商业与管理研究 | 15 | 15 |
| 新闻传媒 | 3 | 2 |
| 语言学 | 4 | 6 |
| 历史、哲学研究 | 3 | 4 |
| 艺术与设计 | 11 | 7 |
| 教育 | 8 | 10 |
| 总计 | 100 | 100 |

数据来源:GLA Economics. London Labour Market Projections [R]. Great London Authority, 2013: 106。

---

① 夏人青,胡国勇. 国际大都市高等教育比较研究[M]. 上海:上海教育出版社,2018:55.

大学基于学科的卓越研究对区域的行业发展具有辐射作用。剑桥大学①在干细胞研究和基因测序领域处于全球领先地位。2007年,剑桥大学在干细胞生物研究中的投入超过3 800万英镑,并将其作为战略优先领域。本地实验室吸引了约9 500万英镑,寻求医药市场潜在的商业应用。在过去10年,通过建立研究中心或并购,越来越多的主要制药企业和生物技术企业在剑桥地区成立,形成了健康的生物技术集群。而本地生物技术研究的发展又孕育了抗体技术的集群。

斯坦福大学于2009年1月投资筹建了独立的能源研究所——普雷科特能源研究所(Precourt Institute for Energy, PIE),致力于解决世界上日益严重的能源短缺问题。PIE的使命是快速实现能量转换的重大目标,它为能源研究提供资金和相关支持,创建和维护学者之间的有效沟通渠道,并积极传播其研究成果。PIE支持了高级分子光伏中心、宽纳米的高校能源转换中心、能源和可持续发展计划等十余个重点项目,其强大的研究团队和资金投入带来了巨大的溢出效应,使旧金山成为清洁能源技术研发的领导者。②

## 二、汇聚全球优势学科资源助力产业创新

在全球科创中心产业结构升级进程中,部分高水平大学通过吸纳全球优势学科资源,支撑区域科技创新和产业升级发展。纽约"应用科学"计划正是通过吸引世界顶尖高校在纽约建立新的科技园区,创建世界一流的应用科学学术和研究设施,扩大应用科学行业,让全球高等教育学科优势资源向纽约集聚,使其在纽约的产业升级进程中激发纽约的创新活力,促进纽约经济多样化。

纽约"应用科学"计划吸引了多所大学入住,它们专注于不同学科领域,吸引和集聚不同的人才和企业,为纽约的创新产业升级注入了强大活力。这些项目中,有纽约本地高校领衔的项目,如纽约大学主办的"城市科学与进步中心"(Center for Urban Science & Progress),旨在研究与改善日渐严峻与复杂交错的城市问题;哥伦比亚大学建设的"数据科学和工程研究院"(Institute for Data Science and Engineering),专注深化数据科学的研究。同时也有来自美国其他城市所在地大学的项目,如卡内基·梅隆大学的"综合媒体项目"(Integrative Media Program),该项目将整合科技与艺术,开展各类文化研究与教育活动。③ 还有来自美国以外的大学,如以色列理工学院入住。以

---

① 上海科学技术情报研究所,上海市前沿技术研究中心.全球科技创新中心战略情报研究——从"园区时代"到"城市时代"[M].上海:上海科学技术文献出版社,2016:244.
② 高维和.全球科技创新中心:现状、经验与挑战[M].上海:格致出版社,上海人民出版社,2015:155.
③ 上海科学技术情报研究所,上海市前沿技术研究中心.全球科技创新中心战略情报研究——从"园区时代"到"城市时代"[M].上海:上海科学技术文献出版社,2016:179.

色列理工学院与康奈尔大学合作主办"康奈尔科技纽约城"(Cornell Tech NYC),纽约市政府将在未来与两所院校合作,将罗斯福岛打造成一个培养科技创新人才和思维的活力校园。

表 2-8 "应用科学"计划四大项目

| 项目 | 康奈尔科技纽约城 | 城市科学与进步中心 | 数据科学和工程研究院 | 综合媒体项目 |
|---|---|---|---|---|
| 项目确立时间 | 2011年12月 | 2012年4月 | 2012年7月 | 2013年1月 |
| 主办院校 | 康奈尔大学 以色列理工学院 | 纽约大学 | 哥伦比亚大学 | 卡内基·梅隆大学 |
| 校园所在地 | 罗斯福岛原金水医院处 | 布鲁克林中心 | 哥伦比亚晨边高地和华盛顿高地校园 | 布鲁克林海军工业园地斯坦纳工作室 |
| 纽约市资助额 | 1亿美元 | 1 500万美元 | 1 500万美元 | 350万美元 |
| 学科重点 | *将设立计算机科学、电子与计算机工程、信息科技以及工程学方面的硕士和博士学位点<br>*将推出创新型跨学科研究领域,包括联结媒体、健康生活、建成环境等 | *专注研究如何改善愈加拥挤的大城市的生活环境,如能源效率、基础设施、交通环境、应用措施等<br>*会将纽约市作为实验室和课堂,利用大数据等信息资源缓解城市问题,改善城市生活 | *将专注于深化数据科学的研究,并进一步巩固其近来在工程方面的优势<br>*将分别在5个领域开设5个新中心:新媒体中心、智慧城市中心、健康分析中心、网络安全中心和财务分析中心 | *第一个整合科技与艺术的"应用科学"项目,将专注于电影、游戏、社交媒体和大数据、交互计算、表演和视觉艺术,以及城市规划等的规划和教育<br>*斯坦纳工作室将为学生提供与专业人士并肩学习的机会 |
| 未来经济成效 | *将产生230亿美元的经济活动总量,14亿美元的税收<br>*创造8 000个就业岗位<br>*孵化出600家公司 | *将产生55亿美元的经济活动总量<br>*创造4 600个就业岗位<br>*孵化出200家公司 | *将产生39亿美元的经济活动总量<br>*创造4 223个就业岗位<br>*孵化出170家公司 | 未预计 |

数据来源:上海科学技术情报研究所,上海是前沿技术研究中心.全球科技创新中心战略情报研究——从"园区时代"到"城市时代"[M].上海科学技术文献出版社,2016:178。

## 三、共建研发机构深化产学合作

大学与产业界通过共建联合研究机构、共同承担研究项目等形式深化产学合作,加强跨学科研究与开发，优势互补，大大提高了研发效率。斯坦福系统中心、麻省理工学院(MIT)的工业行为中心就是这类产学合作机构。"斯坦福系统中心"由斯坦福大学与美国联邦政府和硅谷的 20 家企业于 1981 年合作建成。该中心是斯坦福大学在微电子技术方面的现代化研究和教学实验基地，从属于斯坦福大学工程学院。① 中心每年承担大量的高科技前沿课题，以校企研发人员共同合作为基础，以高科技项目为纽带，加上充足的经费和国际一流的研究设备和仪器，每年培养 30 名博士和 100 名硕士，诞生了大量处于世界先进水平的高新技术成果，其中 70%—80%的成果可用于工业制造和生产，为合作企业带来了丰富的经济效益。合作企业每年按规定向中心支付一定数量的会员费，作为中心的研究资金，以支持课题研究的顺利进行。MIT 的工业行为中心自 1992 年成立以来，其科研人员和学生先后与 2 000 多家公司合作开展了应用研究，合作对象涉及制造业、能源产业、现代服务业和绿色新兴产业等领域。目前，MIT 及其附属研究中心与产业界用于项目研究活动的经费每年已超过 7.5 亿美元，产生近 400 项新发明、100 多项专利成果。②

在与企业合作方面，旧金山地区的大学在能源、医学方面也做出了很好的示范。它们与世界能源公司合作，开展了一系列新能源和可持续能源领域的创新创业项目。世界上最大的石油和石化集团公司之———英国石油公司 2007 年共投资 5 亿美元用于新能源的开发，以期减少能源消耗对环境的影响。该研究项目由加州大学伯克利分校联合劳伦斯伯克利国家实验室和伊利诺伊大学厄巴纳-香槟分校共同实施领导，并成立了新的研究机构——能源生物科学研究所(the Energy Biosciences Institute, EBI)。③ 加州大学旧金山分校医学院与基因科技公司合作，成立了世界领先的再生医学研究中心，注重干细胞方面的研究，为旧金山生物医药产业的发展提供了新的能量。④

### 四、设置专业技术转移机构推动科技成果转移

高校拥有丰富的科研成果，通过市场化的模式和机制推动成果转移转化，已经成为高校赋能科技创新中心的强大助力。为了将大学研发的新技术及时转让给当地企业，大力促进本地区的产学研技术转移服务，大学普遍设置技术转移办公室等专业机构。作为技术转移的内设机构，技术转移办公室被誉为学术界和工业界之间的"边界

---

① 高维和.全球科技创新中心：现状、经验与挑战[M].上海：格致出版社，上海人民出版社，2015：260.
② 骆大进.科技创新中心：内涵、路径与政策[M].上海：上海交通大学出版社，2016：49.
③ 高维和.全球科技创新中心：现状、经验与挑战[M].上海：格致出版社，上海人民出版社，2015：153.
④ 高维和.全球科技创新中心：现状、经验与挑战[M].上海：格致出版社，上海人民出版社，2015：150.

扳手"或"经纪人"。① 例如,斯坦福大学的技术许可办公室(Office of Technology Licensing)、MIT的技术许可办公室(TLO)、洛克菲勒大学的科技转化办公室(Office of Technology Transfer)、帝国理工学院的技术转移办公室(Technology Transfer Office)、东京大学的技术转移机构(Technology Licensing Organization)、慕尼黑工业大学的技术转移办公室(TUM for TE)等。技术转移办公室的功能主要为负责全校技术转移活动、辅助教师创业、促成与外部企业的合作等。②

技术转移办公室在推动大学技术成果转移转化方面,功不可没。MIT的技术许可办公室(TLO)遵循一套行之有效的技术评估和许可流程,与产业界、风险投资市场和企业家保持着长期且密切的合作关系,已经成为全美开展大学专利使用转让最活跃的机构之一。③ 过去10年间,经该机构专利转让催生了数百家高新技术公司,涵盖生物、信息、纳米等产业领域。④ 哥伦比亚大学科技创业公司平均每年管理超过350项发明、100项专利许可协议,辅助创立20家初创企业,目前拥有生物、IT、清洁技术、设备、大数据、纳米技术、材料科学等研究领域的专利授权超过1 200余项。⑤ 东京大学企业关系部(Division of University Corporate Relations,DUCR)的使命是增加进入东京大学研究的机会,并为相互合作打下基础,为国内外产业提供积极的支持。每年创造500多项发明,开展约1 600项合作研究项目,在东京大学周边建立了200多家创业公司。⑥ 200家日本和外国公司与东京大学合作,资助了近100个合作研究项目。2017年取得了94.83亿日元研发收入,约占东京大学研究收入的18%。⑦

除了学校内设的技术转移办公室,随着商业化进程的推进和技术转移需求的增加,部分大学选择成立商业化公司来协助技术转移办公室的技术转移服务,或负责解决技术攻关的早期风险投资问题。比如帝国理工学院通过设立帝国创新服务公司(Imperial Innovations),在创新想法与技术的发展初期即介入,协助、吸引其他的风险投资者共同投资,为还未投资的想法与技术提供推介服务。同时,它还与其合作伙伴一起结成创新网络,长期密切跟踪被其称为"金三角"的伦敦、剑桥、牛津区域内的所有

---

① Rothaermel F T, Agung S D, Jiang L. University entrepreneurship: A taxonomy of the literature [J]. Industrial & Corporate Change, 2007,16(4): 691-791.
② 吴伟,蔡雯莹,蒋啸.美国大学市场化技术转移服务:两种模式的比较[J].复旦教育论坛,2018(1): 106—112.
③ 骆大进.科技创新中心:内涵、路径与政策[M].上海:上海交通大学出版社,2016: 48.
④ 骆大进.科技创新中心:内涵、路径与政策[M].上海:上海交通大学出版社,2016: 48.
⑤ 杨婷,尹向毅.大学如何构建创业支持系统——哥伦比亚大学的探索[J].华东师范大学学报(教育科学版),2019,37(1): 37—45.
⑥ University of Tokyo. Division of University-Corporate Relations [EB/OL]. http://www.ducr.u-tokyo.ac.jp/en/mission/greeting.html.
⑦ University of Tokyo. About UTokyo [EB/OL]. https://www.u-tokyo.ac.jp/en/about/finances.html#anchor3.

高校与研究机构有商业价值的技术与产品,可持续地投资初创企业,助其发展,在治疗、诊断、医学技术、工程与材料,以及信息通信、数据技术等领域都有卓越成效。截至 2015 年 7 月,其投资的企业已经达到 98 家,市值达到 3.27 亿英镑,且前 20 名企业的净值达 2.92 亿英镑,其中最大的企业是位列富时 250(FTSE250)指数的切尔卡西亚制药(Circassia Pharmaceuticals)。[1]

### 五、通过大学科技园等孵化器培育新兴产业

面对全球科创中心新兴高技术产业发展的需求,大学开始通过科技园等孵化器承担起孵化新兴产业的角色。大学科技园是大学为高新企业的成长提供物理空间、基础设施和服务,提高创业成功率的创新空间,其孵化功能主要体现在培育创业精神、构建公共平台、建立信息网络等方面。[2] 随着大学对科技成果转化需求和企业孵化需求的增强,大学科技园等孵化器在大学逐渐普及。帝国理工学院在 2006 年成立创业孵化器,十年孵化出上百家初创企业,项目募资额超过 10 亿英镑。[3] 哥伦比亚大学奥杜邦生物医学科技园是纽约市唯一一家针对生物技术的孵化器,通过开发生物技术,加速了生物医药从实验室到临床的速度。作为纽约市第一个依托大学创建的研究园区,奥杜邦生物医学科技园为孵化区提供组织与结构支持,促进了生物技术的发展以及医疗卫生领域的改善。[4]

全球科创中心所在地大学的企业孵化已经颇具规模。2014 年 PitchBook 发布了一项对近五年来大学校友创办的初期创业公司的调查,并对前 50 所大学进行了排名,美国多所一流大学入选。斯坦福大学校友以 378 名创业者的数量领先,他们创办的 309 家公司总共筹集了超过 35 亿美元的风险投资;旧金山地区的另一所大学加州大学伯克利分校排在第 2 位。波士顿地区的麻省理工学院、哈佛大学、波士顿大学分别排在第 3 位、第 5 位和第 352 位。纽约地区的康奈尔大学、哥伦比亚大学和纽约大学分别排在第 7 位、第 9 位和第 24 位。洛杉矶地区入榜的加州大学洛杉矶分校和南加州大学排在第 14 位和第 22 位。

---

[1] 孙芸.国外高校设立技术转移公司模式[N].中国科学报,2019-01-31(06).
[2] 苏洋,赵文华.我国研究型大学如何服务全球科技创新中心建设——基于纽约市三所研究型大学的经验[J].教育发展研究,2015(17):1—7.
[3] 首席评论|大学孵化器如何实现十年项目融资超 10 亿英镑?[EB/OL].(2017-09-18).第一财经.https://www.yicai.com/news/5346650.html.
[4] 苏洋,赵文华.我国研究型大学如何服务全球科技创新中心建设——基于纽约市三所研究型大学的经验[J].教育发展研究,2015(17):1—7.

表2-9 全球科创中心近五年大学校友创办的创业公司情况

| 城市 | 学校名称 | 创业者人数 | 创业公司数量 | 吸引到的投资(百万美元) |
| --- | --- | --- | --- | --- |
| 旧金山-圣何塞 | 斯坦福大学 | 378 | 309 | 3 519 |
| | 加州大学伯克利分校 | 336 | 284 | 2 412 |
| 纽约 | 哥伦比亚大学 | 115 | 105 | 952 |
| | 康奈尔大学 | 212 | 190 | 1 971 |
| | 纽约大学 | 95 | 89 | 493 |
| 洛杉矶 | 加州大学洛杉矶分校 | 130 | 118 | 1 298 |
| | 南加州大学 | 106 | 96 | 743 |
| 波士顿 | 哈佛大学 | 253 | 229 | 3 235 |
| | 麻省理工学院 | 330 | 250 | 2 417 |
| | 波士顿大学 | 69 | 66 | 521 |

数据来源: Top 50 Universities for VC-Backed Entrepreneurs。

大学衍生的创业公司在本地区产生了重要影响。截至2006年,MIT累计为波士顿地区"生产"了300多家高新技术公司,占128号公路地区全部高新技术公司的1/4;到2010年,MIT的毕业生在世界各地创办的高科技公司总数已达到25 800家,雇佣300万劳动力,年产值2 000亿美元,相当于世界第11大经济体。而斯坦福大学对硅谷地区的贡献也相当令人瞩目,据2012年斯坦福大学埃斯利(Eesley)和米勒(Miller)教授的统计,1930年以来该校师生创办的企业多达39 000家,每年产生的收益高达2.7亿美元,共创造了540万个工作岗位,其中位于硅谷的惠普、思科、谷歌、雅虎、赛门铁克、安捷伦科技6家著名高技术公司入选2011年"财富500强高技术企业排行榜"。[①]

表2-10 斯坦福大学校友在硅谷创办的部分企业(1939—2012)

| 公司 | 成立年份 | 起源地 | 公司 | 成立年份 | 起源地 |
| --- | --- | --- | --- | --- | --- |
| 惠普 | 1939 | 帕罗阿图 | 盖璞 | 1969 | 旧金山 |
| 瓦里安 | 1948 | 帕罗阿图 | 嘉信理财 | 1971 | 旧金山 |
| 乔氏商店 | 1958 | 蒙罗维亚 | 太阳微系统 | 1981 | 圣塔克拉拉 |
| 杜比实验室 | 1965 | 旧金山 | JLAB、信条软件 | 1981 | 山景城 |

---

① 骆大进.科技创新中心:内涵、路径与政策[M].上海:上海交通大学出版社,2016:22.

续 表

| 公司 | 成立年份 | 起源地 | 公司 | 成立年份 | 起源地 |
|---|---|---|---|---|---|
| 硅图 | 1981 | 山景城 | 雅虎 | 1994 | 桑尼维尔 |
| 美国艺电公司 | 1982 | 红木城 | 网飞 | 1997 | 洛斯阿尔托斯 |
| 赛普拉斯半导体 | 1982 | 圣何塞 | 谷歌 | 1998 | 山景城 |
| 赛门铁克 | 1982 | 库比提诺 | 安捷伦科技 | 1999 | 帕罗阿图 |
| T/Maker | 1983 | 山景城 | 潘多拉电台 | 2000 | 加州奥克兰 |
| 思科 | 1984 | 圣何塞 | 领英 | 2002 | 山景城 |
| 贝宝 | 1988 | 圣何塞 | 特斯拉汽车 | 2003 | 帕罗阿图 |
| IDEO | 1991 | 帕罗阿图 | instagram | 2012 | 旧金山 |
| 英伟达 | 1993 | 圣塔克拉拉 | | | |

数据来源：Eesley C E, Miller W F（2012）. Impact：Stanford University's Economic Impact via Innovation and Entrepreneurship [M]. California：Stanford University Press. 转引自：骆大进. 科技创新中心：内涵、路径与政策[M]. 上海交通大学出版社，2016：23。

在大学孵化培育创新企业过程中，学校与地方的合作具有重要意义。比如，英国"院校与企业合作伙伴计划"（College-Business Partnership，CBP）[①]专注于促进高校与中小企业建立合作伙伴关系，鼓励高校技术和知识在当地企业实现转化。

## 第四节 对上海建设全球科创中心的启示

在美、英等国的全球科技创新中心发展过程中，大学与科技创新中心的互相促进关系从自发到政策引导、保障，已经形成了一些可资借鉴的经验，既包括大学自身的主动发展转向，也包括政府政策引导。

### 一、全球科技创新中心需要强大的高等教育系统支撑

纵观世界全球科创中心的发展历程，强大的高等教育系统是其不可或缺的源头支撑。全球科技中心都拥有丰富的高等教育资源，所在地的大学尤其是世界一流大学是其发展的知识源头，是其源头创新的驱动要素。斯坦福大学被誉为硅谷的心脏和大脑。伦敦被誉为全球高等教育质量最高的城市之一，是拥有世界一流大学最多的城市。纽约不仅在美国庞大的高等教育系统中拥有一席之地，更是享誉全球的国际高等

---

① 徐鹏杰. 国外高校科技成果转化的经验及启示[J]. 经济研究导刊，2010(23)：239—241.

教育中心,拥有一大批私立精英高校和高水平的公立高等教育系统。东京集中了日本约30%的高等院校和40%的大学生,拥有全日本1/3的研究和文化机构。[①] 新加坡是全球受教育程度最高的城市国家,其高等教育实力不容小觑。根据2018年软科世界大学学术排名(ARWU),世界排名前100的大学中,伦敦拥有剑桥大学、牛津大学、伦敦大学学院、帝国理工学院、伦敦大学国王学院等若干所一流大学;纽约、旧金山、洛杉矶、波士顿等美国城市拥有的一流大学更是包揽了全球前十强中的六席,以及全美前十强中的八席,包括哈佛大学、斯坦福大学、麻省理工学院、加州大学伯克利分校、哥伦比亚大学、加州理工学院、加州大学旧金山分校、康奈尔大学等;巴黎拥有索邦大学、巴黎第十一大学、巴黎高等师范学校等;新加坡拥有新加坡国立和南洋理工大学;东京和悉尼则分别拥有东京大学和悉尼大学。这些稳居世界大学排名前列的一流大学,它们取得的卓越成就铸就了所在城市高等教育享誉全球的品牌实力。反观上海,目前尚无高校进入世界一流大学学术排名的前百强,上海交通大学和复旦大学仅排在100—150名,与伦敦、纽约、东京等全球科创中心还存在一定差距,因此,继续加强上海高等教育的建设刻不容缓。

## 二、高校创新策源能力建设对科技创新中心至关重要

加快高校基础研究的前瞻布局,增加创新源动力刻不容缓。大学的基础研究是面向未来的投资,虽然短期内不一定能看到成效,但是对全球科创中心长远竞争力的提升至关重要。

当前我国一批高水平大学正向世界一流水平迈进,上海交通大学、复旦大学、同济大学、华东师范大学、上海科技大学、东华大学、上海大学等一批在沪高校,在国家和上海市的持续支持下,原始创新能力大幅度提升,但与世界一流的差距依然明显,迫切需要国家和上海市立足长远,按照基础研究的发展规律,给予持续稳定支持。要以全球科创中心建设目标为牵引,深化在沪高校内部管理体制改革,加快实现基础研究从数量增长为主向质量提升为主转型,实现原始创新能力跃升,其突破的基点应是开展重大原创性科学研究,催生重大原创性科研成果。深化大学科研组织形式和管理机制改革,促进在沪高校与产业企业深度合作,加强创新主体之间的开放合作,通过科研组织模式创新推动创新活力。深化评价改革,确立质量和贡献导向,率先逐步放弃按论文篇数计算工分并进行奖励的激励机制,引导科研人员减少短期行为。

---

[①] 上海市中国特色社会主义理论体系研究中心.对加快建成具有全球影响力科技创新中心的思考[J].红旗文稿,2015(12):25—27.

### 三、高水平大学汇聚和输送创新人才功能无可替代

创新驱动是人才驱动。全球科创中心的人才需求有多个来源渠道,高校作为科技第一生产力、人才第一资源的汇聚点,对科技创新中心的人才输送,对全球有影响力科技创新中心的建设意义重大。大学在汇聚全球科技人才方面发挥着不可替代的重要作用,不仅通过源源不断的人才培养确保全球科创中心企业高水准人才的供给,而且更是汇聚全球创新人才的重要载体。属地的高水平大学持续地培养和输送本地化人才,并以大学为载体吸引、汇聚全球的高水平人才,从而为科创中心提供必不可少的人才支撑。基于强大的高等教育系统,建设有影响力的人才高地,促使强大的高等教育系统、全球有影响力科创中心和具有世界竞争力的人才高地三者叠加,是全球科创中心的特点之一。上海的高校要形成对国内外人才的"磁吸效应",一方面是加强人才培养的核心地位,提升培养质量,另一方面需要破除毕业生留沪工作的各类门槛,在吸引国内外优秀人才留沪、来沪工作方面加大改革力度,以便为全球科技创新中心建设提供更为丰厚的人才红利。

### 四、必须释放高校成果转化潜力

高校科技成果的转移转化、依托高校创新环境孵化创新型企业,是全球科技创新中心的鲜明特征。我国高校在专利申请及授权数量方面呈现出稳定快速增长的态势,但长期以来,科技成果转化率偏低是一个不容忽视的问题。一方面,高校每年专利申请数量和授权数量持续增长;另一方面,科研成果有效转化的比率却比较低,据有关方面统计,我国科技成果转化率只有 10% 左右,技术进步对经济增长的贡献率只有 29%,远低于发达国家 50% 的水平。[①] 高校科技成果转化潜力亟待释放。

近年来,国家和上海市在加快高校科技成果转移转化方面密集施策。首先,政府持续深化对科技成果转移转化的认识,从法律层面对高校和科技人员的科技成果转移转化予以"松绑";其次,对科技成果转移转化后的利益分配进行再平衡,向一线的科技人员和团队大幅度倾斜;第三,在考核评价改革中纳入成果转移转化工作及其业绩。这些举措对释放高校成果转移转化潜力都具有重要作用。但是高校科技创新的导向还未能根本改观,基于市场需求导向的大规模组织推动的研究仍较缺乏,沉下心来、专注于基础研究的创新氛围尚待建立,真正具有重大市场价值的科技成果还较为稀缺。没有这些基础性工作,通过高校科技成果转移转化推动科技创新中心的产业创新,还任重道远。

---

① 蒋向利.高校科技成果转化:巨大潜力待释放——访全国政协教科文卫体委员会副主任、上海交通大学原党委书记马德秀[J].中国科技产业,2015(9):14—15.

## 第三章　高水平大学如何强化科创中心的创新策源能力

创新策源能力事关上海具有全球影响力科技创新中心建设,事关城市能级和核心竞争力提升。创新策源能力根植于基础研究的实力与重大原始创新突破的能力。大学,特别是高水平大学,是我国基础研究和高科技领域原始创新的主力军之一,是解决国民经济重大科技问题,实现技术转移、成果转化的生力军,是原始创新的源头。要强化高水平大学对上海具有全球影响力科创中心创新策源能力的贡献,需深入分析制约上海高校原始创新和源头引领能力的主要问题,并提出针对性建议。

### 第一节　上海高校创新策源能力的总体状况与分布

据《上海科技统计年鉴2017》统计,截至2016年,上海普通高等学校从事科技活动人数7.4万人,科技活动收入超过160亿元,约为2006年的3.3倍。获批项目57 000多项,约为2006年的2.2倍;课题经费支出高达82亿元,约为2006年的2.5倍。发表科技论文79 481篇,约为2006年的3.5倍;出版科技专著2 521种,约为2006年的2.3倍。专利申请10 774件,约为2006年的3.3倍;专利授权6 210件,约为2006年的5倍。[①] 由此可见,上海高校的科技资源丰富且增长迅速。

#### 一、上海高校科技资源的总体状况与校际分布

丰富的高校科技资源是原始创新的保障,是创新策源能力的基础。依据《上海科技统计年鉴》和教育部科学技术司的《高等学校科技统计资料汇编》提供的数据,上海高校的科技资源,总体情况良好,基础实,增长快,具体表现在高校从事科技活动人员数、科技活动收入、科技活动政府资金(科技经费)、项目(课题)数(项)、项目(课题)投入人力等方面。

上海高校从事科技活动人员数逐年增加,从2006年的55 632人增加到2016年的74 149人,从事科技活动人员在11年间增加了18 517人。与2012年相比,部分部属高校从事科技活动人员数在2017年有较大增幅,如华东理工大学,增加了26.44%;而

---

① 上海市科学技术委员会,上海市统计局.上海科技统计年鉴2017[M].上海:上海科学普及出版社,2017.

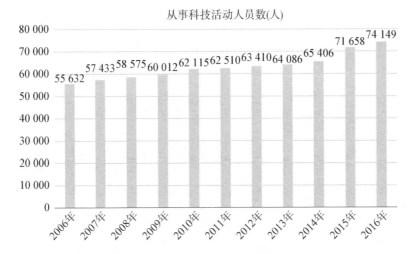

**图 3-1 上海高校从事科技活动人员数**

数据来源：上海市科学技术委员会，上海市统计局.《上海科技统计年鉴》(2007—2017)。

**表 3-1 上海市部分部属高校从事科技活动人员数分布**

| 学校 | 从事科技活动人员(人) | | |
|---|---|---|---|
| | 2012 | 2017 | 增幅 |
| 复旦大学 | 2 090 | 2 352 | 12.54% |
| 同济大学 | 3 442 | 3 136 | −8.89% |
| 上海交通大学 | 5 022 | 4 896 | −2.51% |
| 华东理工大学 | 1 566 | 1 980 | 26.44% |
| 东华大学 | 1 162 | 1 310 | 12.74% |
| 华东师范大学 | 1 281 | 1 229 | −4.06% |

数据来源：中华人民共和国教育部科学技术司.《高等学校科技统计资料汇编》(2013/2018)。

部分部属高校的从事科技活动人员数有所减少，如同济大学。

上海高校科技活动收入逐年增加，从 2006 年的 53.78 亿元增长到 2016 年的 161.40 亿元，增长了 2 倍多。其中来自政府的科技活动资金由 25.77 亿元增长到 109.5 亿元。政府资金的比例逐年增长，从不到一半增加到近七成。其中，科技经费投入增幅较大的学校为复旦大学，2017 年与 2012 年相比增幅为 82.62%，其次为同济大学、上海交通大学；而负增长幅度最大的为上海海洋大学，科技经费投入减少了 25.26%。科技活动政府资金投入增幅较大的依次为上海大学、复旦大学、东华大学、上海理工大学，而负增长幅度较大的为上海海洋大学，减少了约 17%。科技活动政府资金投入比例较大的有上海中医药大学、复旦大学、上海交通大学、华东师范大学、上海科技大学等,上海工程技术大学和上海应用技术大学政府资金投入比例五年间显著下降。

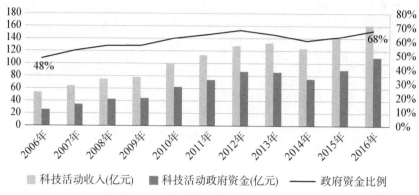

图3-2 上海高校科技活动收入

数据来源:上海市科学技术委员会,上海市统计局.《上海科技统计年鉴》(2007—2017)。

表3-2 上海市高校科技经费投入和变化情况

| 学校名称 | 科技经费投入(千元) | | | 政府资金投入(千元) | | | 政府资金投入比例 | | |
| --- | --- | --- | --- | --- | --- | --- | --- | --- | --- |
| | 2012 | 2017 | 增幅 | 2012 | 2017 | 增幅 | 2012 | 2017 | 变化 |
| 上海理工大学 | 384 386 | 482 913 | 25.63% | 106 465 | 165 394 | 55.35% | 27.70% | 34.25% | 6.55% |
| 上海海事大学 | 270 688 | 280 633 | 3.67% | 85 658 | 116 127 | 35.57% | 31.64% | 41.38% | 9.74% |
| 上海电力大学 | 101 512 | 76 222 | −24.91% | 29 280 | 29 571 | 0.99% | 28.84% | 38.80% | 9.95% |
| 上海应用技术大学 | 134 717 | 172 479 | 28.02% | 71 849 | 65 767 | −8.46% | 53.33% | 38.13% | −15.20% |
| 上海海洋大学 | 210 972 | 157 684 | −25.26% | 150 729 | 125 216 | −16.93% | 71.45% | 79.41% | 7.96% |
| 上海中医药大学 | 297 834 | 363 975 | 22.21% | 270 866 | 317 473 | 17.21% | 90.95% | 87.22% | −3.72% |
| 上海师范大学 | 147 114 | 143 322 | −2.58% | 108 048 | 110 095 | 1.89% | 73.45% | 76.82% | 3.37% |
| 上海工程技术大学 | 147 954 | 205 697 | 39.03% | 135 992 | 120 995 | −11.03% | 91.92% | 58.82% | −33.09% |

续　表

| 学校名称 | 科技经费投入（千元） | | | 政府资金投入（千元） | | | 政府资金投入比例 | | |
|---|---|---|---|---|---|---|---|---|---|
| | 2012 | 2017 | 增幅 | 2012 | 2017 | 增幅 | 2012 | 2017 | 变化 |
| 上海大学 | 605 569 | 848 393 | 40.10% | 167 962 | 321 712 | 91.54% | 27.74% | 37.92% | 10.18% |
| 上海科技大学 | — | 33 500 | — | — | 30 590 | — | — | 91.31% | — |
| 复旦大学 | 1 960 073 | 3 579 478 | 82.62% | 1 688 340 | 3 185 507 | 88.68% | 86.14% | 88.99% | 2.86% |
| 同济大学 | 1 987 065 | 2 940 106 | 47.96% | 1 026 193 | 1 504 209 | 46.58% | 51.64% | 51.16% | −0.48% |
| 上海交通大学 | 2 792 688 | 3 655 869 | 30.91% | 2 114 165 | 2 689 928 | 27.23% | 75.70% | 73.58% | −2.13% |
| 华东理工大学 | 588 903 | 728 361 | 23.68% | 395 146 | 423 405 | 7.15% | 67.10% | 58.13% | −8.97% |
| 东华大学 | 325 817 | 342 907 | 5.25% | 107 099 | 184 668 | 72.43% | 32.87% | 53.85% | 20.98% |
| 华东师范大学 | 415 140 | 585 876 | 41.13% | 362 703 | 466 680 | 28.67% | 87.37% | 79.66% | −7.71% |

数据来源：中华人民共和国教育部科学技术司.《高等学校科技统计资料汇编》(2013/2018)。

上海高校承担的科研任务，以科研项目为指标看，2006—2016年间近翻一番，从29 504项增加到57 420项；项目投入人力增加超过6 000人年。其中，2017年与2012年相比，科研项目数增幅较大的高校为上海应用技术大学、上海海洋大学，呈现负增长的为上海海事大学、东华大学和上海师范大学；项目投入人力增幅最大的为华东理工

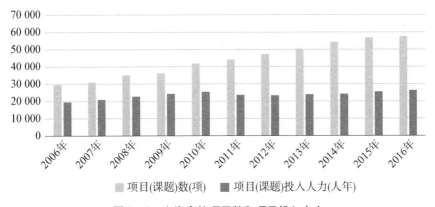

图3-3　上海高校项目数和项目投入人力

数据来源：上海市科学技术委员会，上海市统计局.《上海科技统计年鉴》(2007—2017)。

大学,增幅约90%,其次为上海海洋大学,增幅约78%,上海交通大学、上海师范大学、上海工程技术大学和上海电力大学呈现轻微负增长。

表3-3 上海高校项目数和项目投入人力校际分布

| 学校名称 | 项目(课题)数(项) | | | 项目(课题)投入人力(人年) | | |
| --- | --- | --- | --- | --- | --- | --- |
| | 2012 | 2017 | 增幅 | 2012 | 2017 | 增幅 |
| 上海理工大学 | 841 | 904 | 7.49% | 563 | 738 | 31.08% |
| 上海海事大学 | 632 | 519 | −17.88% | 543 | 584 | 7.55% |
| 上海电力大学 | 591 | 862 | 45.85% | 191 | 176 | −7.85% |
| 上海应用技术大学 | 325 | 549 | 68.92% | 340 | 403 | 18.53% |
| 上海海洋大学 | 446 | 713 | 59.87% | 227 | 405 | 78.41% |
| 上海中医药大学 | 1 430 | 1 907 | 33.36% | 1 587 | 1 840 | 15.94% |
| 上海师范大学 | 747 | 723 | −3.21% | 351 | 342 | −2.56% |
| 上海工程技术大学 | 725 | 747 | 3.03% | 517 | 484 | −6.38% |
| 上海大学 | 1 349 | 1 976 | 46.48% | 1 105 | 1 138 | 2.99% |
| 上海科技大学 | | 144 | — | | 132 | — |
| 复旦大学 | 4 206 | 6 303 | 49.86% | 3 497 | 3 834 | 9.64% |
| 同济大学 | 4 476 | 5 301 | 18.43% | 2 354 | 2 909 | 23.58% |
| 上海交通大学 | 7 417 | 8 392 | 13.15% | 6 034 | 5 868 | −2.75% |
| 华东理工大学 | 1 666 | 2 072 | 24.37% | 441 | 840 | 90.48% |
| 东华大学 | 977 | 919 | −5.94% | 524 | 553 | 5.53% |
| 华东师范大学 | 1 101 | 1 625 | 47.59% | 658 | 668 | 1.52% |

数据来源:中华人民共和国教育部科学技术司.《高等学校科技统计资料汇编》(2013/2018)。

## 二、上海高校科技产出的总体状况与校际分布

上海高校发表的科技论文从2006年的5.1万篇增加到2016年的7.9万篇,增加了2万多篇。科技专著在2016年之前增长较少,仅新增165部,而2016年则急速增长,一年间新增1 174部,接近以往一年的专著数量。其中,发表学术论文最多的高校为上海交通大学,发表数量远多于其他高校。2017年与2012年相比,发表论文增长幅度较大的为华东理工大学,由2012年的2 140篇增长到2017年的4 508篇,增长超过一倍。出版科技著作最多的高校为上海交通大学,2012年出版43部,2017年出版54部,数量上有所增加;其次为复旦大学和上海中医药大学。2017年与2012年相比,出版科技著作增幅较大的高校为华东理工大学、上海大学和东华大学等。

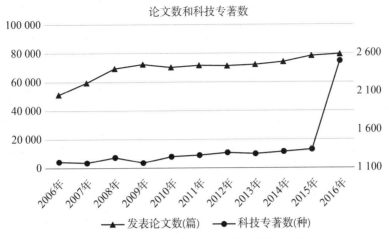

**图 3-4 上海高校发表论文数和科技专著数**

数据来源：上海市科学技术委员会,上海市统计局.《上海科技统计年鉴》(2007—2017)。

**表 3-4 上海高校发表论文数和科技专著数校际分布**

| 学校名称 | 发表学术论文(篇) | | | 出版科技著作(部) | | |
|---|---|---|---|---|---|---|
| | 2012 | 2017 | 增幅 | 2012 | 2017 | 增幅 |
| 上海理工大学 | 1 317 | 1 832 | 39.10% | 4 | 3 | −25.00% |
| 上海海事大学 | 1 017 | 1 007 | −0.98% | 11 | 16 | 45.45% |
| 上海电力大学 | 741 | 613 | −17.27% | 0 | 3 | — |
| 上海应用技术大学 | 596 | 663 | 11.24% | 3 | 1 | −66.67% |
| 上海海洋大学 | 1 225 | 1 174 | −4.16% | 10 | 6 | −40.00% |
| 上海中医药大学 | 1 871 | 2 459 | 31.43% | 39 | 40 | 2.56% |
| 上海师范大学 | 661 | 569 | −13.92% | 2 | 6 | 200.00% |
| 上海工程技术大学 | 1 288 | 960 | −25.47% | 1 | 3 | 200.00% |
| 上海大学 | 2 038 | 2 586 | 40.70% | 2 | 7 | 250.00% |
| 上海科技大学 | | 256 | — | | 0 | — |
| 复旦大学 | 8 641 | 12 529 | 44.99% | 51 | 42 | −17.64% |
| 同济大学 | 6 034 | 6 843 | 13.41% | 25 | 44 | 76.00% |
| 上海交通大学 | 20 129 | 20 701 | 2.84% | 43 | 54 | 25.58% |
| 华东理工大学 | 2 140 | 4 508 | 110.65% | 4 | 18 | 350.00% |
| 东华大学 | 1 838 | 2 013 | 9.52% | 4 | 13 | 225.00% |
| 华东师范大学 | 1 574 | 2 088 | 32.66% | 20 | 14 | −30.00% |

数据来源：中华人民共和国教育部科学技术司.《高等学校科技统计资料汇编》(2013/2018)。

上海高校的专利申请数和授权数都逐年增加,申请数从2006年的3074件增加到2016年的10774件,增加2倍多;授权数从2006年的1686件增加到2016年的6210件。授权比例也有所增加,2017年与2012年相比,从刚刚过半增长到六成左右。其中,部分部属高校专利申请数和授权数校际分布如表3-5所示,2017年与2012年相比,华东师范大学、上海交通大学和同济大学的专利申请数增幅超过50%;同济大学专利授权数翻了一倍,上海交通大学专利授权数增幅近95%。此外,2017年与2012年相比,同济大学专利授权比例增幅较大,约为18%,而东华大学减少了约15%。

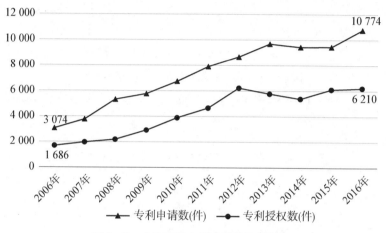

**图3-5　上海高校专利申请数和授权数**

数据来源:上海市科学技术委员会,上海市统计局.《上海科技统计年鉴》(2007—2017)。

**表3-5　上海高校专利申请数和授权数校际分布**

| 学校 | 专利申请数(件) | | | 专利授权数(件) | | | 授权比例 | | |
| --- | --- | --- | --- | --- | --- | --- | --- | --- | --- |
| | 2012 | 2017 | 增幅 | 2012 | 2017 | 增幅 | 2012 | 2017 | 变化 |
| 复旦大学 | 657 | 713 | 8.52% | 251 | 353 | 40.64% | 38.20% | 49.51% | 11.31% |
| 同济大学 | 763 | 1 200 | 57.27% | 413 | 867 | 109.93% | 54.13% | 72.25% | 18.12% |
| 上海交通大学 | 1 361 | 2 324 | 70.76% | 681 | 1 324 | 94.42% | 50.04% | 56.97% | 6.93% |
| 华东理工大学 | 377 | 398 | 5.57% | 259 | 330 | 27.41% | 68.70% | 82.91% | 14.21% |
| 东华大学 | 984 | 1 115 | 13.31% | 626 | 538 | −14.06% | 63.62% | 48.25% | −15.37% |
| 华东师范大学 | 184 | 325 | 76.63% | 118 | 180 | 52.54% | 64.13% | 55.38% | −8.75% |

数据来源:中华人民共和国教育部科学技术司.《高等学校科技统计资料汇编》(2013/2018)。

## 三、代表上海高校创新策源能力的标志性成果显著增长

### 1. 上海高校科技产出的影响力逐步提升

从 InCites 数据库[①]中 2010—2016 年上海高校的论文及被引情况分析来看,上海高校高水平论文总量逐年增加,且影响力处于国内领先水平。上海市共有 11 所高校进入 InCties 数据库,分别是东华大学、华东师范大学、华东理工大学、复旦大学、上海中医药大学、上海交通大学、上海师范大学、上海大学、上海海洋大学、上海理工大学和同济大学。从近 7 年上海高校论文数量、被引占全国论文比例、被引占世界论文比例及论文的相对引文影响力来看(详见表 3-6),上海高校论文量大幅提升,2016 年论文量是 2010 年的 2.14 倍。此外,近 7 年上海高校论文的 RCIc[②] 保持在 1.10 以上,由此可见上海高校的论文被引情况高于全国论文的平均水平。

表 3-6  2010—2016 年上海高校高水平论文和国内相对影响力情况

| 年份 | 上海高校论文(篇) | 占全国论文比例(%) | RCIc |
| --- | --- | --- | --- |
| 2010 | 15 201 | 11.12% | 1.13 |
| 2011 | 17 667 | 11.13% | 1.14 |
| 2012 | 20 279 | 10.93% | 1.17 |
| 2013 | 24 070 | 10.90% | 1.12 |
| 2014 | 26 708 | 10.53% | 1.10 |
| 2015 | 30 041 | 10.61% | 1.12 |
| 2016 | 32 558 | 10.49% | 1.12 |

数据来源:2010—2016 年 InCites 数据库文献数据汇总。

基于 InCites 数据库中 2010—2016 年上海高校论文数量和质量及其在世界论文占比情况来看,随着上海高校论文数量逐年递增,上海高校论文占世界论文的比例总体而言呈上升趋势,这说明上海高校论文的增长速度略高于世界论文增速。此外,除 2016 年外,近 6 年上海高校论文的 RCI 均大于 1,由此可见上海高校的论文被引情况高于世界论文的平均水平(详见表 3-7)。

---

[①] InCites 数据库,是基于 Web of Science 引文数据建立的科研评价与分析工具,通过该数据库的数据,可以分析机构的学术表现和影响力,并与全球同行的研究成果进行比较,从而可以深入分析组织机构在全球学术圈内的学术影响力。
[②] 相对引文影响力(RCI),是指一个机构(或机构某学科)论文篇均被引次数与世界(国家)论文篇均被引次数的比值,用于评估不同学科的论文平均质量。RCI=1,表示某机构(某学科)论文的平均质量与(某学科)论文的世界(国家)平均质量相当;RCI>1,表示某机构(某学科)论文的平均质量高于该论文的世界平均质量。计算公式如下:RCI=机构(机构某学科)论文篇均被引次数/世界(世界某学科)论文篇均被引次数。

表3-7 2010—2016年上海高校高水平论文和国际相对影响力情况

| 年份 | 上海高校论文(篇) | 占世界论文比例(%) | RCIw |
|---|---|---|---|
| 2010 | 15 201 | 0.91% | 1.33 |
| 2011 | 17 667 | 1.01% | 1.40 |
| 2012 | 20 279 | 1.10% | 1.52 |
| 2013 | 24 070 | 1.25% | 1.46 |
| 2014 | 26 708 | 1.35% | 1.49 |
| 2015 | 30 041 | 1.50% | 1.53 |
| 2016 | 32 558 | 1.59% | 1.53 |

数据来源:2010—2016年InCites数据库文献数据汇总。

上海大部分高校科技论文被引次数及篇均被引次数均呈正增长,且增长幅度较大,尤其是科技论文被引次数增长率均在100%以上(详见表3-8)。这表明上海高校科技论文的影响力有大幅提升。此外,2017年与2012年相比,上海高校科技论文的被引次数排名和篇均被引次数排名全面提升(见表3-9),增长幅度较大,但与世界先进水平仍有差距。

表3-8 上海高校科技论文被引次数及篇均被引次数

| 学校 | 被引次数(频次) | | | 篇均被引次数(频次) | | |
|---|---|---|---|---|---|---|
| | 2012 | 2017 | 增长率 | 2012 | 2017 | 增长率 |
| 上海交通大学 | 185 315 | 727 810 | 293% | 6.12 | 10.78 | 76% |
| 复旦大学 | 188 155 | 634 047 | 237% | 8.18 | 13.55 | 66% |
| 同济大学 | 40 783 | 230 882 | 466% | 4.79 | 8.48 | 77% |
| 华东理工大学 | 49 253 | 221 166 | 349% | 6.4 | 12.94 | 102% |
| 华东师范大学 | 37 909 | 150 772 | 298% | 5.77 | 10.82 | 88% |
| 上海大学 | 35 794 | 131 841 | 268% | 4.69 | 8.9 | 90% |
| 第二军医大学 | — | 135 066 | — | — | 11.58 | — |
| 东华大学 | 22 025 | 92 572 | 320% | 6.51 | 11.38 | 75% |
| 上海理工大学 | — | 24 085 | — | — | 5.35 | — |
| 上海师范大学 | 12 322 | 46 120 | 274% | 6.02 | 10.83 | 80% |
| 上海中医药大学 | — | 25 267 | — | — | 7.64 | — |
| 上海海洋大学 | — | 18 918 | — | — | 6.8 | — |
| 上海海事大学 | — | 8 206 | — | — | 5.22 | — |

数据来源:InCites数据库文献。

表 3-9 上海高校科技论文被引次数及篇均被引次数全球排名情况

| 学校 | 被引次数排名 | | | 篇均被引次数排名 | | |
|---|---|---|---|---|---|---|
| | 2012 | 2017 | 变化 | 2012 | 2017 | 变化 |
| 上海交通大学 | 292 | 149 | 143 | 4 473 | 4 240 | 233 |
| 复旦大学 | 285 | 181 | 104 | 4 026 | 3 518 | 508 |
| 华东理工大学 | 824 | 530 | 294 | 4 414 | 3 669 | 745 |
| 第二军医大学 | 1 296 | 792 | 504 | 4 525 | 4 044 | 481 |
| 东华大学 | 1 431 | 1 048 | 383 | 4 390 | 4 081 | 309 |
| 华东师范大学 | 976 | 724 | 252 | 4 530 | 4 225 | 305 |
| 上海大学 | 1 013 | 805 | 208 | 4 723 | 4 757 | −34 |
| 上海师范大学 | 2 059 | 1 646 | 413 | 4 494 | 4 224 | 270 |
| 上海中医药大学 | — | 2 372 | — | — | 5 078 | — |
| 同济大学 | 925 | 508 | 417 | 4 713 | 4 876 | −163 |
| 上海海洋大学 | — | 2 749 | — | — | 5 273 | — |
| 上海理工大学 | — | 2 420 | — | — | 5 520 | — |
| 上海海事大学 | — | 3 915 | — | — | 5 539 | — |

数据来源：InCites 数据库。

2. 上海高校在《自然》和《科学》上的论文发表情况

上海高校在《自然》和《科学》上发表论文的数量从 2000 年的 3 篇提高到 2018 年的 20 篇，增长迅速。上海地区一共有 14 所高校在这两个科技类顶级期刊上发表文章，其中，复旦大学和上海交通大学发表的论文较多，排在全国高校论文被引次数排名的前十。

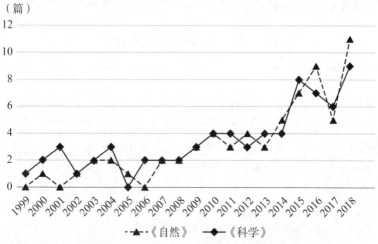

图 3-6 上海高校在《自然》和《科学》上发表论文数量的变化趋势

数据来源：InCites 数据库。

表 3-10 上海高校在《自然》和《科学》上发表论文的校际分布

| 学校名称 | 《自然》 | | | 《科学》 | | |
|---|---|---|---|---|---|---|
| | 论文数量（篇） | 被引次数（频次） | 全国被引次数排名 | 论文数量（篇） | 被引次数（频次） | 全国被引次数排名 |
| 复旦大学 | 82 | 82 | 3 | 52 | 8 991 | 6 |
| 上海交通大学 | 60 | 60 | 5 | 45 | 8 614 | 7 |
| 上海科技大学 | 21 | 1 646 | 29 | 16 | 2 295 | 21 |
| 华东师范大学 | 11 | 1 594 | 31 | 15 | 1 477 | 26 |
| 华东理工大学 | 4 | 643 | 58 | 7 | 1 294 | 30 |
| 同济大学 | 25 | 3 686 | 16 | 12 | 924 | 38 |
| 第二军医大学 | 6 | 1 683 | 28 | 5 | 602 | 51 |
| 上海中医药大学 | — | — | — | 2 | 285 | 75 |
| 东华大学 | — | — | — | 2 | 230 | 85 |
| 上海师范大学 | 3 | 31 | 139 | 2 | 175 | 95 |
| 上海海洋大学 | | | | 2 | 117 | 110 |
| 上海大学 | 3 | 496 | 67 | 2 | 6 | 145 |
| 上海海事大学 | 5 | 44 | 137 | | | |
| 上海财经大学 | 3 | 31 | 169 | — | — | — |

数据来源：基于 InCites 数据库文献数据汇总，下载于 2019 年 11 月 8 日。

### 3. 上海高校科技成果获奖情况

从科技获奖的情况看（见表 3-11 和表 3-12），上海高校获得国家自然科学奖、国家技术发明奖和国家科技进步奖的数量处于全国前列，但是与北京相比，仍有一定的差距。[①] 上海高校中获得国家三大科技奖项较多的为上海交通大学，明显高于上海市其他高校。

表 3-11 上海市科技成果获奖情况

（单位：项）

| 奖项名称 | 2012 | | 2013 | | 2014 | | 2015 | | 2016 | | 2017 | |
|---|---|---|---|---|---|---|---|---|---|---|---|---|
| | 上海数量 | 全国总数 | 上海数量 | 全国总数 | 上海数量 | 全国总数 | 上海数量 | 全国总数 | 上海数量 | 全国总数 | 上海数量 | 全国总数 |
| 国家自然科学奖 | 4 | 41 | 7 | 54 | 5 | 46 | 5 | 42 | 3 | 42 | 1 | 35 |
| 国家技术发明奖 | 4 | 63 | 3 | 55 | 2 | 54 | 3 | 50 | 3 | 47 | 5 | 49 |
| 国家科技进步奖 | 8 | 162 | 12 | 137 | 8 | 154 | 7 | 141 | 8 | 132 | 8 | 132 |

注：获奖数统计以第一完成单位的通用项目数计数。
数据来源：中华人民共和国科技部公布的历年获奖名单汇总。

---

① 刘霁雯. 科创中心建设背景下提升高校创新能力的对策[J]. 中国高校科技, 2018, 360(8): 7—11.

表 3-12  2012—2017 年上海高校科技成果获奖情况校际分布

(单位:项)

| 学校 | 国家自然科学奖 | 国家技术发明奖 | 国家科技进步奖 |
|---|---|---|---|
| 上海交通大学 | 9 | 2 | 12 |
| 复旦大学 | 4 | 1 | 6 |
| 同济大学 | 1 | 3 | 6 |
| 华东理工大学 | 1 | 2 | 1 |
| 上海大学 |  | 2 |  |
| 东华大学 |  | 1 | 2 |
| 上海中医药大学 |  |  | 2 |
| 上海应用技术大学 |  |  | 1 |
| 上海体育学院 |  |  | 1 |

注:获奖数统计以第一完成单位的通用项目数计数。
数据来源:基于中华人民共和国科技部公布的历年获奖名单汇总。

## 第二节  上海高校的创新策源平台及其组织模式

良好的科技创新平台是汇聚一流创新队伍、打造创新团队的重要载体,也是承担重大项目、产出高水平科技创新成果、催生重大原始创新的主要支撑,展示了高校的创新策源能力。我国高校的科技创新基地以国家实验室、国家重点实验室和国家工程技术研究中心为主要代表,实施基础研究、应用基础研究,依托创新平台实现学科交叉与融合,推动原始创新的发展。分析上海高校的重大创新平台的分布和运行状况,以及与发达国家科技创新平台的差距,对进一步提升其创新策源能力,更好地服务上海科技创新中心建设,具有重要价值。

### 一、上海高校创新策源平台的分布及其运行状况

国家科技创新体系由三个"金字塔"和一个成果转移转化平台组成。第一个金字塔是知识创新体系,顶层为国家实验室和大型科学中心,中层是国家重点实验室,底层是省部级重点实验室。第二个金字塔是工程技术创新体系,顶层是国家工程研究中心和未来的国家工程实验室,中层是教育部工程技术研究中心和省部级工程(技术)中心。第三个金字塔是哲学社会科学创新基地。一个平台是成果转化与服务平台,包括

大学科技园、技术转移中心等。① 根据国家战略部署和推进科技创新中心建设的需要，上海市通过建立部市合作、市区联动、部门协同的工作推进机制，在科技创新平台建设方面持续发力。

1. 上海市创新策源平台的总体分布

上海市目前拥有 1 个筹建中的国家实验室，24 个国家重点实验室，120 个省部级重点实验室，327 个工程技术研究中心，224 个专业技术服务平台，其中依托高校建设的国家重点实验室约占 58%。② 上海市科技创新基地的地区分布见图 3-7，位于浦东新区和徐汇区的科技创新基地较多。

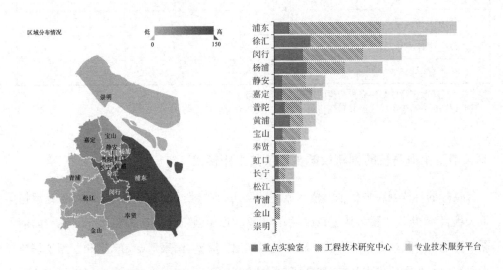

**图 3-7　上海市创新策源平台的分布**

数据来源：上海市重点实验室年度评估报告[EB/OL].(2017-09-30).上海科技创新资源数据中心. http://www.sstir.cn/base! labDocs.do.

2. 依托高校建设的国家重点实验室分布与运行

上海目前拥有 24 个国家重点实验室，依托高校建立的有 14 个，校际分布如表 3-13 所示，分别由 6 所高校承担，包括上海交通大学、复旦大学、同济大学、华东理工大学、东华大学和第二军医大学。此外，上海市拥有 1 个省部共建国家重点实验室——上海大学省部共建高品质特殊钢冶金与制备国家重点实验室。

---

① 刘念才，赵文华.面向创新型国家的高校科技创新能力建设研究[M].北京：中国人民大学出版社，2006.
② 上海科技创新资源数据中心.上海市重点实验室年度评估报告[EB/OL].[2017-09-30]. http://www.sstir.cn/base! labDocs.do.

表3-13 上海高校国家重点实验室分布

| 序号 | 名称 | 依托单位 | 批准部门 | 验收年份 |
|---|---|---|---|---|
| 1 | 上海市免疫学研究重点实验室 | 第二军医大学 | 国家科技部、市科委 | 2007 |
| 2 | 纤维材料改性国家重点实验室 | 东华大学 | 国家科技部 | 1996 |
| 3 | 专用集成电路与系统国家重点实验室 | 复旦大学 | 国家发改委 | 1995 |
| 4 | 医学神经生物学国家重点实验室 | 复旦大学 | 国家发改委 | 1994 |
| 5 | 应用表面物理国家重点实验室 | 复旦大学 | 国家科技部 | 1992 |
| 6 | 生物反应器工程国家重点实验室 | 华东理工大学 | 国家发改委 | 1995 |
| 7 | 区域光纤通信网与新型光通信系统国家重点实验室 | 上海交通大学 | 国家科技部 | 1995 |
| 8 | 机械系统与振动国家重点实验 | 上海交通大学 | 国家科技部 | 1995 |
| 9 | 海洋工程国家重点实验室 | 上海交通大学 | 国家发改委 | 1992 |
| 10 | 金属基复合材料国家重点实验室 | 上海交通大学 | 国家发改委 | 1991 |
| 11 | 医学基因组学国家重点实验室 | 上海交通大学医学院 | 国家科技部 | 2003 |
| 12 | 土木工程防灾国家重点实验 | 同济大学 | 国家发改委 | 1991 |
| 13 | 污染控制与资源化研究国家重点实验室 | 同济大学 | 国家发改委 | 1995 |
| 14 | 海洋地质国家重点实验室 | 同济大学 | 国家教育部 | 2006 |

数据来源：依据科学技术部基础研究司和科学技术部基础研究中心编制的《2016年国家重点实验室年度报告》整理汇总。

此外，据上海科技创新资源数据中心统计，上海市建立了120个省部级重点实验室，本书通过对省部级重点实验室的资料收集与汇总，总结出上海高校省部级重点实验室的分布情况，如表3-14所示，其中依托高校建立的省部级重点实验室90个，占75%。

表3-14 上海高校省部级重点实验室校际分布

| 学校名称 | 数量 | 学校名称 | 数量 |
|---|---|---|---|
| 上海中医药大学 | 3 | 上海理工大学 | 2 |
| 上海交通大学 | 29 | 第二军医大学 | 4 |
| 复旦大学 | 15 | 华东师范大学 | 8 |
| 上海体育学院 | 1 | 上海师范大学 | 3 |

续表

| 学校名称 | 数量 | 学校名称 | 数量 |
|---|---|---|---|
| 同济大学 | 7 | 上海大学 | 8 |
| 华东理工大学 | 5 | 上海电力大学 | 1 |
| 上海健康医学院 | 1 | 东华大学 | 1 |
| 上海财经大学 | 1 | 上海音乐学院 | 1 |
| 合计 | | | 90 |

数据来源：基于上海科技创新资源数据中心公布的信息汇总整理。

**3. 依托高校建设的国家工程技术研究中心分布**

截至2016年，全国建立国家工程技术研究中心347个，其中北京64个、山东36个、江苏29个、广东23个、上海22个，位列第四。上海市有6个国家工程技术研究中心依托高校而建立，承担高校分别为华东理工大学、同济大学、上海海洋大学和东华大学。

表3-15 上海高校国家工程技术研究中心

| 序号 | 名称 | 第一依托单位 | 批准部门 |
|---|---|---|---|
| 1 | 国家土建结构预制装配化工程技术研究中心 | 同济大学 | 教育部 |
| 2 | 国家磁浮交通工程技术研究中心 | 同济大学 | 上海市科委 |
| 3 | 国家燃料电池汽车及动力系统工程技术研究中心 | 同济大学 | 上海市科委 |
| 4 | 国家远洋渔业工程技术研究中心 | 上海海洋大学 | 上海市科委 |
| 5 | 国家染整工程技术研究中心 | 东华大学 | 教育部 |
| 6 | 国家生化工程技术研究中心 | 华东理工大学 | 教育部 |

数据来源：基于上海科技创新资源数据中心公布的信息汇总整理。

此外，据上海科技创新资源数据中心统计，上海市建立了279个省部级工程技术研究中心。本书通过对省部级工程技术研究中心的资料收集与汇总，总结出上海高校省部级工程技术研究中心的分布情况，如表3-16所示，其中依托高校建立的省部级工程技术研究中心共41个，约占省部级工程技术中心总数的15%。

表3-16 上海高校省部级工程技术研究中心校际分布

| 学校名称 | 数量(个) | 学校名称 | 数量(个) |
|---|---|---|---|
| 上海交通大学 | 6 | 上海理工大学 | 2 |

续 表

| 学校名称 | 数量(个) | 学校名称 | 数量(个) |
|---|---|---|---|
| 复旦大学 | 6 | 上海开放大学 | 1 |
| 华东师范大学 | 3 | 上海师范大学 | 1 |
| 上海工程技术大学 | 1 | 上海海洋大学 | 3 |
| 第二军医大学 | 2 | 华东理工大学 | 2 |
| 同济大学 | 6 | 上海电力大学 | 2 |
| 上海大学 | 4 | 上海应用技术大学 | 1 |
| 上海海事大学 | 1 | | |
| 合计 | | | 41 |

数据来源：依据上海科技创新资源数据中心公布的信息汇总整理。

## 二、上海高校创新策源平台科研产出的国际比较

我国依托高校成立的国家重点实验室与美国国家重点实验室的结构有所不同。美国能源部重点资助的17个国家重点实验室中，依托高校代为管理的多为多学科、多领域融合的大型实验室。例如，加州大学洛斯阿拉莫斯实验室的研究方向包括数学、计算机科学、生物学和地球科学等；芝加哥大学阿贡国家实验室的研究方向包括医学、生物学、物理学、应用数学，以及核能量的应用等。美国依托高校的国家实验室规模、结构、研究方向等，总体上可能与我国某一地区各个高校国家重点实验室的总和相当。因此，在对比分析上海高校与国外科技创新基地产出差异时，我们选取了位于纽约的布鲁克海文国家实验室（Brookhaven National Laboratory）为代表，将其与上海高校在建的国家重点实验室的总体产出进行对比分析。从这一点已经可以看出，上海高校的创新策源平台存在小型、分散的先天不足。在此对比基础上，再选取一所上海高校国家重点实验室与国外著名大学研究创新基地进行比较，重点比对分析科研产出的规模和水平。从创新策源的角度考虑，以科技论文为指标进行比较，其原因主要在以下两个方面：一是国家重点实验室作为基础研究和应用基础研究的国家科研平台，在国家创新体系中的地位更加侧重基础研究，侧重原始创新，而学术论文主要反映了基础研究的能力。二是学术论文具有国际可比性。而我国的国家重点实验室科技成果获奖以国内奖项为主，缺乏国际比较的可行性。

1. 上海高校国家重点实验室与美国高校国家重点实验室论文发表数量对比

基于 Web of Science 数据库中 SCIE 来源期刊,以上海市 14 所依托高校建立的国家重点实验室为检索单位,得到 2009—2018 年科技论文的产出情况,如表 3-17 所示。经统计,上海高校国家重点实验室十年期间共计发表 20 737 篇论文。其中,在《自然》和《科学》上发表 26 篇,占 2009—2018 年上海高校《自然》和《科学》(N&S)发表论文总数的 24.5%。

表 3-17　2009—2018 年上海高校国家重点实验室发表论文情况

| 序号 | 名称 | 论文数（篇） | 平均引用次数 | N&S（篇） | 依托单位 | 验收年份 |
| --- | --- | --- | --- | --- | --- | --- |
| 1 | 上海市免疫学研究重点实验室 | 260 | 41.84 | 3 | 第二军医大学 | 2007 |
| 2 | 纤维材料改性国家重点实验室 | 2 618 | 24.78 | 0 | 东华大学 | 1996 |
| 3 | 专用集成电路与系统国家重点实验室 | 986 | 10.24 | 1 | 复旦大学 | 1995 |
| 4 | 医学神经生物学国家重点实验室 | 1 383 | 17.03 | 7 | 复旦大学 | 1994 |
| 5 | 应用表面物理国家重点实验室 | 1 620 | 25.59 | 6 | 复旦大学 | 1992 |
| 6 | 生物反应器工程国家重点实验室 | 2 956 | 18.23 | 1 | 华东理工大学 | 1995 |
| 7 | 区域光纤通信网与新型光通信系统国家重点实验室 | 1 079 | 11.26 | 2 | 上海交通大学 | 1995 |
| 8 | 机械系统与振动国家重点实验 | 1 993 | 11.24 | 0 | 上海交通大学 | 1995 |
| 9 | 海洋工程国家重点实验室 | 1 654 | 12.66 | 0 | 上海交通大学 | 1992 |
| 10 | 金属基复合材料国家重点实验室 | 3 084 | 22.45 | 3 | 上海交通大学 | 1991 |
| 11 | 医学基因组学国家重点实验室 | 35 | 23.91 | 0 | 上海交通大学医学院 | 2003 |
| 12 | 土木工程防灾国家重点实验 | 1 238 | 9 | 0 | 同济大学 | 1991 |
| 13 | 污染控制与资源化研究国家重点实验室 | 1 037 | 25.37 | 3 | 同济大学 | 1995 |
| 14 | 海洋地质国家重点实验室 | 794 | 12.94 | 0 | 同济大学 | 2006 |

数据来源：依据 2009—2018 年 Web of Science 数据库文献整理统计。

与 14 所上海高校在建的国家重点实验室进行产出比较的样本平台,是美国布鲁克海文国家实验室。该实验室成立于 1947 年,位于纽约市郊长岛县,隶属于美国能源部,由纽约州立大学石溪分校和布鲁克海文科学学会负责管理。研究方向包括核技术、高能物理、化学和生命科学、纳米技术等多个领域。实验室的研究成果曾7次获得诺贝尔奖,其中,诺贝尔物理学奖5次,化学奖2次。

基于Web of Science数据库中SCIE来源期刊,检索布鲁克海文国家实验室2009—2018年发表的科技论文的产出情况,发现该实验室十年期间共计发表12 366篇论文,其中在《自然》和《科学》上发表88篇。其发表论文的总数少于上海地区高校国家重点实验室的总和,但是在顶级学术期刊上的发表数量为上海的3.3倍。平均每篇论文引用次数为27.04,高于多数上海高校国家重点实验室。由此可见,上海在建国家重点实验室,在体量较小的情况下,科技论文发表数量已经达到了一定的规模,但是在顶级期刊发表情况和影响力上,与国外差距仍较大。特别是在组织多学科开放融合创新以及创新策源能力上,还有较大差距。

2. 上海高校国家重点实验室与国外同类型大学研究平台科研产出比较

本书选取材料研究领域的上海交通大学金属基复合材料国家重点实验室(State Key Lab Met Matrix Composites, SKLMMC)和伊利诺伊大学弗雷德里克·塞茨材料研究实验室(Frederick Seitz Material Research Laboratory, FSMRL)进行对比分析。数据来源于Web of Science中SCIE来源期刊,两个实验室2009—2018年发表论文情况如表3-18所示。上海交通大学SKLMMC在发表论文数量上多于伊利诺伊大学FSMRL,但是伊利诺伊大学FSMRL在《自然》和《科学》上发表的文章数较多。从期刊论文分区来看,伊利诺伊大学FSMRL发表在Q1区的论文占总数的百分比明显多于上海交通大学SKLMMC,但是呈现出逐渐减少的变化趋势,上海交通大学SKLMMC则呈现出逐步上升的趋势;FSMRL在Q2、Q3、Q4区的论文百分比均显著少于上海交通大学SKLMMC。

表3-18 2009—2018年研究基地发表论文情况对比

| 指标 | 上海交通大学金属基复合材料国家重点实验室 | 伊利诺伊大学弗雷德里克·塞茨材料研究实验室 |
| --- | --- | --- |
| 论文数(篇) | 3 084 | 1 012 |
| N&S(篇) | 3 | 14 |
| 人数(个) | 69 | 76 |
| 人均(篇) | 44.6 | 13.3 |
| 平均被引次数 | 22.4 | 47.1 |

数据来源:依据2009—2018年Web of Science数据库文献整理统计。

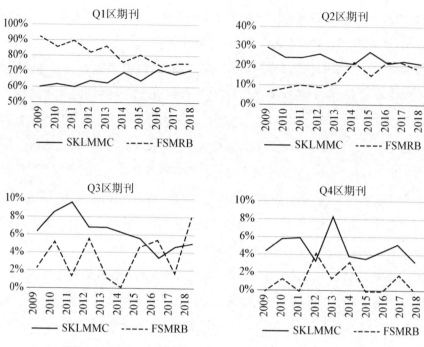

图 3-8 不同研究基地发表 Q1—Q4 区期刊论文的比例对比

数据来源：依据 2009—2018 年 Web of Science 数据库文献整理统计。

基于论文的引文分析，可以看出，伊利诺伊大学 FSMRL 每篇论文的平均被引次数是上海交通大学 SKLMMC 的两倍多。依据学科规范化的引文影响力（Category Normalized Citation Impact，CNCI）（见表 3-19），2018 年之前，伊利诺伊大学 FSMRL 均在 2.0 以上，即论文的平均被引表现为全球平均水平的 2 倍多，影响力水平高于上海交通大学 SKLMMC。综合来看，上海高校国家重点实验室每年发表的论文数量已经远超过国外研究基地，然而在论文影响力方面，虽然随着时间演进，Q1 区高影响力的论文比例在逐渐增多，但是与国外研究基地相比仍有差距，因此应从追求数量向追求质量转变。

表 3-19 2009—2018 年研究基地发表论文引用情况对比

| 名称 | 年份 | 论文数（篇） | CNCI[①] | 被引次数 |
|---|---|---|---|---|
| 上海交通大学金属基复合材料国家重点实验室 | 总计 | 3 084 | 1.38 | 63 952 |
|  | 2009 | 202 | 1.04 | 5 826 |
|  | 2010 | 189 | 1.08 | 6 159 |

① 学科规范化的引文影响力（CNCI）：如果 CNCI 的值等于 1，说明该组论文的被引表现与全球平均水平相当；CNCI 大于 1，表明该组论文的被引表现高于全球平均水平；小于 1，则低于全球平均水平。CNCI 等于 2，表明该组论文的平均被引表现为全球平均水平的 2 倍。

续 表

| 名称 | 年份 | 论文数（篇） | CNCI | 被引次数 |
|---|---|---|---|---|
| | 2011 | 222 | 1.54 | 6 717 |
| | 2012 | 297 | 1.57 | 8 620 |
| | 2013 | 283 | 1.43 | 6 982 |
| | 2014 | 318 | 1.39 | 8 547 |
| | 2015 | 368 | 1.47 | 8 411 |
| | 2016 | 389 | 1.28 | 5 833 |
| | 2017 | 404 | 1.47 | 4 669 |
| | 2018 | 412 | 1.41 | 2 188 |
| 伊利诺伊大学弗雷德里克·塞茨材料研究实验室 | 总计 | 1 012 | 2.13 | 43 199 |
| | 2009 | 92 | 2.25 | 6 032 |
| | 2010 | 85 | 2.28 | 5 825 |
| | 2011 | 82 | 3.20 | 6 365 |
| | 2012 | 75 | 2.07 | 3 839 |
| | 2013 | 79 | 3.18 | 5 425 |
| | 2014 | 111 | 2.64 | 5 972 |
| | 2015 | 122 | 2.09 | 4 147 |
| | 2016 | 95 | 2.48 | 2 665 |
| | 2017 | 128 | 2.13 | 2 137 |
| | 2018 | 143 | 1.46 | 792 |

数据来源：依据2009—2018年Web of Science数据库文献整理统计。

### 三、依托高水平大学建设创新策源平台的国际经验

美国依托研究型大学建设的国家实验室成立时间较早，其管理和运行已经形成了一套成功的经验。分析这一类由政府拥有、由大学代为管理的国家重点实验室的管理模式和特点，对我国高校创新策源平台的建设和管理，具有重要的借鉴价值。根据课题组此前的研究，我们发现，美国国家实验室的组织和运行具有如下鲜明的特点。[①]

1. 依托大学建设，科研场地大

从依托单位看，美国著名实验室均直接或间接依托于某一所高水平大学或大学集

---

① 扎西达娃，丁思嘉，朱军文.美国能源部国家实验室未来十年战略要点启示[J].实验室研究与探索，2014(10)：234—238.

群。虽然实验室具有独立法人地位,但其管理和运行与大学有着不同程度的天然联系。有些实验室直接建在大学校园里,如阿莫斯国家实验室;有些实验室与大学相邻,由学校成立的管理运行机构直接管理,如劳伦斯伯克利国家实验室;有些实验室虽有独立机构承包运行,但成立了专门的"大学关系部门",与大学群体建立了稳定的合作管理关系。

虽然直接或间接由大学管理,但是国家实验室拥有独立且宽阔的科研场所。从实验室占地面积、建筑物数量和建筑面积来看(表3-20),即使是建在爱荷华州立大学校园里的阿莫斯国家实验室也有32 375平方米的占地面积,有12幢建筑物,建筑面积达到30 441平方米。

表3-20 美国能源部国家实验室依托高校及建筑规模

| 实验室 | 依托单位 | 占地面积（平方米） | 建筑物（幢） | 建筑面积（平方米） |
| --- | --- | --- | --- | --- |
| 阿莫斯国家实验室（AMES） | 爱荷华州立大学 | 32 375 | 12 | 30 441 |
| 阿贡国家实验室（AL） | 芝加哥大学 | 6 070 285 | 99 | 436 644 |
| 布鲁克海文国家实验室(BNL) | 纽约州立大学石溪分校 | 21 529 276 | 306 | 371 612 |
| 费米国家加速器实验室(FL) | 芝加哥大学和大学研究协会（包括86所成员校） | 27 518 624 | 356 | 213 677 |
| 劳伦斯伯克利国家实验室(LBNL) | 加州大学 | 817 465 | 97 | 151 246 |
| 橡树岭国家实验室（ORNL） | 田纳西大学 | 85 360 343 | 198 | 334 451 |
| 西北太平洋国家实验室（PNNL） | 马里兰大学/俄勒冈州立大学/华盛顿州立大学/加州大学圣迭戈分校 | 2 484 770 | 115 | 77 184 |
| 普林斯顿等离子物理实验室（PPPL） | 普林斯顿大学 | 358 147 | 34 | 70 049 |
| 国家加速器实验室（SLAC） | 斯坦福大学 | 1 723 961 | 151 | 153 476 |
| 托马斯杰斐逊国家加速器实验室（TJNAF） | 东南部大学研究协会（SURA,包括60多所成员校） | 683 919 | 83 | 69 574 |

数据来源:美国能源部科学办公室官方网站,能源部科学办公室所属国家实验室发展报告(2012—2021),2012。

## 2. 配置大科学装置,科研手段先进

美国能源部国家实验室的第二个特征是配置了大量先进的大科学装置(表3-21)。高水平科学研究依托先进的实验设施,同时依托大科学装置的开放共享,这成为汇聚研究领域科技创新力量的平台,发挥了重要的协同效果。

表3-21 美国能源部国家实验室的大科学装置情况

| 实验室 | 大科学装置 |
| --- | --- |
| 阿莫斯国家实验室(AMES) | 材料制备中心(MPC) |
| 阿贡国家实验室(AL) | 先进光子源(APS);串联直线加速器装置(ATLAS);纳米尺度材料中心(CNM);米拉(Mira)超级计算机;大气辐射测量气候研究装置(ACRF);电子显微术中心(EMC)等 |
| 布鲁克海文国家实验室(BNL) | 重离子对撞机(RIHC);同步辐射光源(NSLS);交互梯度同步加速器(AGS);美国宇航局太空辐射研究实验室(NSRL);电子束离子源(EBIS);正电子断层照相设备(PET)等 |
| 费米国家加速器实验室(FL) | 万亿电子伏特加速器(TEVA);超大型强子对撞机;μ子对撞机;开创性加速器试验装置等 |
| 劳伦斯伯克利国家实验室(LBNL) | 先进光源(ALS);国家电子显微术中心(NCEM);分子铸造厂;国家能源研究科学计算中心(NERSC);伽马射线探测器(GRETINA);冰立方(IC)中微子望远镜等 |
| 橡树岭国家实验室(ORNL) | 等时性回旋加速器(ORIC);直线加速器脉冲中子源(ORELA);散裂中子源(SNS);高通量同位素反应堆(HFIR);放射性离子束装置(HRIBF);大尺度气候模拟器(LSCS)等 |
| 西北太平洋国家实验室(PNNL) | 环境分子科学实验室;放射化学过程实验室等 |
| 普林斯顿等离子物理实验室(PPPL) | NSTX球形环装置;托卡马克聚变试验装置(TFTR) |
| 国家加速器实验室(SLAC) | 直线高能电子加速器(LAC);正负电子加速环(SPEAR);同步辐射光源(SSRL);正负电子对撞机(PEP)与直线对撞机(SLC);B粒子工厂(PEP-II);直线加速器相干光源(LCLS)等 |
| 托马斯杰斐逊国家加速器实验室(TJNAF) | 连续电子束加速器装置(CEBAF);自由电子激光(FEL)等 |

数据来源:美国能源部科学办公室官方网站,能源部科学办公室所属国家实验室发展报告(2012—2021),2012。

## 3. 国家实验室人员数量庞大,人员构成多样,并向本科生开放

如表3-22所示,除了全职员工,还有为数众多的博士后、访问学者、研究生等流动

人员。特别引人关注的是国家实验室均具有一定数量的联聘人员,其中 8 个国家实验室向本科生开放,研究人员中本科生人数最多的是橡树岭国家实验室,2011 年是 676 人。

表 3-22 美国能源部国家实验室人员构成(2011)

(单位:人)

| 实验室 | 全职员工 | 联聘员工 | 博士后 | 本科生 | 研究生 | 访问学者 | 设施使用者 |
|---|---|---|---|---|---|---|---|
| 阿莫斯国家实验室(AMES) | 315 | 103 | 53 | 57 | 100 | 0 | 0 |
| 阿贡国家实验室(AL) | 3 375 | 149 | 305 | 80 | 148 | 492 | 5 204 |
| 布鲁克海文国家实验室(BNL) | 2 990 | 20 | 174 | 264 | 155 | 1 570 | 4 253 |
| 费米国家加速器实验室(FL) | 1 914 | 10 | 62 | 4 | 13 | 47 | 2 317 |
| 劳伦斯伯克利国家实验室(LBNL) | 3 400 | 259 | 540 | 202 | 342 | 1 504 | 8 579 |
| 橡树岭国家实验室(ORNL) | 4 533 | 122 | 370 | 676 | 707 | 2 283 | 3 116 |
| 西北太平洋国家实验室(PNNL) | 4 180 | 3 | 191 | 205 | 171 | 40 | 2 414 |
| 普林斯顿等离子物理实验室(PPPL) | 428 | 3 | 24 |  | 42 | 230 | 160 |
| 国家加速器实验室(SLAC) | 1 681 | 22 | 121 | 0 | 179 | 28 | 3 384 |
| 托马斯杰斐逊国家加速器实验室(TJNAF) | 769 | 22 | 27 | 14 | 33 | 1 191 | 1 376 |

数据来源:美国能源部科学办公室官方网站,能源部科学办公室所属国家实验室发展报告(2012—2021),2012。

**4. 年度运行经费数量庞大,结构稳定**

从 2011 财年(表 3-23)看,只有 2 个国家实验室的运行经费在 1 亿美元以下,其他 8 个国家实验室年度经费均超过亿美元,最高的是橡树岭国家实验室,约为 14.36 亿美元。从经费来源构成看,美国能源部/核安全局、美国复苏和再投资法案的年度拨款是主要组成部分。来自国家安全部以及能源部、国土安全部以外的其他服务收入也占据了一定比例。

表 3-23 美国能源部国家实验室经费来源

(单位:百万美元)

| 实验室 | 运行总经费 | 能源部/核安全局 | 非能源部 | 非能源部占总经费比例(%) | 国土安全部 | 美国复苏和再投资法案 |
|---|---|---|---|---|---|---|
| 阿莫斯国家实验室(AMES) | 34.4 | 29.6 | 4.7 | 14.0 | 0.2 | 0 |
| 阿贡国家实验室(Argonne) | 680.7 | 561.2 | 92.2 | 13.5 | 27.3 | 72.0 |

续 表

| 实验室 | 运行总经费 | 能源部/核安全局 | 非能源部 | 非能源部占总经费比例(%) | 国土安全部 | 美国复苏和再投资法案 |
|---|---|---|---|---|---|---|
| 布鲁克海文国家实验室(BNL) | 652.4 | 604.7 | 46.9 | 7.2 | 0.8 | 97.1 |
| 费米国家加速器实验室(Fermilab) | 397.2 | 0.003 | 1.9 | 0.5 | 0.1 | 39.7 |
| 劳伦斯伯克利国家实验室(LBNL) | 734.4 | 606.8 | 122.6 | 17.0 | 5.0 | 89.8 |
| 橡树岭国家实验室(ORNL) | 1 436 | 1 163.5 | 228.0 | 15.9 | 44.3 | 106.7 |
| 西北太平洋国家实验室(PNNL) | 876.3 | 617.2 | 174.3 | 20.0 | 84.9 | 68.6 |
| 普林斯顿等离子物理实验室(PPPL) | 79.2 | 77.6 | 1.6 | 2.0 | 0 | 7.7 |
| 国家加速器实验室(SLAC) | 328.1 | 320.3 | 7.8 | 2.0 | 0 | 46.5 |
| 托马斯杰斐逊国家加速器实验室(TJNAF) | 185.3 | 172 | 13.3 | 7.2 | 0 | 29.1 |

数据来源：美国能源部科学办公室官方网站，能源部科学办公室所属国家实验室发展报告(2012—2021)，2012。

## 第三节 制约上海高校创新策源能力的主要问题

近年来，在国家高等教育重点建设计划、上海市"高峰高原"学科建设计划等重点项目支持下，上海市属地高校的创新能力快速提升。但从上海市建设全球有影响力科技创新中心的创新策源地要求看，仍然存在较大的差距。

### 一、创新策源的驱动力：个人兴趣、国家战略需求和市场导向的分野

创新策源的驱动力主要有个人兴趣、国家战略需求和市场导向。以目前高校科技创新来看，仍然向国家战略目标倾斜。其根源为对于高校科技创新基地和科技创新团队来说，科研经费的主要来源为国家和地方的拨款，现阶段以发展国家战略目标为首要任务。国家战略需求、个人兴趣和市场导向三者之间，并不是相互矛盾的，它们亦可同时满足，关键在于高校科技创新基地的组织管理模式、创新人才队伍的建设策略，以及科技成果转化的体系设计。

科研工作者可能由于被动地接受科研任务而与其个人兴趣相左。就目前而言，高校中科研团队的结构具有自上而下的特点，教师和科研工作者服务于学院或者科研机

构中的不同科研团队,级别较低的科研工作者的研究方向和研究任务通常与团队保持一致,或者直接由上至下指派而来。为了解决国家的重大需求,国家集中队伍,协调各方面的力量,由此高效地达到攻克某些技术指标的目标。但是,兴趣为科技创新的驱动力,科技工作人员的个人兴趣对原始创新发展起到至关重要的作用。因此,在对科研任务的分配和人才队伍的建设过程中,应充分重视个人兴趣,多选择,多任务,使科研工作者能够自主选择,实现个人兴趣与国家战略目标相统一。

此外,部分科技成果缺乏转化的市场需求,导致高等院校和科研机构转化技术成果的动力不足。① 当科研成果与市场需求不契合时,由于不具备市场竞争优势,难以吸引社会资金将科研成果转化为技术产品,因此未能实现推动社会科技发展的目标。而且,已有政府与市场的关系需要进一步改善,市场配置科技创新资源的作用并未有效发挥。总之,原始创新的三个驱动力——个人兴趣、国家战略需求和市场导向之间如何平衡和协同发展,是现阶段亟需解决的主要问题。

## 二、创新策源平台建设组织模式:小型分散与依托大装置的多学科集聚两难

与科研院所、企业、国际高水平研究机构相比,高校科技力量一直普遍存在小型、分散、封闭、重复、低效、高校间日趋同质化等问题。② 美国国家实验室包含多领域、多学科,且规模较大,对大型装置设备进行统一管理,建立了国内外仪器设备管理和分享机制;同时还提供技术支持,为不同科研组提供合作研究的机会;此外,充分实现了国际人才交流和学习,形成了设备资源和人力资源的多方面的共享机制。与之相比,我国高校科技创新基地较多,且分散在不同地区、不同层次的高校,一个创新策源平台仅聚焦某个领域。虽然有助于不同地区、不同层次的高校均衡发展,但是给平台的统一管理带来了较大困难,以至于产生部分科研项目重复安排、科研设备重复引进等问题。

综合来看,现依托高校建立的国家重点实验室的规模较小,研究领域较为单一,地区和学校分布较为分散,设备资源、人力资源和资金分散的现象突出,难以实现大型仪器设备等资源整合和资源共享。虽然部分高校已经推进了远程共享系统,力求盘活闲置大型装备,扩大受益群体,但是借助平台聚集多学科、多领域的创新科研团队的目标还未能充分实现,仍然有待于进一步优化资源配置。

---

① 罗月领,高希杰,何万篷.上海建设全球科技创新中心体制机制问题研究[J].科技进步与对策,2015(18):28—33.
② 朱军文,丁思嘉.我国高校基础研究发展探析[J].中国高校科技,2011(12):15—17.

### 三、创新策源能力建设经费投入：稳定保障与竞争性获取的边界如何划分

高校科技经费的筹资渠道比较有限，其来源主要有三个：一是政府拨款，包括科研事业费、主管部门下拨的科研专项经费等；二是企事业单位委托经费；三是高校从事技术转让、咨询、服务、基金捐助等收入中转用于科技研发和管理的经费。其中，政府部门是高校科技经费的最稳定的来源，其他两种渠道需要靠竞争来获取。

国外高校经费筹措的方式有所不同，例如，日本高校科技创新经费从 2004 年的 1 830 亿日元增至 2017 年的 2 284 亿日元，增长了约 25%，其中除了科学研究补助金之外，还包括战略性创造研究推进事业、产业相关技术创新等文部科学省的竞争性资金，以及其他部门的竞争性资金，均有大幅增加。[①] 随着政府和企业对高校科研创新依赖的增强，企业与高校合作研究、企业委托高校进行研究的需求不断增多，高校科技创新的经费也越来越多地来自企业等非政府部门。与之相比，上海多数高校政府资助占经费投入的五成以上，来自政府的经费仍然占据着较大比例。虽然我国高校在教育背景和财政体制方面与国外存在差异，但仍然可以从其经费结构的改革和变化中汲取经验。在不减少政府投入的基础上，有待于鼓励高校探索多样性的经费筹措方式，扩大非政府性资金来源，拓宽高校原始创新经费渠道，增加经费总投入，形成"固定＋竞争"模式，使得高校既有稳定的保障性支持，又可以激发科技创新竞争意识，保持创新策源的驱动力。

### 四、创新策源能力的评价：定量评价泛滥与功利导向

随着定量评价方法被指责为科研泡沫的"罪魁祸首"，定量评价遭到了质疑，这种质疑主要基于定量评价以数量为导向来判断质量的标准。从目前高校科技创新评价常用的定量指标来看，主要有文献数据库的论文数量、著作数量、授权专利数量、科研成果获奖数、不同来源基金项目数、成果被引次数、论文发表期刊的影响因子等。仔细思考这些定量评价指标背后的含义，不难发现其对原始创新的评价存在着不合理性和功利导向，例如每一项研究从发表到获得认可的时间间隔差异巨大，有些成果的影响力可能是短期的，有些可能持续较长时间。真正原始创新的工作通常需要两年以上才能获得学界的认可和重视，如世界生物学领域里最重要的一篇论文在第一个十年里却引用较少。[②] 在目前的评价政策体系中，通过数量转化来统一衡量科技创新能力的做

---

① 陈武元. 美日两国高校经费筹措模式及其对我国的启示[J]. 高等教育研究，39(7)：99—109.
② 朱军文，丁思嘉. 我国高校基础研究发展探析[J]. 中国高校科技，2011(12)：15—17.

法较为常见，即以多少数量的某种成果，等同转化为另一种成果，这样使得某一种或者几种科研成果的数量逐年激增，形成了科技创新水平提高的"泡沫"，但是在科技成果的质量和具备国际影响力方面却可能并未得到实质性的提高。与此同时，科研工作者的时间和精力有限，在追逐数量的竞争和攀比的过程中，势必对其质量和原始创新产生一定的影响。由此可见，仅以数量扩张为导向的科研评价体制和以定量评价为标准的激励机制，形式较为单一，是制约高校创新能力提高的瓶颈所在。

## 第四节　强化高水平大学创新策源能力的政策建议

高水平大学在引领原始创新发展的过程中，可以有效地借鉴从前的经验，进行针对性的制度改革、模式创新和突破探索，进而提升高校的综合科技创新能力。本部分将根据第三节讨论中提到的高校原始创新现存主要问题，相应地提出政策建议，力求在反复的讨论和实践中，逐步摸索出适合上海高校原始创新发展的新模式。

### 一、积极推动将个人兴趣与国家战略需求紧密结合的科研导向

科研工作者的个人研究兴趣与国家战略需求并不是相互矛盾的，关键在于高校科技创新基地的组织管理模式及创新人才队伍建设策略。

对于科研工作者而言，只有抱有服务国家和社会的情怀，才会更加容易将个人兴趣与国家需求紧密结合。依据科研工作者已有的研究基础、相关领域的政府和市场需求，以及个人兴趣，让其自由选题，以兴趣为主要驱动力，激发科技创新潜能和创造力。对于学院和科研管理部门而言，应结合国家多方面、多领域大方向的发展需求，给予科研工作者一定的自主选择权，注重以人为本，改善现有组织的管理模式和人才培养体制，正确处理好满足国家战略需求和个人专业兴趣之间的关系，使人才供给和国家战略需求更好地相匹配。对于政府来说，基于规划的制定者、市场监管者和公共服务者等多种角色，应从多方面建立以科研工作者为主体、市场为导向的科技创新体制。深化科研管理和运行机制改革，尊重科研工作者、项目负责人的自主权，为市场和科研团队让渡更多的空间，营造有利于知识创新的相对自由的环境，激发知识创新的潜力，将知识创新逐步转化为科技产品，服务于国家和社会需求。

### 二、完善科技创新平台及科学装置的开放共享机制

针对现有创新策源平台小型分散、大型装备利用不足、重复购买等问题，应尽快建

设全国统一的资源共享、合作知识服务平台,完善科研合作、资源共享机制。虽然资源共享的理念已提倡多年,但目前仍未能成功实施,究其根源,在于高校在促进交叉学科融合、学术交流合作、科研基金投入等方面的保障措施不到位,使高校科技创新平台建设仍然缺少强大的内推力。

首先,高校和地方政府做好引导工作。政府部门在校所联合科研创新中加强顶层机制设计、质量管理、监督考核等方面的主导作用。地方政府结合区域经济社会资源的实际情况,引导高校和科研团队发挥各自的学科和领域内优势,设计和规划好符合区域发展的科技创新项目,依托项目搭建共享科技创新平台,开放信息、资源和设备共享,实现资源配置的最大化。

其次,鼓励科技创新平台多元化和组织管理模式上的创新。联合相关行业协会、商会、科研院所、高等院校、金融机构等,尽量使多部门的信息公开化、透明化,共同推动科技创新数据库和云平台建设,打造科技信息共享平台,把科技创新相关利益主体连接起来,实现信息对接,整合科技创新资源,形成科技创新合力。

再者,推动交流合作,实现合理的资源共享、利益共享和风险共担。以联合科技创新、重大课题为纽带,加大培育创新型、复合型科研人员,优化科研人员队伍,紧密沟通交流和学习。加快实现科技创新平台信息的共享,优化科学装备资源和知识创新的统筹管理,以及明确创新知识产权等问题的界定,以服务上海科技创新中心建设,实现对接国家、辐射"长三角"、带动东部地区科技创新的重要平台作用。

## 三、结合"双一流"和"高峰高原"学科建设分领域布局原始创新特区

以原始创新为重点,聚焦国际科学发展前沿,通过原始创新性研究寻找重点突破,提升"双一流"学科和"高峰高原"学科的世界影响力。同时,开辟以学科领域为布局的原始创新特区,汇聚领域内的原始创新资源,构建创新功能型共享平台,探索新特区的管理组织模式,力求加大学科领域的主动权和话语权,提升上海在知识创造中的贡献度。

政府和相关科研部门结合区域经济社会资源实际情况,引导和鼓励高校发挥好自身的学科优势,着重发展富有地方特色的科技创新项目。高校应强化一流学科建设,充分利用依托高校建立的国家重点实验室、工程技术研究中心等各类资源条件;积极探索跨学科协同创新的新模式、国际合作的新途径,打造区域与国际接轨的通道。结合国家"双一流"和上海"高峰高原"学科建设,高校紧密结合区域发展的需求,通过协同创新,汇聚和培养一流人才,形成一流的创新氛围,设立原始创新特区,着重解决国

家和上海区域发展的重大问题,以期实现高校和区域发展的共同转型。

### 四、建立有利于催生重大原始创新成果的评价机制

从数量扩张向质量提升转变是我国高校科技创新面临的阶段任务,对此,应以创新驱动为导向,完善高校创新成果和科研人员的考核评价体系。

首先,实行以定量评价指标为参考的代表作同行评价制度,形成专家评议与定量评价的相互验证、相互制约机制。推行更为开放的评价体系,评价重点从研究成果数量,转向成果质量、原创价值和实际贡献。将科学计量学指标和同行评议有机结合,既可以保障客观、简便和公正的优势[1],又可以借助同行专家的专业判断弥补定量评价在研究过程和内容评价上的不足。

其次,适当减少定量评价的应用领域,延长评价周期,降低潜在消极影响。一方面,延长报奖成果的应用年限,获奖成果需通过使用状况的检验以及市场和社会评估;另一方面,延长考核周期,减少考核频率,使科研人员潜心于科技创新研究。[2] 增加技术奖项评委中产业界评委的比例,突出同行评议在科技创新评价中的作用。

第三,建立定量指标的质量标准对数量标准单向替代机制,系统修订评价指标体系,按照鼓励创新、服务需求的原则,突出高质量科技成果的重要性。在成果质量高的前提下,适当放宽数量上的考核要求,可以低于限额,但是超过数量上限的成果则不建议纳入评价,让低水平成果失去竞争力。英国大学科研评价制度的政策"卓越研究框架2014"(Research Excellence Framework)采用了这一评价办法,规定参与评价的人员每人最多只能提交四篇成果,并根据入职时间来确定需提交成果的数量,工作时间越短,需提交的成果数量越少。[3] 轻数量、重质量,良性引导科研人员的工作目标,充分发挥其创始创新能力。

第四,通过全覆盖、便捷的数据平台建设,提高定量评价指标的基础数据质量。有效的科学计量评价指标需要充分而又全面的数据支撑。目前已有的数据库主要针对论文发表成果进行统计和分析,对其他科研成果进行统计和分析的数据库尚不健全。系统地对多种科技成果进行全覆盖、跨学科、长周期的统计和分析,建立透明化、公开化的数据分享平台,成为提高科研创新评价科学性的基础性工作。

---

[1] 朱军文,刘念才.科研评价:目的与方法的适切性研究[J].北京大学教育评论,2012(3):47—56.
[2] 朱军文,刘念才.高校科研评价定量方法与质量导向的偏离及治理[J].教育研究,2014(8):52—59.
[3] Panel Criteria and Working Methods [EB/OL]. (2014-04-06). http://www.ref.ac.uk/pubs/2012-01/#d.en.69569.

## 第四章　上海高校人才培养如何更好服务全球科创中心建设

《国务院关于印发上海系统推进全面创新改革试验加快建设具有全球影响力科技创新中心方案的通知》明确提出,要"改革高校人才培养模式","对标国际先进水平,改革本科教学,建设一批具有国际水平的本科专业。推进部分普通本科高校向应用型高校转型,探索校企联合培养模式,提升高校人才培养对产业实际需求的支撑水平"。本章主要从上海高校人才培养的规模与结构、毕业生留沪工作流向行业等方面展示人才培养服务全球科创中心建设的情况,从高校创新创业教育和研究生参与科研的情况等方面展示提升学生创新创业能力的举措等。

### 第一节　上海高校的人才培养与人才输送

上海市在《关于加快建设具有全球影响力的科技创新中心的意见》中明确提出要"建设创新型大学","创新人才培养和评价机制","根据上海未来发展需求,在高校建设若干国际一流学科,培育一批在国际上有重要影响力的杰出人才"。上海高校就近培养和输送人才是科创中心建设的必然要求。

#### 一、上海高校的人才培养规模与结构

上海高校的在校生人数由 2011 年的 476 235 人增长至 2017 年的 537 199 人,在校生人数呈上升态势。从学历层次来看,上海高校在校本科生与研究生的人数整体都呈增长状态。其中本科生人数由 357 218 人增长至 376 152 人,研究生人数由 119 017 人增至 161 047 人,研究生人数的增长幅度超过本科生人数的增长幅度。

表 4-1　上海高校分学历层次在校生人数

| 年份<br>内容 | 2011 | 2012 | 2013 | 2014 | 2015 | 2016 | 2017 |
|---|---|---|---|---|---|---|---|
| 本科生数 | 357 218 | 359 007 | 362 742 | 364 679 | 367 233 | 371 266 | 376 152 |
| 研究生数 | 119 017 | 127 014 | 134 799 | 133 554 | 138 287 | 144 987 | 161 047 |
| 合计 | 476 235 | 486 021 | 497 541 | 498 233 | 505 520 | 516 253 | 537 199 |

注:数据来源于《上海科技统计年鉴》。

从学科门类来看,2017年哲学、经济学、法学、教育学、历史学、工学、农学、医学和管理学的在校生人数比2011年的在校生人数明显增多,而文学和理学2017年的在校生人数却比2011年的有所减少。在呈现增长态势的学科中,法学、工学、医学和管理学的在校生人数自2011年起一直呈稳步的增长状态,而其他学科的在校生人数在部分年份呈现下降态势,表现出波动式的上升状态。

表4-2 上海高校各学科门类在校生人数

| 学科门类 | 2011 | 2012 | 2013 | 2014 | 2015 | 2016 | 2017 |
| --- | --- | --- | --- | --- | --- | --- | --- |
| 哲学 | 1 514 | 1 647 | 1 543 | 1 567 | 1 668 | 1 922 | 1 990 |
| 经济学 | 39 032 | 38 750 | 40 330 | 41 354 | 43 351 | 45 083 | 46 434 |
| 法学 | 31 887 | 31 917 | 33 036 | 33 448 | 33 554 | 33 883 | 35 191 |
| 教育学 | 12 497 | 14 299 | 15 538 | 14 935 | 15 366 | 16 144 | 16 626 |
| 文学 | 71 544 | 68 831 | 45 158 | 45 481 | 45 573 | 45 722 | 46 691 |
| 历史学 | 2 188 | 2 182 | 2 046 | 2 037 | 2 232 | 2 341 | 2 497 |
| 理学 | 42 360 | 42 388 | 37 248 | 34 361 | 34 580 | 35 383 | 37 342 |
| 工学 | 162 468 | 166 339 | 173 015 | 171 996 | 173 407 | 175 687 | 182 617 |
| 农学 | 3 292 | 3 095 | 3 234 | 3 493 | 3 338 | 3 320 | 3 494 |
| 医学 | 20 361 | 21 105 | 22 373 | 23 259 | 24 198 | 26 383 | 29 154 |
| 管理学 | 89 088 | 92 359 | 93 853 | 95 712 | 96 365 | 97 673 | 101 221 |
| 合计 | 476 231 | 482 912 | 467 374 | 467 643 | 473 632 | 483 541 | 503 257 |

注:数据来源于《上海科技统计年鉴》。

上海高校本科生和研究生的毕业人数由2011年的114 990人增长至2017年的127 927人。从学历层次来看,在2011年到2017年的7年间,上海高校本科生与研究生的毕业人数整体上呈增长状态。其中本科生人数由84 174人增长至86 945人,研究生人数由30 816人增至40 982人。但在年份的人数变化上,本科生与研究生的毕业人数具有一定的差异:本科生的毕业人数在2012—2013年间有轻微的减少,其他年份则呈现增长趋势;研究生的毕业人数在2011—2017年间呈稳定增长状态。

表4-3 上海高校分学历层次毕业生人数

| 年份<br>内容 | 2011 | 2012 | 2013 | 2014 | 2015 | 2016 | 2017 |
| --- | --- | --- | --- | --- | --- | --- | --- |
| 本科生 | 84 174 | 85 714 | 84 636 | 85 103 | 85 435 | 87 670 | 86 945 |

续 表

| 年份<br>内容 | 2011 | 2012 | 2013 | 2014 | 2015 | 2016 | 2017 |
|---|---|---|---|---|---|---|---|
| 研究生 | 30 816 | 34 606 | 35 669 | 36 572 | 37 868 | 39 733 | 40 982 |
| 合计 | 114 990 | 120 320 | 120 305 | 121 675 | 123 303 | 127 403 | 127 927 |

注：数据来源于《上海科技统计年鉴》。

从学科门类来看，2017年哲学、经济学、法学、教育学、历史学、工学、农学、医学和管理学的毕业生人数比2011年的毕业生人数明显增多，而文学、理学2017年的毕业生人数却比2011年的有所减少。

表4-4　上海高校各学科门类毕业生人数

| 年份<br>学科门类 | 2011 | 2012 | 2013 | 2014 | 2015 | 2016 | 2017 |
|---|---|---|---|---|---|---|---|
| 哲学 | 436 | 414 | 418 | 403 | 379 | 423 | 446 |
| 经济学 | 10 067 | 10 224 | 9 839 | 10 584 | 10 655 | 11 365 | 11 806 |
| 法学 | 8 861 | 9 338 | 8 747 | 8 803 | 9 439 | 9 398 | 9 295 |
| 教育学 | 3 156 | 3 348 | 3 340 | 3 658 | 4 000 | 3 956 | 3 817 |
| 文学 | 16 876 | 17 034 | 11 445 | 11 680 | 11 094 | 11 583 | 11 993 |
| 历史学 | 563 | 577 | 562 | 548 | 530 | 560 | 626 |
| 理学 | 9 644 | 9 938 | 8 474 | 8 165 | 7 728 | 8 415 | 8 543 |
| 工学 | 38 013 | 40 161 | 40 856 | 40 458 | 42 210 | 42 882 | 42 157 |
| 农学 | 788 | 854 | 771 | 864 | 917 | 967 | 843 |
| 医学 | 4 983 | 5 010 | 5 285 | 5 430 | 5 665 | 6 015 | 6 171 |
| 管理学 | 21 601 | 22 672 | 23 395 | 23 902 | 23 455 | 24 258 | 24 668 |
| 合计 | 114 988 | 119 570 | 113 132 | 114 495 | 116 072 | 119 822 | 120 365 |

注：数据来源于《上海科技统计年鉴》。

## 二、上海高校毕业生留沪工作趋势与行业流向

上海高校毕业生的就业率从整体来看呈上升状态，从2011年的95.68%上升至2017年的96.88%，且上海高校毕业生的就业率大致稳定在95%—96%之间。其中本科生与研究生毕业生在不同年份就业率的变化情况有所不同，大多数年份两者的就业率呈"同升同降"的状态，但在2014年和2016年，两者的就业率呈现相反的变

化状态。

从上海高校学生的生源地来看,2011年到2017年间上海生源的毕业生人数有所减少,而非上海生源的毕业生人数却不断增长;但无论是上海生源还是非上海生源的就业率,皆呈上升状态。上海生源的毕业生人数从9.8万人减少至5.8万人,就业率从95.82%上升至97.44%;非上海生源的毕业生人数从7.1万人增长至11.6万人,就业率从95.48%上升至96.60%。

表4-5 上海高校毕业生总体就业率情况

| 年份 | 学历 | 毕业生数（人） | 就业率（%） | 上海生源 | | 非上海生源 | |
|---|---|---|---|---|---|---|---|
| | | | | 毕业生数（人） | 就业率（%） | 毕业生数（人） | 就业率（%） |
| 2011 | 研究生 | 2.9万 | 96.26 | 0.5万 | 97.16 | 2.4万 | 96.09 |
| | 本科 | 8.4万 | 95.33 | 5.1万 | 95.76 | 3.3万 | 94.69 |
| | 专科(高职) | 5.6万 | 95.90 | 4.3万 | 95.75 | 1.3万 | 96.42 |
| | 总计 | 16.9万 | 95.68 | 9.8万 | 95.82 | 7.1万 | 95.48 |
| 2012 | 研究生 | 3.2万 | 95.73 | 0.5万 | 95.83 | 2.7万 | 95.71 |
| | 本科 | 8.7万 | 95.53 | 4.8万 | 96.16 | 3.9万 | 94.77 |
| | 专科(高职) | 5.1万 | 96.82 | 3.1万 | 96.77 | 2.0万 | 96.9 |
| | 总计 | 17.0万 | 95.95 | 8.4万 | 96.36 | 8.6万 | 95.56 |
| 2013 | 研究生 | 3.4万 | 95.32 | 0.6万 | 95.81 | 2.8万 | 95.22 |
| | 本科 | 8.6万 | 95.35 | 3.9万 | 95.89 | 4.7万 | 94.91 |
| | 专科(高职) | 5.0万 | 97.00 | 2.8万 | 97.04 | 2.2万 | 96.95 |
| | 总计 | 17.0万 | 95.83 | 7.3万 | 96.33 | 9.7万 | 95.45 |
| 2014 | 研究生 | 3.5万 | 95.26 | 0.6万 | 95.54 | 2.9万 | 95.20 |
| | 本科 | 8.6万 | 95.94 | 3.4万 | 96.5 | 5.2万 | 95.57 |
| | 专科(高职) | 4.8万 | 96.10 | 2.7万 | 96.02 | 2.1万 | 96.22 |
| | 总计 | 16.9万 | 95.85 | 56.7万 | 96.22 | 10.2万 | 95.6 |
| 2015 | 研究生 | 3.70万 | 95.96 | 0.52万 | 96.80 | 3.18万 | 95.83 |
| | 本科 | 8.57万 | 96.46 | 3.20万 | 97.15 | 5.37万 | 96.04 |
| | 专科(高职) | 4.45万 | 97.14 | 2.26万 | 97.02 | 2.19万 | 97.27 |
| | 总计 | 16.72万 | 96.53 | 5.98万 | 97.07 | 10.74万 | 96.23 |

续 表

| 年份 | 学历 | 毕业生数（人） | 就业率（%） | 上海生源 毕业生数（人） | 上海生源 就业率（%） | 非上海生源 毕业生数（人） | 非上海生源 就业率（%） |
|---|---|---|---|---|---|---|---|
| 2016 | 研究生 | 3.8万 | 96.32 | 0.5万 | 96.80 | 3.3万 | 96.25 |
|  | 本科 | 8.7万 | 96.06 | 3.1万 | 96.90 | 5.6万 | 95.59 |
|  | 专科(高职) | 4.6万 | 97.53 | 2.4万 | 97.60 | 2.2万 | 97.44 |
|  | 总计 | 17.1万 | 96.51 | 6.0万 | 97.17 | 11.1万 | 96.15 |
| 2017 | 研究生 | 3.9万 | 96.59 | 0.4万 | 96.79 | 3.4万 | 96.56 |
|  | 本科 | 8.7万 | 96.58 | 2.9万 | 97.22 | 5.9万 | 96.27 |
|  | 专科(高职) | 4.8万 | 97.65 | 2.5万 | 97.80 | 2.3万 | 97.49 |
|  | 总计 | 17.4万 | 96.88 | 5.8万 | 97.44 | 11.6万 | 96.60 |

注：数据来源于《上海市高校毕业生就业状况报告》。

从学科分类来看，2017年上海高校的哲学、历史学、理学、工学、医学和管理学6学科的就业人数较2011年的就业人数有所增长，而经济学、法学、教育学、文学、农学5个学科2017年的就业人数与2011年相比则有所减少。

不同学科门类间的就业人数也有明显差异，这与不同学科的在校生人数具有一定的联系：哲学、历史学、农学等学科与经济学、文学、工学、管理学等在校生人数较多的学科相比，其每年的就业人数明显较少。

表4-6 上海高校各学科门类就业人数情况表

| 学科门类 \ 年份 | 2011 | 2012 | 2013 | 2014 | 2015 | 2016 | 2017 |
|---|---|---|---|---|---|---|---|
| 哲学 | 331 | 330 | 332 | 391 | 393 | 338 | 361 |
| 经济学 | 9 409 | 9 303 | 8 687 | 11 012 | 9 684 | 9 932 | 9 173 |
| 法学 | 6 975 | 6 912 | 6 716 | 8 458 | 6 888 | 7 442 | 6 833 |
| 教育学 | 2 929 | 2 975 | 3 013 | 4 225 | 2 677 | 2 617 | 2 667 |
| 文学 | 10 760 | 10 419 | 10 213 | 11 144 | 10 273 | 10 807 | 10 751 |
| 历史学 | 496 | 468 | 508 | 467 | 503 | 513 | 530 |
| 理学 | 6 898 | 6 882 | 7 239 | 7 684 | 6 953 | 7 186 | 7 212 |
| 工学 | 38 084 | 39 007 | 38 254 | 39 244 | 37 166 | 38 328 | 39 146 |
| 农学 | 782 | 1 000 | 721 | 826 | 759 | 870 | 761 |
| 医学 | 3 686 | 3 733 | 3 833 | 4 489 | 4 027 | 3 880 | 3 883 |

续 表

| 年份<br>学科门类 | 2011 | 2012 | 2013 | 2014 | 2015 | 2016 | 2017 |
| --- | --- | --- | --- | --- | --- | --- | --- |
| 管理学 | 18 208 | 18 057 | 18 036 | 20 260 | 18 329 | 18 803 | 18 593 |
| 合计 | 98 558 | 99 086 | 97 552 | 108 200 | 97 652 | 100 716 | 99 910 |

注：数据来源于《上海市高校毕业生就业状况报告》。

上海高校毕业就业人数由 2011 年的 139 308 人增加至 2017 年的 141 207 人；留沪就业的毕业生人数逐年减少，由 2011 年的 116 221 人下降至 2017 年的 106 144 人。留沪就业人数占总就业人数的比例也在逐年下降，由 2011 年的 84.43% 下降至 2017 年的 75.17%。

表 4-7　上海高校毕业生留沪工作趋势表

| 年份 | 高校毕业就业人数 | 留沪就业人数 | 留沪就业人数占总就业人数的比例（%） |
| --- | --- | --- | --- |
| 2011 | 139 308 | 116 221 | 83.43 |
| 2012 | 139 353 | 111 149 | 79.76 |
| 2013 | 138 213 | 106 785 | 77.26 |
| 2014 | 136 761 | 103 380 | 75.59 |
| 2015 | 136 113 | 102 911 | 75.61 |
| 2016 | 138 829 | 106 203 | 76.50 |
| 2017 | 141 207 | 106 144 | 75.17 |

注：数据来源于《上海市高校毕业生就业状况报告》。

整体来看，2011—2017 年上海高校毕业生工作行业的选择基本趋于稳定，其中排名前几位的工作选择是：制造业、社会服务业和金融业，而信息传输、软件和信息技术服务业自 2014 年出现以来，在上海高校各学历层次毕业生中便成为除以上三个行业以外的理想工作选择，且自 2016 年开始，信息传输、软件和信息技术服务业便超过金融业和社会服务业，成为仅次于制造业的工作行业选择。除此之外，教育、批发、商务服务业、卫生和社会工作等行业也是上海高校毕业生考虑的工作选择。

从学历层次来看，本科毕业生与研究生毕业生的工作行业选择基本一致，但在具体的趋势变化上有一定的差异。比如，虽然本科生和研究生中选择社会服务业的毕业生人数总体是不断减少的，但本科生是在总体减少的态势下，在 2015—2016 年间略有回升；而研究生则是在总体减少的态势下，在 2015—2017 年间有所回弹。2011—2017 年间，社会服务业本科生就业人数减少的幅度远高于研究生，本科生从 9 176 人降至

3 649 人,减少 5 527 人;研究生从 2 521 人降至 1 391 人,仅减少 1 130 人。

表 4-8  上海高校在沪报到就业毕业生工作行业流向表

| 年份 | 行业门类 | 研究生 | 本科生 | 专科(高职)生 | 总计(人) | 比例(%) |
|---|---|---|---|---|---|---|
| 2011 | 社会服务业 | 2 521 | 9 176 | 6 268 | 17 965 | 21.62 |
| | 制造业 | 3 577 | 8 152 | 5 856 | 17 585 | 21.17 |
| | 金融业 | 1 674 | 4 626 | 381 | 6 681 | 8.04 |
| | 教育 | 1 426 | 3 253 | 1 382 | 6 061 | 7.30 |
| | 批发和零售贸易、餐饮业 | 530 | 2 397 | 2 817 | 5 744 | 6.91 |
| | 交通运输、仓储和邮政业 | 344 | 1 669 | 2 051 | 4 064 | 4.89 |
| | 卫生和社会工作 | 1 006 | 786 | 2 214 | 4 006 | 4.82 |
| | 建筑业 | 585 | 1 689 | 1 239 | 3 513 | 4.23 |
| | 科学研究和技术服务业 | 974 | 927 | 304 | 2 205 | 2.65 |
| | 公共管理、社会保障和社会组织 | 269 | 554 | 651 | 1 474 | 1.77 |
| | 房地产业 | 311 | 589 | 516 | 1 416 | 1.70 |
| | 电力、热力、燃气及水生产和供应业 | 102 | 301 | 176 | 579 | 0.70 |
| | 农、林、牧、渔业 | 41 | 105 | 242 | 388 | 0.47 |
| | 采矿业 | 41 | 104 | 91 | 236 | 0.28 |
| | 水利、环境和公共设施管理业 | 37 | 52 | 10 | 99 | 0.12 |
| | 其他行业 | 1 470 | 5 103 | 4 490 | 11 063 | 13.32 |
| | 总计 | 14 908 | 39 483 | 28 688 | 83 079 | 100 |
| 2012 | 制造业 | 4 225 | 8 011 | 5 272 | 17 508 | 20.46 |
| | 社会服务业 | 2 455 | 8 946 | 5 949 | 17 350 | 20.28 |
| | 金融业 | 1 912 | 5 463 | 335 | 7 710 | 9.01 |
| | 教育 | 1 795 | 3 558 | 1 330 | 6 683 | 7.81 |
| | 批发和零售业 | 574 | 2 421 | 2 794 | 5 789 | 6.77 |
| | 卫生和社会工作 | 1 200 | 770 | 2 395 | 4 365 | 5.10 |
| | 交通运输、仓储和邮政业 | 389 | 1 555 | 1 839 | 3 783 | 4.42 |
| | 建筑业 | 793 | 1 621 | 1 280 | 3 694 | 4.32 |
| | 科学研究和技术服务业 | 1 156 | 881 | 372 | 2 409 | 2.82 |
| | 公共管理、社会保障和社会组织 | 332 | 446 | 843 | 1 621 | 1.89 |
| | 房地产业 | 204 | 476 | 444 | 1 124 | 1.31 |

续表

| 年份 | 行业门类 | 研究生 | 本科生 | 专科（高职）生 | 总计（人） | 比例（%） |
|---|---|---|---|---|---|---|
| | 电力、热力、燃气及水生产和供应业 | 112 | 370 | 73 | 555 | 0.65 |
| | 农、林、牧、渔业 | 47 | 117 | 270 | 434 | 0.51 |
| | 采矿业 | 58 | 92 | 72 | 222 | 0.26 |
| | 水利、环境和公共设施管理业 | 19 | 40 | 17 | 76 | 0.09 |
| | 其他行业 | 1 793 | 6 255 | 4 188 | 12 236 | 14.30 |
| | 总计 | 17 064 | 41 022 | 27 473 | 85 559 | 100 |
| 2013 | 制造业 | 3 695 | 6 700 | 5 106 | 15 501 | 19.02 |
| | 社会服务业 | 2 378 | 7 218 | 5 742 | 15 338 | 18.82 |
| | 金融业 | 2 021 | 4 596 | 403 | 7 020 | 8.61 |
| | 教育 | 2 085 | 3 413 | 1 314 | 6 812 | 8.36 |
| | 批发和零售业 | 536 | 2 121 | 2 585 | 5 242 | 6.43 |
| | 卫生和社会工作 | 1 333 | 734 | 2 457 | 4 524 | 5.55 |
| | 交通运输、仓储和邮政业 | 348 | 1 608 | 1 815 | 3 771 | 4.63 |
| | 建筑业 | 767 | 1 662 | 1 339 | 3 768 | 4.62 |
| | 科学研究和技术服务业 | 1 061 | 569 | 220 | 1 850 | 2.27 |
| | 公共管理、社会保障和社会组织 | 333 | 541 | 740 | 1 614 | 1.98 |
| | 房地产业 | 283 | 642 | 506 | 1 431 | 1.76 |
| | 农、林、牧、渔业 | 40 | 111 | 323 | 474 | 0.58 |
| | 电力、热力、燃气及水生产和供应业 | 126 | 230 | 68 | 424 | 0.52 |
| | 采矿业 | 20 | 65 | 69 | 154 | 0.19 |
| | 水利、环境和公共设施管理业 | 17 | 21 | 28 | 66 | 0.08 |
| | 其他行业 | 2 216 | 6 133 | 5 154 | 13 503 | 16.57 |
| | 总计 | 17 259 | 36 364 | 27 869 | 81 492 | 100 |
| 2014 | 制造业 | 4 797 | 8 715 | 6 828 | 20 340 | 25.47 |
| | 社会服务业 | 1 379 | 5 119 | 4 125 | 10 623 | 13.30 |
| | 金融业 | 2 351 | 4 393 | 638 | 7 382 | 9.24 |
| | 信息传输、软件和信息技术服务业 | 1 318 | 2 932 | 1 504 | 5 754 | 7.20 |
| | 教育 | 1 859 | 2 699 | 644 | 5 202 | 6.51 |
| | 建筑业 | 991 | 2 110 | 1 861 | 4 962 | 6.21 |
| | 卫生和社会工作 | 1 269 | 613 | 2 205 | 4 087 | 5.12 |

续 表

| 年份 | 行业门类 | 研究生 | 本科生 | 专科(高职)生 | 总计(人) | 比例(%) |
|---|---|---|---|---|---|---|
| | 批发和零售业 | 488 | 1 857 | 1 663 | 4 008 | 5.02 |
| | 交通运输、仓储和邮政业 | 220 | 1 789 | 1 763 | 3 772 | 4.72 |
| | 租赁和商务服务业 | 443 | 1 366 | 820 | 2 629 | 3.29 |
| | 公共管理、社会保障和社会组织 | 422 | 805 | 1 219 | 2 446 | 3.06 |
| | 科学研究和技术服务业 | 1 111 | 920 | 382 | 2 413 | 3.02 |
| | 文化、体育和娱乐业 | 301 | 1 040 | 817 | 2 158 | 2.7 |
| | 房地产业 | 370 | 600 | 441 | 1 411 | 1.77 |
| | 住宿和餐饮业 | 29 | 286 | 794 | 1 109 | 1.39 |
| | 农、林、牧、渔业 | 91 | 175 | 315 | 581 | 0.73 |
| | 电力、热力、燃气及水生产和供应业 | 184 | 275 | 94 | 553 | 0.69 |
| | 水利、环境和公共设施管理业 | 97 | 111 | 91 | 299 | 0.37 |
| | 采矿业 | 16 | 55 | 65 | 136 | 0.17 |
| | 国际组织 | 2 | 1 | 0 | 3 | 0 |
| | 其他行业 | 0 | 0 | 1 | 1 | 0 |
| | 总计 | 17 738 | 35 861 | 26 270 | 79 869 | 100 |
| 2015 | 制造业 | 5 388 | 8 101 | 5 584 | 19 073 | 23.89 |
| | 金融业 | 2 793 | 5 256 | 750 | 8 799 | 11.02 |
| | 社会服务业 | 1 236 | 3 710 | 3 663 | 8 609 | 10.79 |
| | 信息传输、软件和信息技术服务业 | 2 041 | 4 299 | 2 057 | 8 397 | 10.52 |
| | 教育 | 1 813 | 2 821 | 654 | 5 288 | 6.62 |
| | 建筑业 | 801 | 1 731 | 1 500 | 4 032 | 5.05 |
| | 卫生和社会工作 | 1 330 | 539 | 2 106 | 3 975 | 4.98 |
| | 批发和零售业 | 501 | 1 951 | 1 465 | 3 917 | 4.91 |
| | 租赁和商务服务业 | 480 | 1 723 | 1 136 | 3 339 | 4.18 |
| | 文化、体育和娱乐业 | 385 | 1 436 | 1 140 | 2 961 | 3.71 |
| | 交通运输、仓储和邮政业 | 238 | 1 333 | 1 379 | 2 950 | 3.70 |
| | 科学研究和技术服务业 | 1 053 | 958 | 485 | 2 496 | 3.13 |
| | 住宿和餐饮业 | 24 | 382 | 925 | 1 331 | 1.67 |
| | 公共管理、社会保障和社会组织 | 313 | 630 | 235 | 1 178 | 1.48 |
| | 房地产业 | 249 | 478 | 331 | 1 058 | 1.33 |

续表

| 年份 | 行业门类 | 研究生 | 本科生 | 专科(高职)生 | 总计(人) | 比例(%) |
|---|---|---|---|---|---|---|
| | 其他行业 | 49 | 197 | 648 | 894 | 1.12 |
| | 电力、热力、燃气及水生产和供应业 | 215 | 357 | 57 | 629 | 0.79 |
| | 农、林、牧、渔业 | 66 | 147 | 337 | 550 | 0.69 |
| | 水利、环境和公共设施管理业 | 105 | 92 | 54 | 251 | 0.31 |
| | 采矿业 | 12 | 39 | 44 | 95 | 0.12 |
| | 其他行业 | 0 | 0 | 1 | 1 | 0 |
| | 总计 | 19 092 | 36 180 | 24 550 | 79 822 | 100 |
| 2016 | 制造业 | 4 923 | 7 085 | 5 130 | 17 138 | 20.49 |
| | 信息传输、软件和信息技术服务业 | 2 227 | 5 035 | 2 361 | 9 623 | 11.51 |
| | 金融业 | 3 408 | 4 209 | 980 | 8 597 | 10.28 |
| | 社会服务业 | 1 373 | 3 760 | 3 365 | 8 498 | 10.16 |
| | 教育 | 1 966 | 2 956 | 711 | 5 633 | 6.74 |
| | 卫生和社会工作 | 1 494 | 791 | 2 934 | 5 219 | 6.24 |
| | 租赁和商务服务业 | 667 | 2 246 | 1 279 | 4 192 | 5.01 |
| | 批发和零售业 | 450 | 1 942 | 1 727 | 4 119 | 4.93 |
| | 建筑业 | 644 | 1 659 | 1 799 | 4 102 | 4.90 |
| | 文化、体育和娱乐业 | 388 | 1 714 | 1 243 | 3 345 | 4.00 |
| | 交通运输、仓储和邮政业 | 273 | 1 368 | 1 329 | 2 970 | 3.55 |
| | 科学研究和技术服务业 | 1 264 | 979 | 595 | 2 838 | 3.39 |
| | 未知行业 | 143 | 691 | 828 | 1 662 | 1.99 |
| | 住宿和餐饮业 | 19 | 376 | 1 168 | 1 563 | 1.87 |
| | 公共管理、社会保障和社会组织 | 425 | 708 | 199 | 1 332 | 1.59 |
| | 房地产业 | 314 | 500 | 346 | 1 160 | 1.39 |
| | 电力、热力、燃气及水生产和供应业 | 213 | 334 | 71 | 618 | 0.74 |
| | 农、林、牧、渔业 | 57 | 143 | 368 | 568 | 0.68 |
| | 水利、环境和公共设施管理业 | 121 | 130 | 89 | 340 | 0.41 |
| | 采矿业 | 9 | 46 | 61 | 116 | 0.14 |
| | 总计 | 20 378 | 36 672 | 26 583 | 83 633 | 100 |

续 表

| 年份 | 行业门类 | 研究生 | 本科生 | 专科(高职)生 | 总计(人) | 比例(%) |
|---|---|---|---|---|---|---|
| 2017 | 制造业 | 3 785 | 5 433 | 4 871 | 14 089 | 16.67 |
| | 信息传输、软件和信息技术服务业 | 2 161 | 4 516 | 2 315 | 8 992 | 10.64 |
| | 社会服务业 | 1 391 | 3 649 | 3 933 | 8 973 | 10.62 |
| | 金融业 | 3 473 | 3 665 | 570 | 7 708 | 9.12 |
| | 教育 | 2 170 | 3 158 | 1 028 | 6 356 | 7.52 |
| | 卫生和社会工作 | 1 501 | 766 | 3 018 | 5 285 | 6.25 |
| | 交通运输、仓储和邮政业 | 825 | 2 178 | 2 253 | 5 256 | 6.22 |
| | 批发和零售业 | 962 | 1 980 | 1 826 | 4 768 | 5.64 |
| | 租赁和商务服务业 | 758 | 2 074 | 1 402 | 4 234 | 5.01 |
| | 建筑业 | 652 | 1 383 | 1 653 | 3 688 | 4.36 |
| | 公共管理、社会保障和社会组织 | 564 | 1 419 | 1 504 | 3 487 | 4.13 |
| | 文化、体育和娱乐业 | 378 | 1 583 | 1 469 | 3 430 | 4.06 |
| | 科学研究和技术服务业 | 1 079 | 1 045 | 843 | 2 967 | 3.51 |
| | 住宿和餐饮业 | 17 | 338 | 1 257 | 1 612 | 1.91 |
| | 房地产业 | 491 | 449 | 397 | 1 337 | 1.58 |
| | 水利、环境和公共设施管理业 | 252 | 396 | 275 | 923 | 1.09 |
| | 采矿业 | 116 | 287 | 200 | 603 | 0.71 |
| | 农、林、牧、渔业 | 45 | 133 | 333 | 511 | 0.60 |
| | 电力、热力、燃气及水生产和供应业 | 46 | 136 | 72 | 254 | 0.30 |
| | 未知行业 | 8 | 24 | 2 | 34 | 0.04 |
| | 国际组织 | 1 | 3 | 8 | 12 | 0.01 |
| | 总计 | 20 675 | 34 615 | 29 229 | 84 519 | 100 |

注：数据来源于《上海市高校毕业生就业状况报告》。

### 三、上海高校毕业生自主创业的现状与趋势

从上海高校创业项目的申报情况来看，数量总体上呈增长状态，从2011年的388项增长至2017年的1 064项。从上海高校创业项目的资助情况来看，创业项目已资助的数量与金额皆呈增长状态，资助数量从2011年的58项增长至2017年的332项，资助金额从2011年的779万元增长至2017年的7 428万元。

从申请创业项目的高校来看，申请创业项目较多的主要集中在上海工程技术大

学、复旦大学、上海大学、同济大学等高校分会,其他高校每年的创业项目申请数虽然也在逐渐增加,但远不及上述高校分会的创业项目申请数。

从表4-9中可以看到,7年里虽然每年已资助的创业项目数不断增加,但与申请的创业项目数之间仍有很大的差距。这意味着上海高校中仍有很多创业项目并未得到资助,在创业项目申请和资助的市场上,供需资源分配不均,供不应求,创业项目的资助力度还不够,在资助层面还需进一步改进。

## 第二节 上海高校的创新创业教育

创业教育(Entrepreneurship Education)是开发和提高学生创业基本素质的教育,是一种培养学生的事业心、进取心、开拓精神、创新精神,进行从事某项事业、企业、商业规划活动的教育。创业教育正式进入研究视野始于1989年,联合国教科文组织在"面向21世纪教育国际研讨会"上正式提出的"第三本教育护照",即"创业教育"的概念。[①] 同年在世界高等教育大会上,联合国教科文组织发表《世界高等教育宣言》,指出"培养学生的创业技能和创业精神是高等教育的重要内容,毕业生既是求职者又是工作岗位的创造者"[②]。加强学生的创新创业教育,是对接全球科创中心对高素质人才需求、深化人才培养改革的必然要求。

### 一、上海高校创新创业教育发展历程

随着我国创业活动的日趋活跃,以及经济和社会发展对创新创业人才的需求增加,我国高校的创业教育也开始逐渐发展。我国高校创业教育的建设发展于20世纪90年代末期,对创业教育理念的正式回应始于1998年教育部公布的《面向21世纪教育振兴行动计划》(以下简称《计划》)。《计划》中提出要"加强对教师和学生的创业教育,鼓励他们自主创办高新技术企业"[③]。为进一步应对国际教育的新趋势,2002年4月,教育部高等教育司在北京召开了普通高校创业教育试点工作座谈会,高等教育司副司长刘凤泰在会上指出:对大学生进行创业教育,培养具有创新精神和创造、创业能力的高素质人才是当前高等学校的重要任务。会后发出的通知指出:在课程设置方面,要适当增开一些课程。专业教育中也要渗透和贯彻创业教育的思想,特别是在

---

① 李晓华,徐凌霄,丁萌琪. 构建我国高校创新创业教育体系初探[J]. 中国高等医学教育,2006(7):53—54.
② 赵中建. 全球教育发展的研究热点——90年代来自联合国教科文组织的报告[M]. 北京:教育科学出版社,1999.
③ 中华人民共和国教育部. 面向21世纪教育振兴行动计划[EB/OL]. (1998-12-24). [2018-09-28]. http://old.moe.gov.cn/publicfiles/business/htmlfiles/moe/s6986/200407/2487.html.

表 4-9 上海高校创业项目申报及资助情况

| 年份 分会 | 2011 | | | 2012 | | | 2013 | | | 2014 | | | 2015 | | | 2016 | | | 2017 | | |
|---|---|---|---|---|---|---|---|---|---|---|---|---|---|---|---|---|---|---|---|---|---|
| | 已申报数量 | 已资助数量 | 已资助金额(万元) | 已申报数量 | 已资助数量 | 已资助金额(万元) | 已申报数量 | 已资助数量 | 已资助金额(万元) | 已申报数量 | 已资助数量 | 已资助金额(万元) | 已申报数量 | 已资助数量 | 已资助金额(万元) | 已申报数量 | 已资助数量 | 已资助金额(万元) | 已申报数量 | 已资助数量 | 已资助金额(万元) |
| 复旦大学分会 | 49 | 7 | 70 | 54 | 8 | 80 | 42 | 9 | 120 | 67 | 10 | 135 | 66 | 11 | 145 | 63 | 23 | 273 | 73 | 12 | 146 |
| 上海交通大学分会 | 29 | 3 | 50 | 20 | 7 | 75 | 36 | 7 | 100 | 26 | 9 | 190 | 28 | 3 | 55 | 20 | 9 | 185 | 30 | 6 | 160 |
| 上海大学分会 | 37 | 9 | 140 | 27 | 10 | 158 | 46 | 12 | 190 | 56 | 12 | 190 | 58 | 12 | 150 | 48 | 12 | 205 | 54 | 12 | 195 |
| 上海理工大学分会 | 28 | 8 | 93 | 31 | 14 | 175 | 25 | 12 | 204 | 25 | 8 | 110 | 21 | 7 | 70 | 25 | 2 | 28 | 38 | 10 | 149 |
| 同济大学分会 | 48 | 11 | 145 | 45 | 7 | 73 | 55 | 15 | 210 | 66 | 14 | 235 | 45 | 20 | 379 | 55 | 13 | 265 | 76 | 21 | 485 |
| 华东理工大学分会 | 12 | 3 | 50 | 15 | 3 | 60 | 33 | 9 | 160 | 34 | 12 | 310 | 35 | 17 | 360 | 26 | 15 | 370 | 21 | 10 | 275 |
| 市创业中心分会 | 71 | 2 | 36 | 56 | 7 | 110 | 50 | 6 | 90 | 60 | 7 | 130 | 47 | 3 | 60 | 36 | 1 | 30 | 10 | 0 | 0 |
| 松江分会 | 62 | 6 | 50 | 39 | 10 | 80 | 53 | 9 | 54 | 38 | 9 | 150 | 35 | 5 | 55 | 32 | 9 | 130 | 30 | 12 | 245 |
| 华东师范大学分会 | 28 | 3 | 60 | 13 | 2 | 30 | 7 | 0 | 0 | 10 | 1 | 10 | 31 | 8 | 160 | 12 | 5 | 90 | 15 | 1 | 10 |

续 表

| 年份<br>内容<br>分会 | 2011 | | 2012 | | | 2013 | | | 2014 | | | 2015 | | | 2016 | | | 2017 | | |
|---|---|---|---|---|---|---|---|---|---|---|---|---|---|---|---|---|---|---|---|---|
| | 已申报数量 | 已资助数量 | 已资助金额(万元) | 已申报数量 | 已资助数量 | 已资助金额(万元) | 已申报数量 | 已资助数量 | 已资助金额(万元) | 已申报数量 | 已资助数量 | 已资助金额(万元) | 已申报数量 | 已资助数量 | 已资助金额(万元) | 已申报数量 | 已资助数量 | 已资助金额(万元) | 已申报数量 | 已资助数量 | 已资助金额(万元) |
| 东华大学分会 | 10 | 1 | 10 | 12 | 5 | 110 | 15 | 3 | 60 | 24 | 4 | 80 | 39 | 10 | 140 | 30 | 14 | 240 | 37 | 11 | 240 |
| 电力大学分会 | 9 | 5 | 75 | 5 | 3 | 30 | 7 | 3 | 60 | 8 | 4 | 66 | 11 | 2 | 35 | 12 | 3 | 80 | 10 | 4 | 115 |
| 上海工程技术大学分会 | 2 | 0 | 0 | 75 | 19 | 225 | 95 | 39 | 744 | 86 | 32 | 480 | 60 | 25 | 440 | 62 | 22 | 550 | 100 | 24 | 713 |
| 华东政法大学分会 | 1 | 0 | 0 | 10 | 0 | 0 | 23 | 4 | 25 | 13 | 6 | 87 | 7 | 0 | 0 | 5 | 1 | 20 | 3 | 3 | 90 |
| 交大安泰专项基金 | 2 | 0 | 0 | 10 | 3 | 90 | 17 | 12 | 340 | 22 | 12 | 382 | 25 | 12 | 330 | 23 | 12 | 410 | 21 | 8 | 250 |
| 奉贤光明专项基金 | 0 | 0 | 0 | 9 | 2 | 15 | 15 | 5 | 58 | 8 | 4 | 80 | 18 | 4 | 60 | 10 | 5 | 105 | 14 | 1 | 30 |
| 视觉艺术专项基金 | — | — | — | 1 | 0 | 0 | 16 | 6 | 54 | 15 | 8 | 85 | 34 | 3 | 30 | 8 | 2 | 20 | 5 | 1 | 10 |
| 对外经贸大学分会 | — | — | — | — | — | — | 6 | 0 | 0 | 9 | 6 | 90 | 8 | 3 | 40 | 6 | 3 | 60 | 6 | 0 | 0 |

续 表

| 年份 | 2011 | | | 2012 | | | 2013 | | | 2014 | | | 2015 | | | 2016 | | | 2017 | | |
|---|---|---|---|---|---|---|---|---|---|---|---|---|---|---|---|---|---|---|---|---|---|
| 内容 分会 | 已申报数量 | 已资助数量 | 已资助金额(万元) | 已申报数量 | 已资助数量 | 已资助金额(万元) | 已申报数量 | 已资助数量 | 已资助金额(万元) | 已申报数量 | 已资助数量 | 已资助金额(万元) | 已申报数量 | 已资助数量 | 已资助金额(万元) | 已申报数量 | 已资助数量 | 已资助金额(万元) | 已申报数量 | 已资助数量 | 已资助金额(万元) |
| 中欧商学院分会 | — | — | — | — | — | — | 1 | 0 | 0 | — | — | — | — | — | — | — | — | — | — | — | — |
| 香港理工大学分会 | — | — | — | — | — | — | 43 | 0 | 0 | 43 | 8 | 43 | 39 | 17 | 105.5 | 24 | 6 | 68.5 | 30 | 14 | 130 |
| 天使伙伴专项基金 | — | — | — | — | — | — | 153 | 37 | 1 225 | 286 | 73 | 2 255 | 245 | 81 | 1 445 | 239 | 90 | 1 920 | 326 | 125 | 2 715 |
| 浦东分会 | — | — | — | — | — | — | — | — | — | — | — | — | 107 | 38 | 735 | 134 | 46 | 993 | 92 | 26 | 745 |
| 上海师范大学分会 | — | — | — | — | — | — | — | — | — | — | — | — | — | — | — | 21 | 4 | 110 | 32 | 7 | 105 |
| 闵行分会 | — | — | — | — | — | — | — | — | — | — | — | — | — | — | — | 33 | 10 | 165 | 41 | 24 | 620 |
| 天使引导专项基金 | — | — | — | — | — | — | — | — | — | — | — | — | — | — | — | 0 | 0 | 0 | 0 | 0 | 0 |
| 总计 | 388 | 58 | 779 | 422 | 100 | 1 311 | 738 | 188 | 3 694 | 896 | 239 | 5 108 | 959 | 281 | 4 794.5 | 924 | 307 | 6 317.5 | 1 064 | 332 | 7 428 |

注：数据来源于《上海市高校毕业生就业状况报告》。

实践教学环节中更要贯彻创业教育精神。①

此后,高校创业教育的试点工作被提上日程。2002年4月,教育部开始启动创业教育试点工作,先后将清华大学、北京航空航天大学、中国人民大学、黑龙江大学、上海交通大学、南京经济学院、武汉大学、西安交通大学、西北工业大学9所院校列为我国创业教育试点院校。②

教育部等部门在2007年发布了《关于积极做好2008年普通高等学校毕业生就业工作的通知》,实施"高校毕业生创业行动",强调高校应开展形式多样的创业教育,注重培养学生的创业能力,从而实现创业带动就业。③ 2010年,高校创业教育指导委员会成立,全面管理高校的创业教育。同年,《教育部关于大力推进高等学校创新创业教育和大学生自主创业工作的意见》提出,创新创业教育要以"提升学生的创业意识和创业能力为核心"④。2012年3月,《教育部关于全面提高高等教育质量的若干意见》中明确提出"把创新创业教育贯穿人才培养全过程"、"制订高校创新创业教育教学基本要求,开发创新创业类课程"、"大力开展创新创业师资培养培训"、"支持学生开展创新创业训练"等具体要求⑤,将加强创新创业教育作为未来我国高等教育的重要改革方向之一,强调创新创业教育对全面提高我国高等教育质量的重要作用。2012年11月,党的十八大报告在论述加快转变经济发展方式时明确提出,要实施创新驱动发展战略,把"实施创新驱动发展战略"放在加快转变经济发展方式部署的突出位置。习近平总书记也强调,我国科技发展的方向就是创新、创新、再创新,实施创新驱动发展战略,最根本的是要增强自主创新能力,最紧迫的是要破除体制机制障碍,最大限度解放和激发科技作为第一生产力所蕴藏的巨大潜能。⑥

2015年3月,李克强总理提出"大众创业、万众创新",高校学生是青年创业的一支重要生力军。2015年5月,《国务院办公厅关于深化高等学校创新创业教育改革的实施意见》中提出,"全面深化高校创新创业教育改革,把创新创业教育贯穿人才培养全过程",强调高校学生作为创新创业主体在中国经济转型和稳定增长的"双引擎"之

---

① 杨宗仁. 我国高校创业教育的现状、问题和教育对策[J]. 兰州交通大学学报,2004(5):154—157.
② 李伟铭,黎春燕,杜晓华. 我国高校创业教育十年:演进、问题与体系建设[J]. 教育研究,2013,34(6):42—51.
③ 中华人民共和国教育部,人事部,劳动保障部. 关于积极做好2008年普通高等学校毕业生就业工作的通知[EB/OL]. (2007-11-16).[2018-09-27]. http://www.moe.gov.cn/jyb_xxgk/gk_gbgg/moe_0/moe_1443/moe_1898/tnull_29935.html.
④ 中华人民共和国教育部. 教育部关于大力推进高等学校创新创业教育和大学生自主创业工作的意见[EB/OL]. (2010-05-13).[2018-09-27]. http://www.moe.gov.cn/srcsite/A08/s5672/201005/t20100513_120174.html.
⑤ 中华人民共和国教育部. 教育部关于全面提高高等教育质量的若干意见[EB/OL]. (2012-03-16).[2018-09-27]. http://old.moe.gov.cn/publicfiles/business/htmlfiles/moe/s6342/201301/xxgk_146673.html.
⑥ 秦振华. 创新驱动发展背景下上海市完善创新人才开发政策研究[D]. 上海:上海师范大学,2015.

——"大众创业、万众创新"中扮演着重要角色,强调高校创新创业教育是高等教育改革的重要方向。2016年9月,我国政府推出"大众创业、万众创新"优惠政策,将全国的创业发展推向新的阶段。

2017年1月,《教育部 国务院学位委员会关于印发〈学位与研究生教育发展"十三五"规划〉的通知》中指出,"大力支持研究生开展创新创业活动","将创新创业能力培养融入课程体系","推进研究生创新创业教育中心建设,强化创新创业实训实践,加大创新创业人才培养力度"①,将研究生创业教育工作摆到了突出位置。2017年7月,《国务院关于强化实施创新驱动发展战略进一步推进大众创业万众创新深入发展的意见》中明确指出,高校、大企业、科研院所是推进创新创业的领军机构,②进一步强调了高校在创新创业中的地位。与此同时,社会第三方组织也开始关注高校创新创业,全球化智库(CCG)发布的《2017中国高校学生创新创业调查报告》,涉及高校大学生创业意愿、意向创业区域和领域、创业资金来源、创业能力评估、创业教育参与度与满意度等多个维度,首次通过对国内百所高校开展调查并进行研究的方式,探究我国高校学生创新创业及高校创新创业教育的发展情况,分析影响高校学生创新创业的主要问题及其需求,着重从政府、高校和社会不同层面提出了促进高校学生开展创新创业的建设性建议,针对性地指出了提升高校创新创业教育的举措。③

随着中央政府及教育部相关政策文件的出台,上海市政府及各部门也积极响应,加快推进高校创新创业教育的进程。上海市教委自2007年起,每年投入1 000万元,且连续三年面向本市50万名在校本科生实施以"兴趣驱动、自主实验、重在过程"为原则的大学生创新活动计划,共立项支持3 000项大学生创新实验和科研项目,使学生的创新精神和素养得到了提升。为进一步加强本科创新人才培养工作,市教委决定自2011年起启动第二轮上海大学生创新活动计划,将参与高校由原来的17所增加到21所,每年投入经费增加到3 000万元,并要求各高校以此作为推动学校教学改革和提高教学质量的重要措施。④

2012年,上海市为贯彻落实国家和上海市中长期教育改革和发展规划纲要,按照《教育部关于大力推进高等学校创新创业教育和大学生自主创业工作的意见》《上海

---

① 教育部 国务院学位委员会关于印发《学位与研究生教育发展"十三五"规划》的通知[EB/OL].(2017-01-20).[2018-09-29]. http://www.moe.gov.cn/srcsite/A22/s7065/201701/t20170120_295344.html.
② 中华人民共和国国务院.关于强化实施创新驱动发展战略进一步推进大众创业万众创新深入发展的意见[EB/OL].(2017-07-21).[2018-09-27]. http://www.gov.cn/zhengce/content/2017-07/27/content_5213735.htm.
③ 全球化智库.2017中国高校学生创新创业调查报告[EB/OL].(2017-09-26).[2018-09-29]. http://www.ccg.org.cn/Event/View.aspx? Id=7577.
④ 上海教育.大学生创新创业训练计划实施情况[EB/OL].(2012-05-30).[2018-09-29]. http://edu.sh.gov.cn/web/xwzx/show_article.html? article_id=66974.

市教育委员会关于"十二五"期间实施"上海市高等学校本科教学质量与教学改革工程"的意见》等文件精神,开展上海高校创新创业教育实验基地建设,以改革人才培养模式和课程体系为重点,大力推进高等学校创新创业教育工作,提高人才培养质量。①

为贯彻国家和上海市中长期教育改革与发展规划纲要,在高校大力培育科技创新创业的文化土壤,2013 年上海市学位委员会办公室决定在上海市研究生教育创新计划中设立上海市研究生创新创业培养专项,与上海市大学生科技创业基金会合作,对研究生开展为期 6 个月的创新创业能力培训与创业实践,以促进高校创新成果与技术转化,提高研究生创新创业能力。②

2016 年 1 月,复旦大学、上海交通大学、同济大学、上海财经大学、华东师范大学、上海理工大学等多家高校自愿发起筹建高校创新创业教育联盟,在上海市教委的指导下,加强创新创业信息沟通和协同合作,在各高校发挥自身特色和加强交流的基础上,为上海高校创新创业教育的发展带来新的活力。③ 同年 2 月,为贯彻落实《国务院办公厅关于深化高等学校创新创业教育改革的实施意见》精神,上海市教委联合市发展改革委、市人力资源社会保障局等部门发布《上海市关于深化高等学校创新创业教育改革的实施方案》,以深化上海高校的创新创业教育改革,全面提高人才培养质量。④ 9 月,上海市政府印发《上海市教育改革和发展"十三五"规划》,强调"深化人才培养模式改革,将创新创业教育作为人才培养重要内容,在基础学科教育、工程教育、医学教育、通识教育等领域取得重大教改成果"⑤。

2017 年,上海市教委认定华东师范大学、华东理工大学等 15 所高校为上海市首批深化创新创业教育改革示范高校,以进一步深入推进创新创业教育改革,把创新创业教育融入人才培养体系全过程。⑥ 2018 年,为推动高校深化创新创业教育改革,提高创新创业人才培养质量,上海市教委开展关于"2018 年上海市大学生创新创业训练计划立项项目"的报送工作,以广泛动员高校学生团队报名参加"互联网+"大学生创

---

① 上海教育. 关于申报第一批上海高校创新创业教育实验基地的通知[EB/OL]. (2012 - 06 - 08). [2018 - 09 - 29]. http://edu.sh.gov.cn/web/xxgk/rows_content_view.html? article_code=418022012007.
② 上海教育. 关于做好 2013 年上海市研究生创新创业培养专项申报工作的通知[EB/OL]. (2013 - 06 - 17). [2018 - 09 - 29]. http://edu.sh.gov.cn/web/xxgk/rows_content_view.html? article_code=418062013008.
③ 上海高校创新创业教育联盟[EB/OL]. [2018 - 09 - 29]. http://saiee.fanya.chaoxing.com/portal.
④ 上海教育. 关于做好深化高等学校创新创业教育改革工作的通知[EB/OL]. (2016 - 02 - 17). [2018 - 09 - 29]. http://edu.sh.gov.cn/web/xxgk/rows_content_view.html? article_code=418022016002.
⑤ 上海市政府关于印发《上海市教育改革和发展"十三五"规划》的通知[EB/OL]. (2016 - 09 - 12). [2018 - 09 - 29]. http://www.shanghai.gov.cn/nw2/nw2314/nw39309/nw39385/nw40603/u26aw49535.html.
⑥ 上海教育. 关于公布上海市首批深化创新创业教育改革示范高校名单的通知[EB/OL]. (2017 - 08 - 11). [2019 - 09 - 29]. http://edu.sh.gov.cn/web/xxgk/rows_content_view.html? article_code=418022017006.

新创业大赛等竞赛,提升大学生的创新精神、创业意识和创新创业能力。[①]

教育部在《教育部关于贯彻落实中共中央、国务院〈关于加强技术创新,发展高科技,实现产业化的决定〉的若干意见》中,"允许大学生、研究生(包括硕士、博士研究生)休学保留学籍创办高新技术企业,增强提高学生创业意识和实践能力"。上海各高校也都采取了相应措施,开展创业教育,支持创业活动:复旦大学专门拨出100万元,实施学生科技创新的行动计划,学校还与浦东张江高科技园区合作,专门为学生设立了1000万元的创业基金;华东师范大学开设了"创业教育课";东华大学开设了"创业与风险投资"的选修课程等。而且上海市各高等学校已逐渐形成了各种配套措施,使创业计划大赛成为学校培养学生创业精神和创新能力的一个重要课堂。近年来,大学毕业生自行进行创业的也日益增多。2000年上半年,上海交通大学和复旦大学有几十名应届毕业生选择自主创业。截至2000年2月,在上海徐汇区,仅由上海交通大学等5所大学师生创办的企业就达101家,其中年总收入达千万元的超过10家。[②]

"国家级大学生创新创业训练计划"作为教育部实施的一项高校教改试点工作,旨在提高大学生的创新能力和实践能力,通过开展以学生为主的创新性实验,使学生在本科阶段就能得到科学研究方面的训练。同济大学作为教育部"国家级大学生创新创业训练计划"10所试点高校之一,自2006年起为这一创新训练计划的实施搭建研究平台,使本科生可参照该计划提供的研究平台和研究条件,根据个人的特长和兴趣,以个人或团队形式自由申报创新创业训练项目。[③]

上海交通大学则着力在人才培养、学科建设、科研布局等方面更加主动地将面向世界科技前沿与国家重大战略需求紧密结合起来,从教育、实践、孵化等方面入手,实施"硬软并重,完善'双创'的基础设施;率先探索,打造专业化'双创'教育平台;构建载体,推动学生迈出'双创'实践第一步;结果导向,整合资源实现近距离'双创'孵化"四项具体举措,在构建具有高校特色的创新创业生态体系方面进行了有效的探索和尝试。[④]

## 二、上海高校创新创业教育的现状

近年来,上海市政府及上海市教委等部门相继发布《上海市关于深化高等学校创

---

① 上海教育.关于报送2018年上海市大学生创新创业训练计划立项项目的通知[EB/OL].(2018-03-19).[2018-09-29]. http://edu.sh.gov.cn/web/xxgk/rows_content_view.html?article_code=418022018002.
② 夏春雨.大学生创业教育的实践与思考[J].江苏高教,2004(6):106—108.
③ 上海教育.同济大学启动"国家大学生创新训练计划"试点工作[EB/OL].(2006-11-28).[2018-09-29]. http://edu.sh.gov.cn/web/xwzx/show_article.html?article_id=33030.
④ 上海教育.上海交大全方位构建特色创新创业生态系统[EB/OL].(2016-04-03).[2018-09-29]. http://edu.sh.gov.cn/web/xwzx/show_article.html?article_id=86958.

新创业教育改革的实施方案》、《上海市教育改革和发展"十三五"规划》、"2018年上海市大学生创新创业训练计划立项项目"等,以促进上海高校创新创业教育的发展,提升当代大学生的创新创业意识。

如今,上海高校通过"创业学院"建设统筹创新创业人才培养的方式,已成为较有代表性的高校创新创业人才培养模式。上海市部分高校以创业学院为平台,在探索创新创业人才培养模式方面积累了较多经验。上海交通大学于2010年6月在全国高校中率先成立了创业学院,构建了"一体两翼"的创业教育培养模式,即以创业学院为载体,形成"面上覆盖、点上突破"的分层创业教育模式;上海对外经贸大学则依托学校创业学院,通过国际合作、区校共建、校企合作,突出创新创业人才培养的教育性、实践性、社会性、开放性,构建"协同式"创新创业教育教学、"开放式"创新创业实践实战、"六阶式"创新创业项目孵化、"一站式"创新创业服务保障"四位一体"的创新创业育人生态系统,着力培育德才兼备尤其是具有"创新创业意识、创新创业技能、创新创业能力、创新创业素养"的国际化商科创新创业人才。①

同时,按照教育部"高等学校创新能力提升计划"的要求,上海高校依据高校发展现状,与社会单位联合,建立协同创新中心,如复旦大学协同优势单位,培育组建了"长三角集成电路设计与制造协同创新中心";同济大学协同优势单位,培育组建了"智能型新能源汽车协同创新中心";上海中医药大学协同优势单位,组建成立了"上海中医健康服务协同创新中心";东华大学协同优势单位,组建成立了"民用航空复合材料协同创新中心"。通过这种方式,促进高校优势学科与社会优势单位的强强联合,推动产学研合作的同时,有效带动高校创新创业教育的发展。②

上海各高校同时纷纷出台有关创新创业教育改革的实施方案。其中,复旦大学强调"以提升创新能力、提高人才培养质量为核心,以创新驱动发展战略、服务经济社会为导向,全面整合校内外优势资源,加强顶层设计,强化内生动力,把创新创业教育融入人才培养全过程,构建综合性研究型大学创新型人才培养新模式"。上海交通大学以"坚持'教育、实践、孵化'相结合,确立符合科学规律、阶段特征的创新创业教育规划,坚持'面上覆盖'和'点上突破'相结合,面向全体同学,培养终身受用的创新精神、创造理念和创业意识,面向部分有强烈创业意愿的同学,培养成为企业初创者和未来企业家,坚持创新引领创业、创业带动就业,激活学校科技、人才和资源优势,为上海市建设具有全球影响力的科技创新中心和国家经济转型升级提供重要支撑"为指导思

---

① 徐飞. 以创业学院为平台,构建"一体两翼"创业教育模式[J]. 创新与创业教育,2011,2(3):10—11.
② 上海教育. 产学研合作[EB/OL]. [2019-09-28]. http://edu.sh.gov.cn/html/xxgk/rows.list.41211.html.

想,着力构建创新创业新模式。上海交通大学加强创新创业教育,持续推进学生创新中心建设,围绕大数据、人工智能等前沿方向开设校企合作选修课程和企业公开课;完成"机器人实验室"、"致远创新研究中心"等13个项目的一期建设;加强研究生创业教育,与德国卡尔斯鲁厄理工学院联合举办第二届暑期创业学校,与斯坦福大学举办斯坦福硅谷创业训练营,提升了研究生的创业能力;探索建立重大创业类赛事校内协同机制。华东师范大学则通过"不断改革和探索,建立健全创新创业教育课程体系、搭建创新创业实践平台、引入社会和企业的优质创新创业教育资源、提供学生创新创业服务"的形式,以求"形成有利于提升创新型人才培养质量的校园文化,切实提高学生的创新精神、创业意识,培养创新创业能力,探索建立具有华东师范大学特色的可持续的创新创业教育产业链"目标的达成。

在各高校的"十三五"规划和"双一流"建设年度报告中,也充分体现了上海高校有关"创新创业"的成果和政策。复旦大学强调"加强创新创业教育,培养高水平创新型人才",力求创新创业教育达成"全体学生、全体教师、贯穿全过程"的覆盖;同时加强创新创业课程体系建设,设置"创新创意创业"专项教育课程,开"创新创意创业大讲堂",培养交叉型"创新创意创业"人才;此外,还设立了创新交叉实验室、创新实训湾和由学生自主创立的各式创新俱乐部等创新创业教育平台,在创新创业导师团的指导下,支持创新创业孵化项目,为开展创新创业教育、支持学生创新创业项目提供公共性服务。同济大学在"双一流"建设中扎实推进本科新工科建设工作,探索基于科教融合和学科交叉的新工科专业建设和传统工科专业改造升级路径,发挥创新创业教育在工程人才培养体系中的作用,研制"全周期、模块化"的新工科专业评价指标体系,构建新工科专业"三位一体"评价体系和运行机制;积极开展研究生学术论坛、暑期学校、创新创业计划等项目。为增强学生创新精神和创新创业能力,东华大学健全创新创业教育课程,促进专业教育与创新创业教育有机融合,加强校内外实践教育基地和本科生—研究生一体化教学科研实验共享平台建设,强化创新创业实训实践;同时深化校外实践教育模式改革,大力建设具有专业特色的实践教育基地,与共建单位共同制定校外实践教育教学目标和培养方案,完善各级大学生创新创业训练项目,加强项目指导,促进项目落地转化,在提高教师创新创业教育意识和能力的同时,为创新创业项目建设提供专兼结合的实践教育指导教师队伍,增强创新创业指导服务;积极寻求多渠道统筹安排资金,加大对大学生创新创业工作的资金支持力度,为大学生建设创新创业孵化基地,从而为学生创新创业提供全程一体化教育孵化服务;提出了以提升专业学位研究生实践能力为目标,积极申报上海市"专业学位研究生实习实践基地"项目的学校政策,力争每年新增市级及学校基地 10 个,入选市级创新创业计划 15 个。上海外国语大学切实发挥卓越人才培养的全国引领和示范作用,从本科生教育到创新创业孵化基地建设、资金资源支持等方面促进创新创业的发展,形成多元化的办学格局,坚持把本科生创新创业教育全方位贯穿于人才培养全过程,并建立大学生创新创业孵化基地和实践基地,加强本科生创新创业教育师资队伍建设,探索跨院系、跨学科、跨专业新型创新创业教育模式;同时全面推进以多语种平台为基础的研究生创新创业孵化基地,完善协同育人机制,建设各级各类国内外实践基地,加强课程体系建设,建立创新创业导师专家库;设立了研究生科研基金、创新创业基金等各类创新计划专项基金,实施"研究生学术论坛"、"研究生暑期学校"等各类上海市研究生创新项目,目前建设了约 40 家实习基地。上海理工大学提出"以点带面、点面结合、全程覆盖、分层递进"的创新创业教育思路,完善"课堂教学—创新实践—创业培育—企业孵化"贯穿人才培养全过程的创新创业教育体系;在课程设置上实施创新创业教育进课堂进计划,在培养计划中设立创新创业类学分,培养"专业+创业"复合型人才,设置创业管理第二专业、工商管理(创业方向)专业,建立课内课外联动、校内校外联动的创新创业联动机制;同时学校要对接"大众创业、万众创新"战略,在已有良好基础上,深入推进"创新创业"教育,加强创业实践和自主创新能力培养,鼓励教师科技创新,为师生提供良好的创新创业环境;此外,学校还努力打造创新创业的文化氛围,创造条件鼓励大学生参与各类科技创新活动,每年获得省部级一等奖 60 项以上,大力拓展多层次的大学生创新训练,推进创新创业大作业的实施,确保大学生参与创新创业大作业的修读与实践的覆盖面达 100%,将创新意识培养、创新思维训练、创新价值判断等内容融入创新创业教育全过程,打造工程教育特色创新文化。上海中医药大学注重按学位类型进行科学分类培养,专业学位培养与职业教育衔接,突出实践能力的训练;学术学位则更凸显对于科学研究与创新能力的培养。

### 三、上海高校创新创业教育典型案例分析

以下主要介绍上海交通大学的创新创业教育。2009 年,上海交通大学成为上海首批创业教育试点高校。近五年,学校连续三届蝉联"挑战杯"全国大学生课外学术科技作品竞赛决赛冠军,并夺得首届"创青春"全国大学生创业大赛"冠军杯"。大批校友活跃在创新创业和创投领域,为催生更多新技术、新产业、新业态作出了贡献。

根据《国务院关于大力推进大众创业万众创新若干政策措施的意见》和国家《"双创"示范基地三年行动计划实施方案》,学校制定了《上海交通大学关于承担"双创示范

基地"建设的工作方案》。学校充分意识到承担"双创示范基地"建设的光荣使命,为进一步深化学校创新创业教育改革,加快培养更多富有创新精神、勇于投身实践的创新创业人才,探索形成可复制、可推广的经验,激发全社会创新创业活力。

2010年6月12日,上海交通大学在全国高校中率先成立创业学院,创业学院这一创新平台,既代表着上海交通大学对创业教育的独到理解,也是学校进一步推进创新人才培养的主动思考和积极作为。

上海交大创业学院的定位是一所高起点、高水平、精品化、重实践的学院,力争建设成为符合中国国情,具有上海和交大特色,世界知名的创新创业人才培养学院。创业学院平台实现了创业意向同学、创业导师团和风险投资家等群体的有效集聚,推动更多有潜力的大学生成为未来企业家,促使更多大学生创业项目变成现实企业。目前,创业学院形成了"面上覆盖、点上突破"的分层教育模式,一方面通过在专业教育中渗透创新、创意、创造的精神和理念,开设创业教育通识课,开展大学生创新计划("一方计划"),持续举办创业计划大赛等,使全校同学得到创新创业氛围的熏陶、感染和洗礼,收获终身受用的创新精神、创造理念和创业意识;另一方面通过提供独具特色的创业课程,创业训练营的指导和辅导,创业苗圃预孵化和资金支持,培养部分有强烈创业意愿的同学成为大学生创业的"种子选手",成为未来企业家。

经过多年实践和探索,上海交大创业教育硕果累累。在"创青春"全国大学生创业大赛等赛事中摘金夺银,特别是在2014年的首届"创青春"全国大学生创业大赛中,上海交通大学选送6支团队参赛,获5金1银,以团体总分第一名的优异成绩,捧得赛事最高奖项"冠军杯"。根据腾讯开放平台发布的"城市&高校创业排行榜"中,上海交大位列"创业者最多的top10院校"榜单第三位。[1] 近年来,以饿了么、触宝科技、应届生求职网、Teambition、在路上、59store等为代表的一批青年创业校友企业也正在迅速崛起中。立足民生、服务社会、转化才学、投身创业已成为上海交大众多学子的理想。

## 第三节 上海高校研究生创新能力:参与科研项目的视角

加强科教融合,依托科研项目培养研究生的创新能力和水平,是研究生教育的主要途径和方式。从参与科研项目的视角,对研究生培养过程中存在的问题进行深入分析,是进一步提升上海高校研究生培养质量的基础性工作之一。

---

[1] 最新报告:腾讯开放平台发布2014城市&高校创业排行榜[EB/OL].[2020-01-09]. http://www.techweb.com.cn/data/2015-01-27/2119879_2.shtml.

## 一、上海高校研究生参与科研项目的现状与趋势

2011年至2016年,上海高校研究生参与科研项目的人数呈增长态势。从总体来看,人数变化呈波动性的增长;具体来看,在2011年至2015年间呈上升趋势,从37 762人增长至50 051人,而在2015年至2016年间人数则有微弱的减少,下降至47 966人,约减少了2 000余人。

从参与上海高校科研项目的研究生的学科类型来看,理工农医学科的研究生人数远远高于人文社科的研究生人数,且人文社科参与科研项目研究生每年增长的人数也远不及理工农医的研究生人数;但两种学科类型参与科研项目的研究生人数从总体来看都呈增长态势。从不同类型学科每年参与科研项目的研究生数的增减状况来看,理工农医学科的研究生人数除在2015年至2016年间有轻微的减少外,其余各年基本呈逐年增长的状态,从2011年的37 002人增长至2016年的47 246人;而人文社科参与科研项目的研究生人数则总体出现下降状态,从2011年的760人减少到2016年的720人。

从参与科研项目的研究生人数占总研究生人数的比例来看,在2011年至2016年间同样呈波动性的增长,自2011年的31.73%上升至2016年的33.08%,这表明上海市高校参与科研项目的研究生人数不断增加,积极性不断提高。从参与科研项目的研究生人数占学术型学位研究生人数的比例来看,同样是呈增长的状态,从2011年的42.32%上升至2016年的53.20%。整体而言,占学术型学位研究生人数的比例较高,表明上海市高校参与科研项目的研究生中学术型学位研究生是主力军。

表4-10 上海高校研究生参与科研项目情况

| 年份 | 理工农医类参与项目的研究生数 | 人文社科类参与项目的研究生数 | 参与项目的研究生数 | 研究生在校生总计 | 学术型学位研究生人数 | 参与项目的研究生数占总数比 | 参与项目的研究生数占学术型学位研究生人数 |
|---|---|---|---|---|---|---|---|
| 2011 | 37 002 | 760 | 37 762 | 119 017 | 89 236 | 31.73% | 42.32% |
| 2012 | 37 628 | 907 | 38 535 | 127 014 | 89 423 | 30.34% | 43.09% |
| 2013 | 43 750 | 833 | 44 583 | 134 799 | 90 939 | 33.07% | 49.03% |
| 2014 | 46 004 | 745 | 46 749 | 133 554 | 87 514 | 35.00% | 53.42% |
| 2015 | 49 286 | 765 | 50 051 | 138 287 | 88 488 | 36.19% | 56.56% |
| 2016 | 47 246 | 720 | 47 966 | 144 987 | 90 169 | 33.08% | 53.20% |

注:数据来源于《上海科技统计年鉴》。

## 二、上海高校研究生参与科研项目的学科特点

从上海市高校参与科研项目的学科特点来看,参与理工农医学科科研项目的研究生人数远超过参与人文社科学科科研项目的研究生人数。由此看来,从事理工农医类型科研项目的研究生人数占了上海高校从事科研项目研究生人数的绝大比重。

从不同学科科研项目的研究生人数情况来看,从事工程与技术学科科研项目的研究生人数,不管是在2011年还是在2016年都一直占据榜首。从不同学科科研项目研究生人数的年增长状况来看,整体上2011年至2016年理工农医学科的科研项目研究生人数皆呈增长状态:自然科学从7 707人增长至8 980人,增长了16.52%;工程与技术从20 066人增长至25 529人,增长了27.23%;医学科学从8 356人增长至11 554人,增长了38.27%;农业科学从873人增长至1 183人,增长了35.51%。而人文社科却从760人减少至720人。从增长率可以看出,从事医学科学学科科研项目的研究生人数增速最快,农业科学次之,而后依次是工程与技术、自然科学。

表4-11 上海高校研究生参与科研项目的分学科情况

| 学科<br>年份 | 自然科学 | 工程与技术 | 医学科学 | 农业科学 | 人文社科 |
| --- | --- | --- | --- | --- | --- |
| 2011 | 7 707 | 20 066 | 8 356 | 873 | 760 |
| 2012 | 8 345 | 19 178 | 9 095 | 1 010 | 907 |
| 2013 | 8 941 | 23 677 | 9 888 | 1 244 | 833 |
| 2014 | 8 715 | 25 269 | 10 630 | 1 390 | 745 |
| 2015 | 9 717 | 26 618 | 11 458 | 1 493 | 765 |
| 2016 | 8 980 | 25 529 | 11 554 | 1 183 | 720 |

注:数据来源于《上海科技统计年鉴》。

## 三、上海高校研究生参与科研项目的类型与来源

对于上海高校研究生参与科研项目的情况,可以从科研项目的隶属关系和科研项目的课题类型两个方面展开具体的分析。

从科研项目隶属关系的整体来看,从2011年至2016年上海高校研究生参与国家和教育部与地方科研项目的人数皆呈增长状态,参与国家和教育部的研究生人数从30 805人增长至37 530人,增长了6 725人;参与地方科研项目的研究生人数从6 957人增长至10 436人,增长了3 408人。

从参与不同隶属关系科研项目的研究生人数来看,上海高校的研究生参与地方科

研项目的人数远不及参与国家和教育部科研项目的人数。2011年,上海高校研究生参与地方科研项目的人数为6 957人;参与国家和教育部科研项目的人数为30 805人,占参与科研项目研究生总人数的81.58%,是前者人数的4倍多。2016年,上海高校研究生参与地方科研项目的人数为10 436人;参与国家和教育部科研项目的人数为37 530人,占参与科研项目研究生总人数的78.24%,虽在占比上有所下降,但人数仍是前者的3.6倍左右。由此可见,参与国家和教育部的科研项目是上海市高校研究生的主要载体。

表4-12 上海高校研究生参与科研项目的隶属情况

| 年份 | 参与国家和教育部科研项目的人数 | 参与地方科研项目的人数 | 总计 |
| --- | --- | --- | --- |
| 2011 | 30 805 | 6 957 | 37 762 |
| 2012 | 30 682 | 7 853 | 38 535 |
| 2013 | 36 119 | 8 464 | 44 583 |
| 2014 | 37 202 | 9 547 | 46 749 |
| 2015 | 39 553 | 10 498 | 50 051 |
| 2016 | 37 530 | 10 436 | 47 966 |

注:数据来源于《上海科技统计年鉴》。

从科研项目类型的整体来看,共有六种课题类型,分别是基础研究、应用研究、试验发展、研究与试验发展成果应用、其他科技服务以及应用理论研究。

绝大部分类型的科研项目的研究生人数呈增长态势。从2011年至2016年上海高校研究生参与基础研究课题类型的人数从14 312人增长至20 498人,增长6 186人;参与应用研究课题类型的人数从14 098人增长至16 430人,增长2 332人;参与试验发展课题类型的人数从3 360人增长至3 853人,增长493人。基础研究课题类型的研究生人数增长最多,应用研究课题类型的次之,而应用理论研究课题类型的最少。

上海高校研究生在参与课题类型上存在差距,其中基础研究、应用研究的研究生参与人数最多,其次是试验发展、研究与试验发展成果应用、其他科技服务等课题类型,应用理论研究课题类型的研究生参与人数最少;并且基础研究的研究生参与人数的增长率明显高于应用理论研究生参与人数的增长率,从2011年至2016年的6年间,基础研究的研究生参与人数增加了6 186人,而应用理论研究的研究生参与人数只增加了11人。除此之外,研究与试验发展成果应用的研究生参与人数的波动最大,

2011年至2013年间研究生参与人数呈增长态势,且在2013年达到巅峰,有5 488名研究生参与此类型的研究之中,其余年份的研究生参与人数则呈现下降态势,在2016年降至3 033人。

表4-13 上海高校研究生参与科研项目的类型情况

| 课题类型<br>年份 | 基础研究 | 应用研究 | 试验发展 | 研究与试验发展成果应用 | 其他科技服务 | 应用理论研究 |
|---|---|---|---|---|---|---|
| 2011 | 14 312 | 14 098 | 3 360 | 4 065 | 1 568 | 358 |
| 2012 | 15 083 | 14 726 | 3 290 | 4 069 | 952 | 415 |
| 2013 | 15 889 | 17 258 | 4 188 | 5 488 | 1 333 | 427 |
| 2014 | 16 490 | 18 423 | 6 257 | 4 305 | 907 | 368 |
| 2015 | 21 680 | 17 376 | 3 132 | 3 538 | 3 926 | 399 |
| 2016 | 20 498 | 16 430 | 3 853 | 3 033 | 3 782 | 369 |

注:数据来源于《上海科技统计年鉴》。

上海高校研究生参与科研项目的来源共有18种,具体可分为国家与中央所属部门科研项目、地方省市级项目、社会各方合作项目、高校自身科研项目、自选项目和其他类型项目等。

从上海高校研究生参与科研项目的来源来看,研究生可选的科研项目的来源多样,从国家与中央所属部门的科研项目到省市级科研项目,再到与各方合作的项目与自选项目,皆有所涉及。但总体来看,参与国家与省部级科研项目的研究生人数明显多于其他来源的科研项目的人数;高校古籍整理项目等较为偏僻的科研项目的研究生人数较少,以及外资项目的研究生人数明显不多。

表4-14 上海高校研究生参与科研项目的来源情况

| 课题来源<br>年份 | 主管部门 | 国家计委、科委 | 国家自然科学基金 | 国务院其他部门 | 省市自治区 | 企事业单位委托 | 国际合作 | 自选 | 国家社科基金及规划项目 |
|---|---|---|---|---|---|---|---|---|---|
| 2011 | 4 477 | 7 625 | 2 562 | 1 696 | 5 941 | 13 397 | 520 | 1 019 | 85 |
| 2012 | 5 265 | 7 791 | 2 891 | 2 095 | 6 717 | 11 437 | 399 | 1 384 | 119 |
| 2013 | 5 244 | 9 692 | 3 281 | 2 310 | 7 586 | 14 204 | 489 | 1 250 | 118 |
| 2014 | 5 203 | 10 345 | 3 281 | 2 364 | 7 449 | 15 899 | 683 | 1 074 | 125 |
| 2015 | 5 188 | 12 103 | 3 249 | 2 953 | 7 781 | 16 729 | 246 | 1 280 | 219 |
| 2016 | 3 093 | 11 355 | 3 291 | 3 220 | 9 385 | 16 188 | 186 | 611 | 89 |

续表

| 课题来源<br>年份 | 主管部门 | 国家计委、科委 | 国家自然科学基金 | 国务院其他部门 | 省市自治区 | 企事业单位委托 | 国际合作 | 自选 | 国家社科基金及规划项目 |
|---|---|---|---|---|---|---|---|---|---|
| 2011 | 118 | 4 | 24 | 43 | 85 | 4 | 36 | 2.8 | 125 |
| 2012 | 162 | 6 | 29 | 62 | 70 | 3 | 80 | 2 | 23 |
| 2013 | 120 | 7 | 30 | 47 | 68 | 2 | 57 | 2 | 76 |
| 2014 | 96 | 8 | 39 | 44 | 66 | 1 | 43 | 2 | 27 |
| 2015 | 61 | 6 | 32 | 43 | 110 | 0.1 | 51 | 0 | 99 |
| 2016 | 44 | 3 | 4 | 77 | 115 | 0.5 | 47 | 0 | 220 |

注：数据来源于《上海科技统计年鉴》。

通过以上分析发现，上海高校理工农医学科参与科研的研究生人数多于人文社科学科。从事基础研究、应用研究的研究生人数较多，参与其他课题类型的人数则较少，尤其在应用理论研究方面的研究生参与人数有所欠缺。参与国家、省部级科研项目的研究生人数较多，其他来源科研项目的参与人数则较少。

## 第四节　高校人才培养服务上海全球科创中心建设

在上海考察时，习近平总书记对上海科技创新提出了三个"牢牢把握"的要求，其中一条是"牢牢把握集聚人才大举措，加强科研院所和高等院校创新条件建设，完善知识产权运用和保护机制，让各类人才的创新智慧竞相迸发"。这个"牢牢把握"的要求将科技创新与人才培养的核心落脚点联系起来，充分体现了人才是创新的根基，建设全球科技创新中心离不开优秀人才的支持。在全球科创中心的建设中要以更开放的视野、更具竞争力的举措来关注人才的培养，以汇聚更多创新创造型人才，让创新活力不断迸发，让创新成果不断涌现。结合前文上海高校人才培养与输送情况、创新创业教育以及科研创新能力的现状，对人才培养提出以下建议。

### 一、培养和吸引更加符合上海全球科创中心建设需要的人才

高校要深入研究上海全球科创中心建设中人才"不够用"、"不适用"、"不被用"、"不受用"等供求不匹配问题。首先，要明确上海发展需要的人才类型和学科专业类型。深入研究不同类型组织对人才的需求和需求的变化，加强对重点行业和关键领域的人才需求预测，准确判断全球科技发展趋势，把握重大的科技发展方向，如基于经济

转型发展需要,上海对技术型、研发型人才的需求大幅增加。第二,要深入研究科创中心建设所要求的人才需求层次的深刻变化。科技创新中心的建设需要大批具有理性思维、专业知识和务实进取精神的高端人才。根据上海未来发展需求,高校要提高人才培养质量,培育一批科创中心建设需要的人才,使培养的毕业生能够契合科技创新发展的需求,实现人才与岗位的精准匹配。第三,对标国际国内先进水平,优化学科设置。如聚焦集成电路制造及配套装备材料、智能汽车、智能制造与机器人、深远海洋工程装备、原创新药与高端医疗装备、精准医疗、大数据等上海未来发展需要,建设一批具有国际水平的学科和专业,培养一大批上海全球科创中心建设适用受用的高端人才。

## 二、营造良好的环境吸引并留住紧缺专业人才

解放思想,破除一切阻碍创新驱动发展的观念和体制机制障碍,着力为人才发展营造良好的政策制度环境。在人才的管理与激励中,要建立更为灵活的人才评价机制,完善评价的指标体系;要打通人才流动、使用、发挥作用的机制,破除固有的体制障碍;要制定更积极的人才留沪和引进计划,留住和吸引更多优秀创新型毕业生在沪工作,大力集聚"五个中心"和科创中心建设紧缺急需人才,为建设具有全球影响力的科技创新中心提供坚实的人才支撑和智力保障。

## 三、完善高校创新创业教育,提升创新能力

近年来,上海多所高校已在创新创业教育的方面迈出了探索的步伐。推进科技创新中心的发展,继续深化《关于加快建设具有全球影响力的科技创新中心的意见》中"创新人才培养和评价机制"的要求,以完善创新型大学的建设。上海各高校要在已取得成就的基础上,将"创新创业教育"纳入学校的文化教育之中,从顶层设计的角度培养学生树立创新意识,凸显国际化、复合型创新创业人才培养理念;更要着眼于基于创新创业教育的国际合作、课程开发与研究,为学生提供良好的教育与实践平台,在国际化的创新创业文化氛围中,稳步推进创新创业人才培养理念的转变;改革培养的模式,强化学生兴趣爱好和创造性思维培养;加快建设具有全球影响力的科技创新中心,要聚焦关键核心技术领域,提升自主创新特别是原始创新能力,鼓励和引导学生参与科研活动,在科研中提升原始创新能力。

## 第五章　上海高校学科发展如何对接全球科创中心建设

学科水平不仅是高校核心竞争力的体现,也是高校所在城市和国家的综合实力和国际竞争力的重要标志。近年来,上海高校,学科布局结构不断优化,学科集群优势日益凸显,科研创新水平显著提升,学科建设取得长足进步,获得了一批处于国内外领先水平的研究成果。本章主要介绍上海高校学科赋能全球科创中心建设的基础——上海高校学科的现状及其在国内外的地位,上海高校学科建设的举措,以及如何进一步服务上海科创中心建设。本章通过客观把握上海市高校学科的总体布局结构与整体发展水平,展示上海高校学科的发展现状及其在国内外的相对地位,深入分析上海市高校学科建设和发展对国家创新体系建设和国际知识创新体系的重要支撑作用。

## 第一节　上海学科布局情况

### 一、上海学科布局概况

根据全国学位与研究生教育数据中心的学术学位授权点名单统计[①],上海高校和科研机构学术学位授权点535个(含博士一级、博士二级、硕士一级、硕士二级学位授权点),覆盖(除军事学以外的)12个学科门类。工学和理学是上海的传统优势学科,也是上海学科建设的重中之重,二者分别占上海总体学科数量的35.0%和12.9%;医学、管理学、艺术学也是上海市学科建设的重点,三者分别占上海总体学科数量的5.8%、8.6%和5.8%。表5-1为上海高校和科研机构在建一级学科情况(含博士一级、硕士一级)。一级学科共计111个,上海在建85个一级学科,共计466个一级学科点,包括227个硕士授权学位一级学科点,覆盖65个一级学科;239个博士授权学位一级学科点,覆盖77个一级学科。在我国31个省市自治区中,上海在建一级学科点466个,排名全国第7位,少于北京、江苏、湖北、山东、辽宁、陕西等省份,分别为北京的41%、江苏的63%。

---

① 中国学位与研究生教育信息网[EB/OL]. http://www.cdgdc.edu.cn/.

表 5-1　上海高校和科研机构在建一级学科基本情况

| 类别 | 合计 | 01哲学 | 02经济学 | 03法学 | 04教育学 | 05文学 | 06历史学 | 07理学 | 08工学 | 09农学 | 10医学 | 11军事学 | 12管理学 | 13艺术学 |
| --- | --- | --- | --- | --- | --- | --- | --- | --- | --- | --- | --- | --- | --- | --- |
| 一级学科数 | 111 | 1 | 2 | 6 | 3 | 3 | 3 | 14 | 39 | 9 | 11 | 10 | 5 | 5 |
| 上海在建一级学科数 | 85 | 1 | 2 | 4 | 3 | 3 | 3 | 13 | 32 | 4 | 10 | 0 | 5 | 5 |
| 上海在建一级学科点 | 466 | 9 | 22 | 45 | 17 | 37 | 13 | 62 | 161 | 4 | 25 | / | 41 | 30 |
| 上海在建硕一学科点数 | 227 | 4 | 11 | 28 | 11 | 24 | 4 | 23 | 76 | 2 | 6 | / | 20 | 18 |
| 上海在建硕一学科 | 65 | 1 | 2 | 5 | 3 | 3 | 3 | 9 | 25 | 2 | 4 | | 3 | 5 |
| 上海在建博一学科点数 | 239 | 5 | 11 | 17 | 6 | 13 | 9 | 39 | 85 | 2 | 19 | | 21 | 12 |
| 上海在建博一学科 | 77 | 1 | 2 | 4 | 3 | 3 | 3 | 13 | 29 | 2 | 9 | | 3 | 5 |

注：根据全国学位与研究生教育质量信息平台数据整理。

用 13 个学科门类和一级学科数及上海在建的一级学科数，绘制成雷达图 5-1，从图中看出，一级学科包括哲学、经济学、法学、教育学、文学、历史学、理学、工学、农学、医学、军事学、管理学、艺术学 13 个门类，上海有 12 个学科门类，缺军事学学科门类；哲学、经济学、教育学、文学、历史学、管理学和艺术学 7 个学科门类实现全部覆盖，其他 5 个学科门类的覆盖率从 44.4% 到 92.9% 不等，其中农学的覆盖率（44.4%）最低，接着依次是法学（66.7%）、工学（82.1%）、医学（90.9%）、理学（92.9%）。

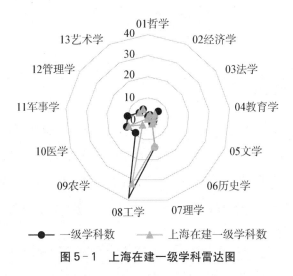

图 5-1　上海在建一级学科雷达图

上海24所高校在建443个一级学科①,其中部属高校8所,市属高校16所。8所部属高校共有261个一级学科,占上海总数的58.9%;16所市属高校共有182个一级学科,占上海总数的41.1%,市属高校中学科门类较为完整的是上海理工大学、上海师范大学和上海大学。从表5-2中可以看出,上海科技大学、上海音乐学院、上海政法学院、上海体育学院、上海戏剧学院的一级学科较少,少于5个;上海海洋大学、上海海事大学等12所高校的一级学科超过10个,其中上海交通大学的一级学科最多,有57个。在学科目录的111个一级学科中②,上海高校覆盖了85个一级学科,学科覆盖率为76.6%,仅有二级学科点或无布局的学科数有26个,占比23.4%。

表5-2 上海高校在建一级学科数量

| 序号 | 学校 | 数量 | 序号 | 学校 | 数量 |
| --- | --- | --- | --- | --- | --- |
| 1 | 上海科技大学 | 1 | 13 | 上海海洋大学 | 11 |
| 2 | 上海音乐学院 | 3 | 14 | 上海海事大学 | 14 |
| 3 | 上海政法学院 | 3 | 15 | 上海财经大学 | 15 |
| 4 | 上海体育学院 | 4 | 16 | 华东理工大学 | 27 |
| 5 | 上海戏剧学院 | 4 | 17 | 上海理工大学 | 27 |
| 6 | 上海中医药大学 | 5 | 18 | 东华大学 | 29 |
| 7 | 上海电力大学 | 6 | 19 | 上海师范大学 | 32 |
| 8 | 上海应用技术大学 | 6 | 20 | 华东师范大学 | 36 |
| 9 | 上海对外经贸大学 | 7 | 21 | 上海大学 | 42 |
| 10 | 上海外国语大学 | 7 | 22 | 复旦大学 | 43 |
| 11 | 华东政法大学 | 8 | 23 | 同济大学 | 47 |
| 12 | 上海工程技术大学 | 9 | 24 | 上海交通大学 | 57 |

注:灰底色的是部属高校。

总体而言,应用经济学、外国语言文学、工商管理、新闻传播学、马克思主义理论、法学、信息与通信工程、计算机科学与技术、软件工程、公共管理、数学、物理学、机械工程、材料科学与工程、环境科学与工程、管理科学与工程等16个一级学科的建设相对集中,有10所及以上的高校在进行建设。地理学、水利工程、纺织科学与工程、船舶与海洋工

---

① 此处数据不包含海军军医大学(第二军医大学),也不包括上海社会科学院、中共上海市委党校、上海航天技术研究院等机构。
② 教育部. 学位授予和人才培养学科目录(2018年)[EB/OL]. http://www.moe.gov.cn/s78/A22/xwb_left/moe_833/201804/t20180419_333655.html.

程、核科学与技术、风景园林学、生物工程、网络空间安全、口腔医学、中西医结合、医学技术、护理学、农林经济管理、天文学、大气科学、地球物理学、系统科学、冶金工程、测绘科学与技术、地质资源与地质工程、城乡规划学、安全科学与工程、园艺学、植物保护、畜牧学、考古学、水产、中医学、中药学等29个学科布局较少,仅有1至2所学校在进行建设。民族学、公安学、地质学、矿业工程、石油与天然气工程、轻工技术与工程、兵器科学与技术、农业工程、林业工程、公安技术、作物学、农业资源与环境、兽医学、林学、草学、特种医学、军事思想及军事历史、战略学、战役学、战术学、军队指挥学、军事管理学、军队政治工作学、军事后勤学、军事装备学、军事训练学等26个学科未布局(详见表5-3)。

表5-3 上海高校在建一级学科的学科点数量情况

| 建设单位数 | 学科数 | 一级学科名称 |
| --- | --- | --- |
| 15 | 1 | 应用经济学 |
| 14 | 2 | 外国语言文学、工商管理 |
| 13 | 2 | 新闻传播学、马克思主义理论 |
| 12 | 1 | 法学 |
| 11 | 4 | 信息与通信工程、计算机科学与技术、软件工程、公共管理 |
| 10 | 6 | 数学、物理学、机械工程、材料科学与工程、环境科学与工程、管理科学与工程 |
| 9 | 3 | 化学、控制科学与工程、设计学 |
| 8 | 4 | 哲学、政治学、中国语言文学、化学工程与技术 |
| 7 | 4 | 生物学、动力工程及工程热物理、电气工程、生物医学工程 |
| 6 | 8 | 社会学、教育学、心理学、中国史、生态学、统计学、艺术学理论、戏剧与影视学 |
| 5 | 7 | 理论经济学、体育学、力学、土木工程、交通运输工程、药学、音乐与舞蹈学 |
| 4 | 4 | 世界史、海洋科学、电子科学与技术、美术学 |
| 3 | 10 | 科学技术史、光学工程、仪器科学与技术、建筑学、航空宇航科学与技术、食品科学与工程、基础医学、临床医学、图书情报与档案管理、公共卫生与预防医学 |
| 2 | 13 | 地理学、水利工程、纺织科学与工程、船舶与海洋工程、核科学与技术、风景园林学、生物工程、网络空间安全、口腔医学、中西医结合、医学技术、护理学、农林经济管理 |
| 1 | 16 | 天文学、大气科学、地球物理学、系统科学、冶金工程、测绘科学与技术、地质资源与地质工程、城乡规划学、安全科学与工程、园艺学、植物保护、畜牧学、考古学、水产、中医学、中药学 |

续　表

| 建设单位数 | 学科数 | 一级学科名称 |
|---|---|---|
| 未布局学科 | 26 | 民族学、公安学、地质学、矿业工程、石油与天然气工程、轻工技术与工程、兵器科学与技术、农业工程、林业工程、公安技术、作物学、农业资源与环境、兽医学、林学、草学、特种医学，以及军事学门类的10个一级学科（军事思想及军事历史、战略学、战役学、战术学、军队指挥学、军事管理学、军队政治工作学、军事后勤学、军事装备学、军事训练学） |

应用经济学、外国语言文学、工商管理、新闻传播学、马克思主义理论5个一级学科是上海高校建设最集中的学科；应用经济学有15所高校建设，其中硕士一级学科点8个，博士一级学科点7个，详见表5-4。

表5-4　上海高校在建一级学科数量最多的5个学科的建设高校

| 学科名称 | 硕士一级 | 博士一级 |
|---|---|---|
| 应用经济学 | 上海理工大学、上海海事大学、东华大学、上海海洋大学、上海师范大学、上海外国语大学、上海对外经贸大学、华东政法大学 | 复旦大学、同济大学、上海交通大学、华东理工大学、华东师范大学、上海财经大学、上海大学 |
| 外国语言文学 | 华东理工大学、上海理工大学、上海海事大学、东华大学、上海师范大学、上海财经大学、上海对外经贸大学、华东政法大学、上海大学 | 复旦大学、同济大学、上海交通大学、华东师范大学、上海外国语大学 |
| 工商管理 | 华东理工大学、上海理工大学、上海海事大学、上海师范大学、上海对外经贸大学、上海大学、上海工程技术大学 | 复旦大学、同济大学、上海交通大学、东华大学、华东师范大学、上海外国语大学、上海财经大学 |
| 新闻传播学 | 同济大学、上海理工大学、东华大学、上海师范大学、上海外国语大学、上海财经大学、华东政法大学、上海体育学院、上海政法学院 | 复旦大学、上海交通大学、华东师范大学、上海大学 |
| 马克思主义理论 | 同济大学、华东理工大学、上海理工大学、东华大学、上海对外经贸大学、华东政法大学、上海大学、上海政法学院 | 复旦大学、上海交通大学、华东师范大学、上海师范大学、上海财经大学 |

## 二、服务全球科创中心建设的学科布局和发展水平

上海高校积极服务全球科创中心建设，不仅在高端装备制造、生物医药与大健康工程、信息与大数据、新材料、新能源等领域加快推动相关学科的发展，而且积极前瞻地布局新兴学科专业。

1. 积极新增新兴和交叉学科专业

为服务上海全球科创中心建设，2016—2018年上海新增备案和审批本科专业150个，其中新专业和交叉学科专业68个，包括新专业36个。交叉学科在推动科技变革

和创新方面有巨大潜力,跨学科交叉研究已成为获得高水平创新成果、提升创新能力的重要途径。根据2016—2018年教育部公布的普通高等学校本科专业备案和审批结果,三年来上海高校新增备案和审批本科专业中的交叉学科专业名单如表5-5所示。从表中可以看出,有8个学科门类有新增专业,其中工学新增的专业最多,新增了数据科学与大数据技术、智能制造工程等34个专业;理学新增了数据科学与大数据技术、康复物理治疗等12个专业;管理学和艺术学各6个,管理学新增了大数据管理与应用、健康服务与管理等专业,艺术学新增了数字媒体艺术、文物保护与修复等专业;经济学和文学各3个,经济学新增了互联网金融、金融科技等专业,文学新增了时尚传播、网络与新媒体等专业;法学和教育学各2个,法学新增了国际经贸规则等专业,教育学新增了体育旅游等专业。新增专业最多的是数据科学与大数据技术,涉及工学和理学两个门类,共计14个。

表5-5　2016—2018年上海新增新兴和交叉型本科专业

| 学校 | 专业名称 | 专业代码 | 门类 | 年 | 备注 |
| --- | --- | --- | --- | --- | --- |
| 复旦大学 | 数据科学与大数据技术 | 080910T | 理学 | 2016 | |
| 上海交通大学 | 文化产业管理 | 120210 | 管理学 | 2016 | |
| 华东师范大学 | 数据科学与大数据技术 | 080910T | 工学 | 2016 | |
| 华东师范大学 | 光电信息科学与工程 | 80705 | 工学 | 2016 | |
| 上海大学 | 智能科学与技术 | 080907T | 工学 | 2016 | |
| 上海大学 | 光电信息科学与工程 | 80705 | 工学 | 2016 | |
| 上海电机学院 | 数字媒体艺术 | 130508 | 艺术学 | 2016 | |
| 上海工程技术大学 | 数据科学与大数据技术 | 080910T | 工学 | 2016 | |
| 上海体育学院 | 体育经济与管理 | 120212 | 管理学 | 2016 | |
| 上海体育学院 | 运动康复 | 040206T | 理学 | 2016 | |
| 上海建桥学院 | 网络与新媒体 | 050306T | 文学 | 2016 | |
| 上海师范大学天华学院 | 金融数学 | 020305 | 经济学 | 2016 | |
| 上海健康医学院 | 健康服务与管理 | 120410T | 管理学 | 2016 | |
| 上海纽约大学 | 数据科学与大数据技术 | 080910TH | 工学 | 2016 | |
| 上海理工大学 | 新媒体技术 | 080912T | 工学 | 2016 | 新专业 |
| 上海应用技术大学 | 香料香精技术与工程 | 081704T | 工学 | 2016 | 新专业 |
| 上海健康医学院 | 临床工程技术 | 082603T | 工学 | 2016 | 新专业 |
| 上海中医药大学 | 康复物理治疗 | 101009T | 理学 | 2016 | 新专业 |

续 表

| 学校 | 专业名称 | 专业代码 | 门类 | 年 | 备注 |
| --- | --- | --- | --- | --- | --- |
| 上海中医药大学 | 康复作业治疗 | 101010T | 理学 | 2016 | 新专业 |
| 上海师范大学 | 食品安全与检测 | 082709T | 工学 | 2016 | 新专业 |
| 上海戏剧学院 | 艺术管理 | 130102T | 艺术学 | 2016 | 新专业 |
| 上海大学 | 电影制作 | 080913T | 工学 | 2016 | 新专业 |
| 上海电机学院 | 电机电器智能化 | 080605T | 工学 | 2016 | 新专业 |
| 上海杉达学院 | 卫生教育 | 040111T | 教育学 | 2016 | 新专业 |
| 上海商学院 | 零售业管理 | 120215T | 管理学 | 2016 | 新专业 |
| 上海视觉艺术学院 | 文物保护与修复 | 130409T | 艺术学 | 2016 | 新专业 |
| 上海纽约大学 | 神经科学 | 071006TH | 理学 | 2016 | 新专业 |
| 同济大学 | 数据科学与大数据技术 | 080910T | 工学 | 2017 | |
| 上海财经大学 | 数据科学与大数据技术 | 080910T | 工学 | 2017 | |
| 上海财经大学 | 数据科学与大数据技术 | 080910T | 理学 | 2017 | |
| 上海电机学院 | 数据科学与大数据技术 | 080910T | 工学 | 2017 | |
| 上海对外经贸大学 | 数据科学与大数据技术 | 080910T | 理学 | 2017 | |
| 上海体育学院 | 数据科学与大数据技术 | 080910T | 理学 | 2017 | |
| 上海杉达学院 | 建筑电气与智能化 | 81004 | 工学 | 2017 | |
| 上海师范大学天华学院 | 互联网金融 | 020309T | 经济学 | 2017 | |
| 上海健康医学院 | 数据科学与大数据技术 | 080910T | 工学 | 2017 | |
| 上海健康医学院 | 康复物理治疗 | 101009T | 理学 | 2017 | |
| 复旦大学 | 保密技术 | 080914TK | 工学 | 2017 | 新专业 |
| 同济大学 | 马克思主义理论 | 030504T | 法学 | 2017 | 新专业 |
| 同济大学 | 智能制造工程 | 080213T | 工学 | 2017 | 新专业 |
| 同济大学 | 智能建造 | 081008T | 工学 | 2017 | 新专业 |
| 上海大学 | 智能制造工程 | 080213T | 工学 | 2017 | 新专业 |
| 上海应用技术大学 | 化妆品技术与工程 | 081705T | 工学 | 2017 | 新专业 |
| 上海电力大学 | 核电技术与控制工程 | 080805T | 工学 | 2017 | 新专业 |
| 上海工程技术大学 | 涂料工程 | 081307T | 工学 | 2017 | 新专业 |
| 上海对外经贸大学 | 国际经贸规则 | 030105T | 法学 | 2017 | 新专业 |
| 上海杉达学院 | 时尚传播 | 050308T | 文学 | 2017 | 新专业 |
| 上海第二工业大学 | 复合材料成型工程 | 080416T | 工学 | 2017 | 新专业 |

续　表

| 学校 | 专业名称 | 专业代码 | 门类 | 年 | 备注 |
|---|---|---|---|---|---|
| 上海第二工业大学 | 智能制造工程 | 080213T | 工学 | 2017 | 新专业 |
| 上海健康医学院 | 医疗产品管理 | 120412T | 管理学 | 2017 | 新专业 |
| 上海立信会计金融学院 | 金融科技 | 020310T | 经济学 | 2017 | 新专业 |
| 华东理工大学 | 智能科学与技术 | 080907T | 工学 | 2018 | |
| 上海理工大学 | 机器人工程 | 080803T | 工学 | 2018 | |
| 上海理工大学 | 数据科学与大数据技术 | 080910T | 工学 | 2018 | |
| 上海电机学院 | 智能制造工程 | 080213T | 工学 | 2018 | |
| 上海电机学院 | 光电信息科学与工程 | 80705 | 理学 | 2018 | |
| 上海第二工业大学 | 数据科学与大数据技术 | 080910T | 工学 | 2018 | |
| 上海师范大学天华学院 | 大数据管理与应用 | 120108T | 管理学 | 2018 | |
| 上海立信会计金融学院 | 数据科学与大数据技术 | 080910T | 理学 | 2018 | |
| 上海交通大学 | 人工智能 | 080717T | 工学 | 2018 | 新专业 |
| 同济大学 | 人工智能 | 080717T | 工学 | 2018 | 新专业 |
| 华东理工大学 | 精细化工 | 081308T | 工学 | 2018 | 新专业 |
| 上海外国语大学 | 语言学 | 0502100T | 文学 | 2018 | 新专业 |
| 上海工程技术大学 | 数据计算及应用 | 070104T | 理学 | 2018 | 新专业 |
| 上海体育学院 | 体育旅游 | 040212TK | 教育学 | 2018 | 新专业 |
| 上海戏剧学院 | 戏剧教育 | 130313T | 艺术学 | 2018 | 新专业 |
| 上海视觉艺术学院 | 流行音乐 | 130209T | 艺术学 | 2018 | 新专业 |
| 上海视觉艺术学院 | 流行舞蹈 | 130211T | 艺术学 | 2018 | 新专业 |

注：根据2016—2018年教育部公布的普通高等学校本科专业备案和审批结果整理。

**2. 高端装备制造领域的学科布局和发展情况**

在高端装备制造领域，上海高校布局较为充分的学科为机械工程及控制科学与工程，分别都有10个学科点，且60%的学科点为一级学科博士点。布局较少的学科为光学工程、仪器科学与技术、航空宇航科学与技术，仅有3个学科点。在第四轮学科评估中，上海交大的机械工程、仪器科学与技术、控制科学与工程，同济大学的机械工程均进入A类，说明上海高校在高端装备制造领域的学科整体发展水平很高，但在航空宇航科学与技术学科领域存在不足和短板。

表 5-6 高端装备制造领域的学科分布与发展水平

| 学科数量 | 机械工程 | 光学工程 | 仪器科学与技术 | 控制科学与工程 | 航空宇航科学与技术 |
|---|---|---|---|---|---|
| | 10 | 3 | 3 | 10 | 3 |
| 复旦大学 | | ●B | | | ▲ |
| 上海交通大学 | ●A+ | | ●A- | ●A | ▲C+ |
| 同济大学 | ●A- | | | ●B+ | ▲ |
| 华东理工大学 | ●B | | | ●B+ | |
| 东华大学 | ●B | ▲ | | ●B | |
| 上海大学 | ●B+ | | ▲C | ●B | |
| 上海理工大学 | ●B | ●B+ | ▲C+ | ●C+ | |
| 上海海事大学 | ▲C- | | | △ | |
| 上海海洋大学 | ▲ | | | | |
| 上海工程技术大学 | ▲C+ | | | ▲ | |
| 上海应用技术大学 | ▲C- | | | ▲ | |
| 上海电力大学 | | | | ▲ | |

注：●为一级学科博士点，▲为一级学科硕士点，△为二级学科硕士点。A/B/C 为第四轮学科评估结果。

为服务高端装备制造，同济大学、上海大学、上海第二工业大学新设"智能制造工程"专业，强调数字化设计与制造、智能装备、智能机器人、物联网、人工智能、大数据、云计算等关键技术的集成，涉及机械工程、控制科学与工程、计算机科学等多个学科。同济大学以土木工程为核心，结合建筑与城市规划、机械工程、电子与信息工程、计算机科学与技术、经济与管理等学科共同建设，新设"智能建造"专业。

3. 生物医药与大健康工程领域的学科分布和发展水平

在生物医药与大健康工程领域，上海高校布局较为充分的学科为生物医学工程与药学，分别有 8 个和 7 个学科点，但生物医学工程一级学科博士点的比例不到 50%，且没有进入 A+ 的学科，整体实力略低于高端装备制造领域。此外，作为健康工程的重要内容，上海在食品科学与工程学科上的布局明显较弱，在上海海洋大学、上海交通大学、上海理工大学 3 个一级学科点中，仅有上海海洋大学、上海理工大学 2 个一级学科博士点，在第四轮学科评估中最好的仅位居 B+，有待进一步增强布局、提升实力。

表 5-7 生物医药与大健康领域的学科分布与发展水平

| 学科数量 | 生物医学工程 | 生物工程 | 药学 | 食品科学与工程 |
|---|---|---|---|---|
|  | 8 | 2 | 7 | 5 |
| 复旦大学 | ●B+ |  | ●A- |  |
| 上海交通大学 | ●A | ● | ●A- | ▲B- |
| 同济大学 | ▲B- |  | ▲C- |  |
| 华东师范大学 |  |  | ▲ |  |
| 华东理工大学 | ▲ | ● | ●B+ | △ |
| 东华大学 | ▲C- |  |  |  |
| 海军军医大学 | ▲ |  | ●A- |  |
| 上海大学 | ▲ |  |  | △ |
| 上海中医药大学 |  |  | △ |  |
| 上海理工大学 | ●B |  |  | ●C- |
| 上海海洋大学 |  |  |  | ●B+ |

注:●为一级学科博士点,▲为一级学科硕士点,△为二级学科硕士点。A/B/C为第四轮学科评估结果。

为服务生物医药与大健康工程,上海健康医学院新设"医疗产品管理"、"康复物理治疗"、"医疗产品管理"三个专业,上海体育学院新设"运动康复"专业。

4. 人工智能与大数据领域学科实力很强

人工智能与大数据是上海高校学科布局最充分的领域,在该领域最为核心的计算机科学与技术学科,上海共有 12 个学科点,其中 5 个为一级学科博士点。在第四轮学科评估中,上海交大和同济大学 2 校的计算机科学与技术进入 A,复旦大学、华东师范大学、华东理工大学、东华大学和上海大学 5 校的计算机科学与技术进入 B,还有 4 校的学科点进入 C,形成相互呼应、层次分明的学科梯队,但无 A+学科。此外,电子科学与技术、信息与通信工程以及心理学也分别有 2 个、1 个和 1 个 A 学科,但都无 A+学科。

表 5-8 人工智能与大数据领域的学科分布与发展水平

| 学科数量 | 计算机科学与技术 | 电子科学与技术 | 信息与通信工程 | 心理学 |
|---|---|---|---|---|
|  | 12 | 6 | 11 | 7 |
| 复旦大学 | ●B+ | ●A- | ▲C | ▲ |
| 上海交通大学 | ●A | ●A- | ●A | ▲ |
| 同济大学 | ●A- |  | ●C+ | ▲ |

续表

| 学科数量 | 计算机科学与技术<br>12 | 电子科学与技术<br>6 | 信息与通信工程<br>11 | 心理学<br>7 |
| --- | --- | --- | --- | --- |
| 华东师范大学 | ●B+ | ●B | ●C+ | ●A− |
| 华东理工大学 | ▲B | | ▲ | |
| 东华大学 | ▲B− | | ▲C− | |
| 海军军医大学 | △ | | | ▲ |
| 上海大学 | ●B | ▲C+,○ | ●B | |
| 上海师范大学 | ▲C | | ▲ | ●B |
| 上海理工大学 | ▲C+ | | ▲ | |
| 上海海事大学 | ▲C− | △ | ▲C | |
| 上海海洋大学 | ▲C+ | | | |
| 上海电力大学 | | | ▲ | |
| 上海体育学院 | | | | ▲ |

注：●为一级学科博士点，○为二级学科博士点，▲为一级学科硕士点，△为二级学科硕士点。A/B/C 为第四轮学科评估结果。

2017年上海市政府发布《关于本市推动新一代人工智能发展的实施意见》，明确提出"推动有条件的高校设立人工智能学院和专业"，与人工智能发展有关的专业较多，如大数据、智能科学与技术、智能制造等。近年来，上海多所高校，包括复旦大学、同济大学、华东师范大学、上海工程技术大学、上海纽约大学、上海财经大学、上海电机学院、上海对外经贸大学、上海体育学院、上海健康医学院、上海理工大学、上海第二工业大学、上海立信会计金融学院等，新增了"数据科学与大数据技术"本科专业。上海财经大学在工学和理学两个门类分别设置"数据科学与大数据技术"专业。上海交通大学、同济大学和复旦大学2019年分别在"人工智能"和"智能科学与技术"专业正式招生，这是上海高校在"人工智能"（AI）专业教育领域的率先布局。

5. 新能源与新材料领域的学科布局和发展情况

在新能源与新材料领域，上海高校虽然在材料科学与工程学科上有充分的布局和领先的发展水平，但是在海洋科学、核科学与技术等面向未来的能源和材料相关学科，布局相对较少。核科学与技术仅有1个一级学科博士点和1个一级学科硕士点，且该学科无A类。2018年上海交通大学新设海洋学科一级学科硕士点。

表 5-9 新能源与新材料领域的学科分布与发展水平

| 学科数量 | 材料科学与工程<br>11 | 动力工程及工程热物理<br>8 | 核科学与技术<br>2 | 海洋科学<br>5 |
|---|---|---|---|---|
| 复旦大学 | ●B+ | | | |
| 上海交通大学 | ●A | ●A | ●B | ▲ |
| 同济大学 | ●B+ | ●B | | ●B+ |
| 华东师范大学 | △ | | | ●C- |
| 华东理工大学 | ●B+ | ●B+ | | △ |
| 东华大学 | ●B+ | ▲ | | |
| 上海大学 | ●B+ | | ▲ | |
| 上海理工大学 | ▲ | ●B+ | | |
| 上海海事大学 | | ▲ | | |
| 上海海洋大学 | | △ | | ●B- |
| 上海科技大学 | ● | | | |
| 上海应用技术大学 | ▲ | | | |
| 上海工程技术大学 | ▲C- | | | |
| 上海电力大学 | | ▲C+ | | |

注：●为一级学科博士点，▲为一级学科硕士点，△为二级学科硕士点。A/B/C 为第四轮学科评估结果。

为服务新能源与新材料领域，上海高校新增 11 个相关专业，复旦大学新增能源化学、大气科学专业，同济大学新增新能源材料与器件、海洋技术等专业，上海海洋大学新增海洋资源与环境专业，上海电力大学新增新能源科学与工程、核电技术与控制工程、核工程与核技术等专业，上海第二工业大学新增复合材料成型工程专业。

## 第二节 上海高校学科在国家创新体系中的地位分析

国家创新体系，旨在通过合理配置社会创新资源，进而促进创新机构之间的相互协调和良性互动，以提高创新能力和国家竞争力，构筑国家创新战略系统。[①] 高校作为国家自主创新的源泉和高新技术的辐射源，其学科建设的基础支撑作用不容小觑。上海是我国高等教育最发达的地区之一，拥有优质的教育资源和人才优势，近年来其科研水平和国际国内竞争力明显增强，在人才培养和创造性科研成果等方面为上海实

---

① 吕春燕，孟浩，何建坤.研究型大学在国家自主创新体系中的作用分析[J].清华大学教育研究，2005(5)：1-7.

现城市发展战略目标提供了有力的保障。本部分将重点关注上海高校学科水平在国内的地位,从第四轮学科评估和"双一流"学科建设两个方面的学科认知度来阐述上海高校学科在国家创新体系中的地位。

## 一、上海高校第四轮学科评估的国内认知度

2017年12月28日,教育部学位与研究生教育发展中心公布了全国第四轮学科评估结果。从评估情况来看(上海高校第四轮学科评估结果详见表5-10),上海共有24所高校的350个学科参加评估,参评学科门类较为齐全。91个A类学科(含A+、A、A- 3类学科),数量位居全国前列。

表5-10 上海高校第四轮学科评估结果

| 排名 | 学科数 | 一级学科名称 |
|---|---|---|
| A+ | 26 | 哲学、理论经济学、政治学、教育学、体育学、外国语言文学、中国史、世界史、数学、生物学、音乐与舞蹈学、工商管理、管理科学与工程、护理学、中药学、中西医结合、中医学、临床医学、水产、城乡规划学、环境科学与工程、船舶与海洋工程、纺织科学与工程、化学工程与技术、土木工程、机械工程 |
| A | 27 | 应用经济学、法学、马克思主义理论、体育学、中国语言文学(2)、外国语言文学、新闻传播学、数学、物理学(2)、化学、地理学、设计学、工商管理(2)、管理科学与工程、临床医学、基础医学、软件工程、生物医学工程、计算机科学与技术、控制科学与工程、信息与通信工程、动力工程及工程热物理、材料科学与工程、统计学 |
| A- | 38 | 应用经济学、法学、社会学(2)、马克思主义理论、心理学、外国语言文学(2)、新闻传播学、数学(2)、化学、生物学、美术学、戏剧与影视学、公共管理(2)、药学(3)、中西医结合、公共卫生与预防医学、基础医学(2)、软件工程(2)、风景园林学、环境科学与工程、交通运输工程、建筑学、计算机科学与技术、电子科学与技术(2)、仪器科学与技术、机械工程、统计学、生态学(2) |
| B+ | 69 | 哲学、理论经济学、法学、政治学(2)、社会学(2)、马克思主义理论(3)、教育学、中国语言文学、外国语言文学、新闻传播学(2)、中国史、世界史、数学、物理学(2)、化学(3)、海洋科学、生物学(2)、设计学(2)、戏剧与影视学、艺术学理论、公共管理(2)、工商管理、管理科学与工程(3)、护理学、药学、公共卫生与预防医学、口腔医学、临床医学、软件工程、食品科学与工程、生物医学工程、环境科学与工程(2)、化学工程与技术、测绘科学与技术、土木工程、计算机科学与技术(2)、控制科学与工程(2)、电气工程、动力工程及工程热物理(2)、材料科学与工程(5)、光学工程、机械工程、力学(3)、统计学、生态学、科学技术史 |
| B | 56 | 哲学、应用经济学(4)、法学(2)、政治学、马克思主义理论(2)、心理学、中国语言文学、外国语言文学、中国史、世界史、数学、物理学、设计学、美术学、戏剧与影视学、艺术学理论、图书情报与档案管理、公共管理(2)、工商管理(2)、管理科学与工程(4)、护理学、临床医学、基础医学、园艺学、生物医学工程、环境科学与工程(3)、核科学与技术、交通运输工程、地质资源与地质工程、计算机科学与技术(2)、控制科学与工程(2)、信息与通信工程、电子科学与技术、动力工程及工程热物理、冶金工程、光学工程、机械工程(3)、统计学、系统科学等 |

续表

| 排名 | 学科数 | 一级学科名称 |
|---|---|---|
| B− | 35 | 哲学、应用经济学、法学、政治学、马克思主义理论、中国语言文学、外国语言文学(2)、新闻传播学、考古学、世界史、数学、化学(2)、海洋科学、生物学、戏剧与影视学、音乐与舞蹈学、图书情报与档案管理、工商管理(4)、公共卫生与预防医学、口腔医学、软件工程(2)、风景园林学、食品科学与工程、生物医学工程、环境科学与工程、化学工程与技术、土木工程、计算机科学与技术、电气工程 |
| C+ | 43 | 理论经济学、法学(3)、政治学(2)、马克思主义理论、教育学、中国语言文学、外国语言文学(2)、中国史、数学、物理学、化学、天文学、地球物理学、生物学(2)、音乐与舞蹈学、公共管理、工商管理、中药学、中西医结合、航空宇航科学与技术、交通运输工程、化学工程与技术(2)、土木工程、建筑学、计算机科学与技术(2)、控制科学与工程、信息与通信工程(2)、电子科学与技术、电气工程(3)、动力工程及工程热物理、仪器科学与技术、机械工程、力学 |
| C | 29 | 哲学、应用经济学(2)、法学、外国语言文学、新闻传播学(2)、中国史、数学、物理学、生物学、设计学、美术学、艺术学理论、公共管理、工商管理(2)、安全科学与工程、软件工程、环境科学与工程、化学工程与技术、水利工程、土木工程、计算机科学与技术、信息与通信工程(2)、仪器科学与技术、统计学、科学技术史 |
| C− | 27 | 理论经济学、法学、体育学(2)、中国语言文学、外国语言文学、新闻传播学、物理学(2)、地理学、海洋科学、农林经济管理、药学、公共卫生与预防医学、畜牧学、食品科学与工程、生物医学工程、环境科学与工程、船舶与海洋工程、交通运输工程、化学工程与技术、计算机科学与技术、信息与通信工程、电气工程、材料科学与工程、机械工程(2) |

注：根据中国学位与研究生教育信息网公布的全国第四轮学科评估结果整理而成。

从第四轮学科评估上海高校学科领域位列不同档次的分布情况来看，上海在建一级学科之间的建设水平有差异，其中人文社科最多，有146个学科，其次是工科，有120个学科，之后是理科52个学科，生农医药32个学科。从表5-11中可以看出，人文社科的A+学科最多，有11个，其次是工科。

表5-11 上海高校学科领域的第四轮学科评估结果分布

| 人文社科 146 | | 工科 120 | |
|---|---|---|---|
| 档次 | 数量 | 档次 | 数量 |
| A+ | 11 | A+ | 7 |
| A | 12 | A | 7 |
| A− | 13 | A− | 11 |
| B+ | 27 | B+ | 25 |
| B | 28 | B | 19 |
| B− | 18 | B− | 10 |

续 表

| 人文社科 146 | | 工科 120 | |
| --- | --- | --- | --- |
| 档次 | 数量 | 档次 | 数量 |
| C+ | 15 | C+ | 19 |
| C | 14 | C | 10 |
| C− | 8 | C− | 12 |

| 理科 52 | | 生农医药 32 | |
| --- | --- | --- | --- |
| 档次 | 数量 | 档次 | 数量 |
| A+ | 2 | A+ | 6 |
| A | 6 | A | 2 |
| A− | 7 | A− | 7 |
| B+ | 12 | B+ | 5 |
| B | 4 | B | 5 |
| B− | 5 | B− | 2 |
| C+ | 7 | C+ | 2 |
| C | 5 | C− | 3 |
| C− | 4 | | |

通过对比上海与其他省市的学科情况(详见表5-12)发现,上海高校入围C类及以上学科共350个,位居全国第三(北京604个,江苏466个);其中A+学科26个,位居全国第二(北京89个,江苏23个)。

表5-12 上海高校第四轮一级学科评估结果与部分省市比较

| 省市 | 学科排名情况 | | | | | | | | | |
| --- | --- | --- | --- | --- | --- | --- | --- | --- | --- | --- |
| | 合计 | A+ | A | A− | B+ | B | B− | C+ | C | C− |
| 北京市 | 604 | 89 | 39 | 59 | 99 | 75 | 62 | 73 | 57 | 51 |
| 江苏省 | 466 | 23 | 17 | 40 | 75 | 70 | 59 | 58 | 68 | 56 |
| 上海市 | 350 | 26 | 27 | 38 | 69 | 56 | 35 | 43 | 29 | 27 |
| 湖北省 | 278 | 12 | 10 | 28 | 51 | 40 | 35 | 33 | 36 | 33 |
| 陕西省 | 263 | 6 | 7 | 14 | 61 | 43 | 42 | 33 | 24 | 33 |
| 山东省 | 257 | 5 | 2 | 6 | 34 | 35 | 46 | 37 | 41 | 51 |
| 广东省 | 255 | 4 | 3 | 24 | 43 | 40 | 44 | 39 | 32 | 26 |
| 辽宁省 | 251 | | 5 | 10 | 29 | 47 | 34 | 34 | 43 | 49 |

续 表

| 省市 | 学科排名情况 | | | | | | | | | |
|---|---|---|---|---|---|---|---|---|---|---|
| | 合计 | A+ | A | A− | B+ | B | B− | C+ | C | C− |
| 浙江省 | 211 | 13 | 11 | 20 | 22 | 26 | 29 | 44 | 29 | 17 |
| 湖南省 | 199 | 7 | 3 | 15 | 33 | 37 | 30 | 23 | 29 | 22 |

注：中国地质大学计入北京市，中国石油大学计入山东省。

## 二、上海高校"双一流"建设的国内认知度

2015年，《国务院关于印发统筹推进世界一流大学和一流学科建设总体方案的通知》发布，拉开了"双一流"建设的帷幕。2017年9月21日，教育部、财政部、国家发展改革委联合发布《关于公布世界一流大学和一流学科建设高校及建设学科名单的通知》，正式公布一流大学和一流学科建设高校及建设学科名单，首批"双一流"建设学科共计465个，其中自定学科44个。

从教育部学位与研究生教育发展中心公布的全国一流大学一流学科情况来看（上海高校学科入围结果详见表5-13），上海高校的总体实力较为突出，共有14所高校的57个学科入选国家"双一流"建设，入选高校数、学科数均位居全国前列。上海共有4所高校入围一流大学建设高校，共有44个学科入围一流学科建设名单，仅次于北京；共有10所高校入围一流学科建设高校，共有13个一流学科入围建设名单，低于北京和江苏，略高于湖北。根据上海入围一流学科建设情况来看，上海高校优势学科主要聚集在工程学学科门类。

表5-13 上海高校入围"双一流"建设的情况

| 内容 | 高校名称 | 学科数 | 学科名称 |
|---|---|---|---|
| 一流高校 | 复旦大学 | 17 | 哲学、政治学、中国语言文学、中国史、数学、物理学、化学、生物学、生态学、材料科学与工程、环境科学与工程、基础医学、临床医学、中西医结合、药学、机械及航空航天和制造工程、现代语言学 |
| | 上海交通大学 | 17 | 数学、化学、生物学、机械工程、材料科学与工程、信息与通信工程、控制科学与工程、计算机科学与技术、土木工程、化学工程与技术、船舶与海洋工程、基础医学、临床医学、口腔医学、药学、电子电气工程、商业与管理 |
| | 同济大学 | 7 | 建筑学、土木工程、测绘科学与技术、环境科学与工程、城乡规划学、风景园林学、艺术与设计 |
| | 华东师范大学 | 3 | 教育学、生态学、统计学 |

续表

| 内容 | 高校名称 | 学科数 | 学科名称 |
|---|---|---|---|
| 一流学科 | 华东理工大学 | 3 | 化学、材料科学与工程、化学工程与技术 |
| | 上海中医药大学 | 2 | 中医学、中药学 |
| | 东华大学 | 1 | 纺织科学与工程 |
| | 上海海洋大学 | 1 | 水产 |
| | 上海外国语大学 | 1 | 外国语言文学 |
| | 上海财经大学 | 1 | 统计学 |
| | 上海体育学院 | 1 | 体育学 |
| | 上海音乐学院 | 1 | 音乐与舞蹈学 |
| | 上海大学 | 1 | 机械工程（自定） |
| | 第二军医大学 | 1 | 基础医学 |

通过第四轮学科评估结果和"双一流"建设学科两者综合来看，上海学科建设整体水平在国内居于领先地位，具有较强的学科竞争力。总体而言，上海高校学科整体布局瞄准世界一流大学建设目标，保持工科快速发展势头，大力发展理科和生命医学学科，进一步夯实人文社会科学学科基础，加快推进交叉学科建设，进一步优化综合性大学学科布局。工科、生命医学学科、管理学科三大支柱学科群基本确立，高水平、有特色的法学、农学、人文、传媒等学科已现端倪，跨学科交叉优势逐步显现。不过，上海市虽然有一批处于全国前列的学科，但处于国内顶尖、世界一流的高峰学科相对较少；学科发展不平衡，高等学校之间的学科建设水平差异较大，部分学科重复设置过多与对接需求的学科前瞻性布局不足的现象并存。

## 第三节 上海高校学科的国际地位

在当今全球化时代，创新资源可在全球范围内实现流动、共享和优化配置。中国日益发展成为世界知识产权体系中的创新主体，在国际知识创新体系中的地位逐步提升。[1] 高校拥有着最活跃的国际化科研人才队伍，并参与国际大科学工程与计划，其在国际知识创新体系建设中的作用愈发凸显。本部分将重点关注上海高校学科的国际地位，从学科国际认知度层面来阐述上海高校学科在国际知识创新体系中的地位。

---

[1] 赵刚.尽快谋划和建立符合中国利益的全球创新体系[J].科技创新与生产力，2011(11)：25—30.

## 一、上海高校学科国际排名情况

为了解上海高校学科的国际地位,以下从上海高校学科在软科世界一流学科、QS、THE、U.S.News 四大世界学科排名及 ESI 中的表现进行分析①。表 5-14 显示了上海高校在四大学科排名和 ESI 中的总体情况,可以看出上海高校入围软科世界一流学科的数量最多,达到 202 个;其次是 QS,共 112 个学科;之后是 ESI 前 1%学科 104 个,U.S.News 学科 107 个,THE 学科 43 个。

表 5-14　上海高校在四大学科排名和 ESI 中的情况

| 内容 | 数量 | 内容 | 数量 | 内容 | 数量 | 内容 | 数量 | 内容 | 数量 |
| --- | --- | --- | --- | --- | --- | --- | --- | --- | --- |
| 软科前 10 | 10 | QS 前 10 | 0 | THE 前 10 | 0 | U.S.News 前 10 | 5 | ESI 前‰ | 1 |
| 软科前 50 | 30 | QS 前 50 | 23 | THE 前 50 | 3 | U.S.News 前 50 | 15 | ESI 前‰ | 13 |
| 软科前 100 | 64 | QS 前 100 | 58 | THE 前 100 | 9 | U.S.News 前 100 | 28 | ESI 前% | 104 |
| 软科前 200 | 124 | QS 前 300 | 92 | THE 前 300 | 23 | U.S.News 前 300 | 82 | | |
| 软科入围学科 | 202 | QS 入围学科 | 112 | THE 入围学科 | 43 | U.S.News 入围学科 | 107 | | |

注:"前 50"包含"前 10"学科数,以此类推。

软科世界一流学科排名覆盖 54 个学科,涉及理学、工学、生命科学、医学和社会科学五大领域,详见图 5-2。该排名指标体系涉及的 5 个指标如下:论文总数(PUB)、论文标准影响力(CNCI)、国际合作论文比例(IC)、顶尖期刊论文数(TOP)、教师获权威奖项数(AWARD)。不同学科指标的权重略有差异。

上海高校有 202 个学科入围软科世界一流学科排名。其中工学 109 个学科,理学 34 个学科,社科科学 25 个学科,生命科学 14 个学科,医学 20 个学科。

QS 世界大学学科排名(the QS World University Rankings by Subject)由英国教育咨询公司夸夸雷利·西蒙兹(Quacquarelli Symonds)自 2004 年开始发布。QS 学科排名的评价指标体系包括 4 个方面:学术声誉(Academic Reputation)、雇主声誉(Employer Reputation)、论文篇均引用(Citations per Paper)、H 指数(H-index Citation)。学科领域与学科的对应情况详见图 5-3。

在 2019 年 QS 世界大学学科排行榜中,涉及艺术与人文、工程与技术、生命科学

---

① 软科世界一流学科、QS、U.S.News 等学科排名依据 2019 年公布结果。THE 学科排名陆续公布,2019 年更新结果尚不全,因此依据 2018 年公布结果。ESI 学科排名依据 2019 年 9 月公布结果。

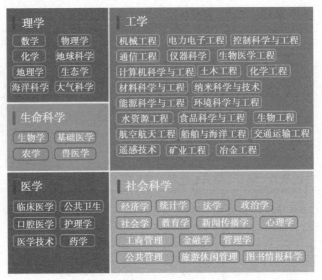

图 5-2　软科世界一流学科领域和学科

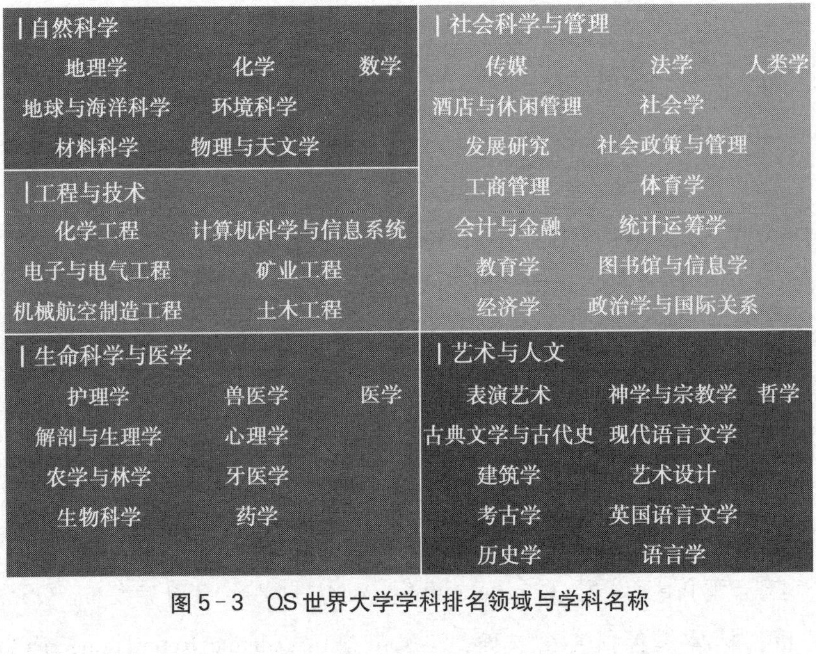

图 5-3　QS 世界大学学科排名领域与学科名称

与医学、自然科学、社会科学与管理五大学科领域,共 48 个学科,覆盖全球 1 222 所高校。中国境内共有 70 余所高校入围,上榜的学科数达到近 650 个。上海高校入围的学科领域分布如下:自然科学领域(28 个)、社会科学与管理领域(27)、艺术与人文领域(20 个)、工程与技术领域(19 个)、生命科学与医学领域(18 个)。其中化学、材料科学、物理与天文学、生物科学等学科都有 6 所高校入围,这些学科是上海高校在国际上具有较高学术声誉的优势学科。

上海共有112个学科入围QS学科排名全球前400名,共覆盖学科38个,学科覆盖率79%,其中Top50学科23个,Top100学科58个;上榜高校9所,其中地方高校1所,即上海大学上榜学科数12个;复旦大学上榜学科数最多,为32个。排名进入Top50学科的23个学科中,同济大学的建筑学、艺术设计,复旦大学的现代语言学、化学、材料科学,上海交大的机械航空和制造工程、材料科学、土木工程、电子与电气工程等9个学科排名世界前30名。

《泰晤士高等教育》(Times Higher Education,简称THE)世界大学学科排名涵盖11个学科领域:法学、工程与技术、计算机科学、教育学、商学与经济、社会科学、生命科学、心理学、医学与健康、艺术与人文、自然科学,见图5-4。

图5-4　THE世界大学学科排名的学科领域

THE学科排名共有5个一级指标,分别是:教学(Teaching,30%)、科研(Research,30%)、论文被引(Citations,30%)、国际化(International Outlook,7.5%)、产业收入(Industry Income,2.5%)。共有13个二级指标,分别是:教学声誉调查(15%)、师生比(4.5%)、博士与本科生比(2.25%)、博士与专任教师比(6%)、机构收入(2.25%)、科研声誉调查(18%)、科研经费(6%)、科研生产力(6%)、被引(30%)、国际学生比例(2.5%)、国际教师比例(2.5%)、国际合作论文比例(2.5%)、产业收入(2.5%)。

2019年的THE世界大学综合排名中,全世界共有1 396所大学上榜。中国境内有81所高校上榜,其中清华大学、北京大学、中国科技大学、浙江大学、复旦大学、南京大学和上海交通大学7所高校进入世界前200。上海高校入围2018年THE学科排名的学科数是43个,覆盖11个学科,学科覆盖率100%;Top 50学科数3个,Top 100学科数9个;上榜高校7所,其中地方高校2所。上海交通大学上榜学科数最多,有9个学科;明星地方高校是上海大学,上榜学科数为6个。

表 5-15 上海高校 THE 学科排名上榜高校及排名

| 工程与技术 | 7 个 | 计算机科学 | 6 个 |
|---|---|---|---|
| 上海交通大学 | 43 | 上海交通大学 | 49 |
| 复旦大学 | 49 | 复旦大学 | 101—125 |
| 同济大学 | 98 | 同济大学 | 301—400 |
| 华东师范大学 | 301—400 | 华东师范大学 | 401—500 |
| 华东理工大学 | 401—500 | 上海海事大学 | 501—600 |
| 上海大学 | 501—600 | 上海大学 | 601+ |
| 上海海事大学 | 601—800 | | |
| 自然科学 | 6 个 | 生命科学 | 6 个 |
| 复旦大学 | 71 | 复旦大学 | 101—125 |
| 上海交通大学 | 176—200 | 上海交通大学 | 201—250 |
| 同济大学 | 401—500 | 同济大学 | 401—500 |
| 华东师范大学 | 401—500 | 华东师范大学 | 401—500 |
| 华东理工大学 | 501—600 | 华东理工大学 | 401—500 |
| 上海大学 | 601—800 | 上海大学 | 401—500 |
| 社会科学 | 5 个 | 商学与经济 | 4 个 |
| 复旦大学 | 126—150 | 上海交通大学 | 84 |
| 上海交通大学 | 151—175 | 复旦大学 | 89 |
| 华东师范大学 | 301—400 | 同济大学 | 176—200 |
| 上海大学 | 301—400 | 上海大学 | 251—300 |
| 同济大学 | 401—500 | | |
| 医学与健康 | 3 个 | 艺术与人文 | 3 个 |
| 复旦大学 | 62 | 复旦大学 | 126—150 |
| 上海交通大学 | 151—175 | 上海交通大学 | 176—200 |
| 同济大学 | 251—300 | 同济大学 | 251—300 |
| 法学 | 1 个 | 教育学 | 1 个 |
| 上海交通大学 | 86 | 华东师范大学 | 101—125 |
| 心理学 | 1 个 | | |
| 华东师范大学 | 401+ | | |

2018 年及之前,《美国新闻与世界报道》(简称 U.S.News)世界大学学科排名涵盖 22 个学科:农业科学、生物学与生物化学、临床医学、化学、计算机科学、经济与商业、工程学、环境科学与生态学、地球科学、材料科学、数学、交叉学科、植物学与动物学、药

理学和毒理学、物理学、社会科学总论、分子生物学与遗传学、神经科学与行为学、免疫学、精神病学与心理学、微生物学、空间科学（图5-5标记为黑色）。2019年起,U.S.News世界学科排名首次增加了6个学科,分别为：肿瘤学、外科、心脏和心血管系统、电子与电气工程、机械工程以及土木工程（图5-5标记为灰色）。

图5-5 U.S.News世界大学学科排名的学科领域

U.S.News世界学科排名共有13个指标,分别是：国际科研声誉（global research reputation,12.5%）、区域科研声誉（regional research reputation,12.5%）、出版物（publications,10%）、图书出版（books,2.5%）、会议论文（conferences,2.5%）、规范化引文影响力（normalized citation impact,10%）、总引用（total citations,7.5%）、Top10%引文数（number of publications that are among the 10 percent most cited,12.5%）、Top10%引文比例（percentage of total publications that are among the 10 percent most cited,10%）、国际合作论文（international collaboration,5%）、国际合作论文比例（percentage of total publications with international collaboration,5%）、Top1%高被引论文（number of highly cited papers that are among the top 1 percent most cited in their respective field,5%）和Top1%高被引论文比例（percentage of total publications that are among the top 1 percent most highly cited papers,5%）。

2019年上海高校学科入围U.S.News学科排名的学科数是107个,覆盖学科26个,学科覆盖率93%;Top10学科5个,Top50学科15个,Top100学科28个;入围高校11所,其中地方高校4所。上海交通大学入围学科25个,复旦大学入围学科22

个;明星地方高校是上海大学,入围学科9个。在U.S.News学科排名中,上海高校的材料科学、化学、工程学等学科表现较好,均有9所高校入围世界600强。

表5-16 上海高校U.S.News学科排名入围情况

| 学科 | 高校数 | 入围高校及排名 |
| --- | --- | --- |
| 材料科学 | 9 | 复旦大学(13)、上海交通大学(21)、上海大学(99)、华东理工大学(131)、同济大学(135)、东华大学(162)、华东师范大学(284)、上海理工大学(313)、上海师范大学(452) |
| 化学 | 9 | 复旦大学(29)、华东理工大学(51)、上海交通大学(57)、上海大学(144)、华东师范大学(193)、同济大学(242)、东华大学(339)、上海理工大学(582)、上海师范大学(599) |
| 工程学 | 9 | 上海交通大学(8)、同济大学(25)、复旦大学(210)、华东理工大学(228)、上海大学(336)、东华大学(364)、上海理工大学(424)、上海海事大学(431)、华东师范大学(553) |
| 物理学 | 8 | 上海交通大学(73)、复旦大学(171)、上海大学(468)、同济大学(554)、华东师范大学(590)、华东理工大学(600)、上海理工大学(629)、东华大学(734) |
| 生物学与生物化学 | 7 | 上海交通大学(82)、复旦大学(114)、同济大学(317)、华东理工大学(401)、上海大学(444)、华东师范大学(473)、海军军医大学(478) |
| 数学 | 6 | 上海交通大学(34)、复旦大学(38)、华东师范大学(161)、上海大学(166)、同济大学(222)、上海师范大学(239) |
| 临床医学 | 4 | 复旦大学(104)、上海交通大学(109)、同济大学(385)、海军军医大学(510) |
| 计算机科学 | 4 | 上海交通大学(7)、同济大学(93)、复旦大学(149)、上海大学(215) |
| 电子与电气工程 | 4 | 上海交通大学(13)、同济大学(67)、复旦大学(151)、上海大学(157) |
| 环境科学与生态学 | 4 | 复旦大学(146)、同济大学(184)、上海交通大学(219)、华东师范大学(241) |
| 分子生物学与遗传学 | 4 | 复旦大学(88)、上海交通大学(109)、同济大学(189)、海军军医大学(252) |
| 肿瘤学 | 4 | 上海交通大学(57)、复旦大学(64)、同济大学(138)、海军军医大学(174) |
| 社会科学总论 | 4 | 复旦大学(175)、上海交通大学(224)、同济大学(253)、华东师范大学(287) |
| 外科 | 4 | 上海交通大学(135)、复旦大学(154)、海军军医大学(209)、同济大学(241) |
| 地球科学 | 3 | 同济大学(166)、复旦大学(182)、华东师范大学(215) |
| 机械工程 | 3 | 上海交通大学(4)、同济大学(24)、上海大学(87) |

续表

| 学科 | 高校数 | 入围高校及排名 |
|---|---|---|
| 神经科学行为学 | 3 | 复旦大学(167)、上海交通大学(175)、同济大学(374) |
| 药理学和毒理学 | 3 | 复旦大学(27)、上海交通大学(28)、海军军医大学(182) |
| 植物学与动物学 | 3 | 上海交通大学(190)、复旦大学(240)、华东师范大学(372) |
| 经济与商业 | 2 | 上海交通大学(81)、复旦大学(121) |
| 免疫学 | 2 | 复旦大学(130)、上海交通大学(178) |
| 心脏和心血管系统 | 2 | 上海交通大学(194)、复旦大学(234) |
| 土木工程 | 2 | 同济大学(2)、上海交通大学(10) |
| 微生物学 | 2 | 复旦大学(90)、上海交通大学(169) |
| 农业科学 | 1 | 上海交通大学(165) |
| 精神病学与心理学 | 1 | 上海交通大学(228) |

## 二、上海高校学科 ESI 学科情况

为了解上海高校学科的国际地位，以下从上海高校学科在 ESI 中的表现进行分析。基本科学指标(Essential Science Indicator,简称 ESI)[①]共计 22 个学科领域，包括农业科学、临床医学、化学、工程学、经济与商业、计算机科学等，如图 5-6 所示。

图 5-6 ESI 世界大学学科领域名称

---

① 美国科学信息研究所(ISI)的基本科学指标(Essential Science Indicate,ESI)数据库以全球各个科研机构在过去十年里被 SCIE 和 SSCI 数据库收录文献的总被引频次为依据，分 22 个学科领域对所有科研机构进行排序，选取各学科领域内论文总被引次数排列在世界前 1% 的机构，构建了 ESI 前 1% 学科数据库。

根据 2019 年 9 月公布的数据,目前上海共有 16 所高校 104 个学科的综合影响力进入 ESI 前 1%(详情见表 5-17)。从学科门类分布上看,上海高校入围的 ESI 前 1%学科主要分布在工学、理学、农学、医学和社会学 4 个学科门类,覆盖数学、材料科学、化学、临床医学等学科领域。上海高校入围的学科覆盖了 20 个,学科覆盖率 91%,仅交叉学科和空间科学没有入围。ESI 前 1%学科数 104 个,ESI 前 1‰学科数 13 个,ESI 前 1‱学科数 1 个。入围的 16 所高校中,地方高校 8 所。上海交通大学和复旦大学入围学科数最多,都有 19 个 ESI 前 1%学科;地方高校入围最多的是上海大学,有 8 个 ESI 前 1%学科。

表 5-17　2019 年 9 月上海高校入选 ESI 前 1%学科

| 学校 | 进入 ESI 前 1%的学科 |
| --- | --- |
| 上海交通大学 | 农业科学、生物学与生物化学、化学、临床医学、计算机科学、经济与商业、工程学、环境科学与生态学、免疫学、材料科学、数学、分子生物学与遗传学、神经科学与行为学、药理学与毒理学、物理学、植物学和动物学、社会科学总论、微生物学、精神病学与心理学(19) |
| 复旦大学 | 农业科学、生物与生物化学、化学、临床医学、计算机科学、经济与商业、工程学、环境科学与生态学、地球科学、免疫学、材料科学、数学、微生物学、分子生物学与遗传学、神经科学与行为学、药理学与毒理学、物理学、植物学和动物学、社会科学总论(19) |
| 同济大学 | 生物学与生物化学、化学、临床医学、计算机科学、工程学、环境科学与生态学、地球科学、材料科学、数学、物理学、分子生物学与遗传学、药理学与毒理学、社会科学总论(13) |
| 华东师范大学 | 生物学与生物化学、化学、临床医学、计算机科学、工程学、环境科学与生态学、地球科学、材料科学、数学、物理学、植物学和动物学、社会科学总论(12) |
| 上海大学 | 生物学与生物化学、化学、计算机科学、工程学、环境科学与生态学、材料科学、数学、物理学(8) |
| 海军军医大学 | 生物学与生物化学、临床医学、免疫学、药理学与毒理学、化学、神经科学与行为学、分子生物学与遗传学(7) |
| 华东理工大学 | 农业科学、生物学与生物化学、化学、工程学、材料科学、药理学与毒理学(6) |
| 东华大学 | 化学、工程学、材料科学、计算机科学(4) |
| 上海师范大学 | 化学、材料科学、数学、工程学(4) |
| 上海中医药大学 | 临床医学、药理学与毒理学(2) |
| 上海理工大学 | 工程学、材料科学、化学(3) |
| 上海海洋大学 | 植物学与动物学、农业科学(2) |

续　表

| 学校 | 进入 ESI 前 1% 的学科 |
|---|---|
| 上海财经大学 | 经济与商业、社会科学总论(2) |
| 上海海事大学 | 工程学(1) |
| 上海电力大学 | 工程学(1) |
| 上海应用技术大学 | 化学(1) |

从全球学科水平来看，上海高校学科的国际认知度较高，在世界知名的大学排名中均有出色的表现。上海入围 ESI 世界前 1% 数据库学科的规模已位于世界前列，在化学、工程学、能源燃料等领域均有引领科技创新和科研前沿的高水平论文发表。由此可见，上海高校学科建设已形成一定规模，拥有大量基础科技成果和世界前沿水平科研产出，并逐渐形成一批汇聚创新创意的优势学科群，这将为上海全球科创中心建设，国家创新体系及国际知识创新体系的构建与推进作出重要贡献。

## 第四节　上海学科发展情况与服务科创中心建设展望

上海正在按照国家"双一流"建设总体部署，全面深化部市合作，支持本市"双一流"高校加快实施建设任务，持续开展高峰高原学科建设，大力推进高水平地方大学建设。

### 一、学科发展成效与不足

上海高峰高原学科建设成效明显，六成以上学科进入世界一流学科行列。52 个高峰学科进入世界一流学科行列，覆盖率达到 80%。其中，28 个Ⅰ类高峰学科进入世界一流学科行列，Ⅰ类高峰进入世界一流学科行列的覆盖率达到 87.5%；12 个Ⅱ类高峰学科进入世界一流学科行列，Ⅱ类高峰学科进入世界一流学科行列的覆盖率达到 92.3%；4 个Ⅲ类高峰学科进入世界一流学科行列，覆盖率 36.4%；8 个Ⅳ类高峰学科进入世界一流学科行列，覆盖率 88.9%。在 56 个高原学科中，26 个高原学科进入世界一流学科行列，覆盖率达到 46.4%，其中 21 个Ⅰ类高原学科进入世界一流学科行列，覆盖率 58.3%；4 个Ⅱ类高原学科进入世界一流学科行列，覆盖率 20%。

上海高校主动对接《上海系统推进全面创新改革试验加快建设具有全球影响力的

科技创新中心方案》，积极承担相关任务，聚焦高端装备制造、生物医药与大健康工程、信息与大数据、新材料与新能源等重点领域进行布局。在高端装备制造领域的相关支撑学科的水平很高，但航空宇航科学与技术等学科领域仍存在空白点；在生物医药与大健康工程领域的相关支撑学科的水平较高，但食品科学与工程等学科领域的水平还有待提升；在人工智能与大数据领域的相关支撑学科的实力很强，但布局关联性有待优化；在新材料与新能源领域的相关支撑学科的布局与发展水平相对薄弱。

**二、学科体系布局与组织方式的展望和建议**

从国内外形势和发展需求来看，上海高校应探索建立符合未来发展趋势的新型学科学科体系和组织方式，学科布局需要进一步优化，学科组织模式有待进一步创新，学科整体实力和育人能力需要进一步提升，学科对接国家重大战略和上海科创中心建设重大任务需求的能力应当进一步增强。

第一，加强在高端装备制造领域的航空宇航科学与技术等相关支撑学科的布局，提升在生物医药与大健康工程领域食品科学与工程等相关支撑学科的水平，加强在人工智能与大数据领域的相关支撑学科的布局和实力，增强在新能源与新材料领域的相关支撑学科的布局与发展水平。

第二，高校应结合办学定位和优势基础，在若干前沿科技领域增加学科点布局，优化学科结构，提升学科层次。建议在以下几个研究方向加强或者新增学科布局，为未来发展做好人才储备工作，主要包括：人工智能、自动驾驶、增材制造、先进材料、基因组学、虚拟现实和增强现实、社交网络与隐私安全、物联网、能源获取与储存、量子计算、脑科学和神经技术、合成生物学、海洋科技等。

第三，高校应依托现有学科，聚焦发展新的研究方向。在优势学科的基础上培育新的学科方向，为未来扩大优势、继续引领学科发展奠定基础。以优势学科为抓手，打造更多高峰学科，不断提升知识创新和服务能力。把握"互联网＋"及中国制造业转型升级背景下全球产业变革和技术融合的大趋势，结合学科领域热点前沿和新兴前沿，根据中国发展和上海科技创新中心建设需要，率先创设一批前沿交叉型新学科，试点建立"学科（人才）特区"，打造面向需求、面向前沿、面向未来的"上海学科目录"。

## 第六章　大学科技园区与科创中心功能承载区如何融合发展

《关于加快建设具有全球影响力的科技创新中心的意见》明确提出,张江核心区和紫竹、杨浦、漕河泾、嘉定、临港等重点区域是上海建设全球科创中心的六大承载区。2016年松江宣布建设G60上海松江科创走廊,经过多轮建设与优化,2017年G60科创走廊被增列为上海具有全球影响力科创中心的重要承载区①,上海全球科创中心建设最终确立了"一核六重"七大承载区。2018年6月,上海市委专题会议强调大力推进张江综合性国家科学中心建设,积极推进各个科创承载区建设,形成分类布局、错位发展的格局,加快上海全球科创中心城市建设步伐。② 大学科技园作为连接高校、科研机构和产业的创新纽带,是上海全球科技创新中心建设的重要力量。2019年1月,上海市委书记李强指出,大学科技园是上海全球科创中心建设的重要策源地和承载地,要按照以习近平同志为核心的党中央对上海工作的指示要求,把做大做强大学科技园摆在重要位置,调动方方面面的积极性、主动性、创造性,全面提升大学科技园的能级和核心竞争力,为上海加快建设"五个中心"和具有世界影响力的社会主义现代化国际大都市作出应有的贡献。③ 如何利用好大学科技园的既有优势,实现与科创中心功能承载区的融合发展,是充分发挥存量科技资源协同作用的重要议题。

## 第一节　上海高校科技成果转化：从校办产业到大学科技园区建设

改革开放40多年来,我国高校科技工作逐步恢复和发展,高校科技创新能力快速提升,科技成果产出数量、科技人才规模均快速增长。在此过程中,如何进一步发挥高校科技资源优势,服务国家和区域经济发展,是一个持续至今的重要问题。加快科技成果转移转化,直接服务行业产业是其中的重要方向之一。在探索科技成果转移转化过程中,高校从直接创办校办企业到依托校园周边建设大学科技园,走过了较长的探

---

① 杨逸飞.G60科创走廊重点项目　天安金谷科技园昨开工[N].松江报,2017-10-13.
② 澎湃讯.上海市委书记李强:上海科创中心建设要突出"三个聚力"[EB/OL].[2018-06-20]. https://www.thepaper.cn/newsDetail_forward_2207986.
③ 李强实地调研复旦大学科技园和同济大学科技园建设并主持召开座谈会——把大学科技园建好建强形成品牌特色[N].新民晚报,2019-01-19(03).

索之路。在沪高校作为这其中的一部分,始终站在探索科技成果转移转化中国道路的前列。

## 一、上海高校科技成果转移转化的早期探索

### 1. 上海高校科技产业的恢复和发展

1985年中共中央发布《关于教育体制改革的决定》,明确提出高校在基础研究和应用研究方面担负着重要任务。1987年国家教委发布《关于改革高等学校科学技术工作的意见》,提出要动员和组织高校大部分科技力量面向经济建设主战场,加强技术推广和科技转化工作。一方面面向社会推广技术、转让成果;另一方面对部分特殊项目,要集中一定的人、财、物资源,抓紧开发,从校到系(所)办起一批科技产业。[①] 在此政策背景下,以校办产业为主的高校科技成果转化工作逐步发展起来。

上海作为改革开放的窗口城市,其高校校办产业的发展水平始终走在全国前列。截至1990年,上海高校领取企业法人营业执照的校办产业累计达440余家,包括独资、合资经营等多种形式,产业类型覆盖了科技产业和传统产业。[②] 20世纪90年代初,上海市教委牵头成立了"上海高创科技发展总公司"和"上海高校联合软件工程公司"等产业公司,对上海市多所高校科技产业资源进行整合。"上海高创科技发展总公司"作为上海高校发展高新技术产业的集团公司和专业孵化器,享受国家对高校校办产业和高新技术产业的双重优惠政策,统一指导和协调高校科技产业在漕河泾开发区内的生产业务活动;"上海高校联合软件工程公司"以发展我国的计算机软件技术并打入国际市场作出贡献为目标。[③] 同时,交大南洋、复旦复华、同济科技等一批围绕本校科研优势的著名校办产业纷纷成立,上海市高校科技产业进入蓬勃发展期。

### 2. 上海高校大学科技园的兴起与发展

20世纪80年代末90年代初,大学科技园以一种新的科技企业类型在我国高校诞生。1991年,上海大学成立上海大学科技园区(原名上海工业大学科技园区),是上海市最早成立大学科技园的高校,也是全国最早成立科技园的两所大学之一。1995年11月,国家科委火炬中心与国家教委科技发展中心联合召开大学科技园工作座谈会,肯定了大学科技园在高新技术创新及产业化中的积极作用。[④] 此次会议提出要正式认定并重点支持一批大学科技园。1999年,《中共中央、国务院关于加强技术创新,发

---

① 张平.试论高校校办产业管理体制改革[D].武汉:华中师范大学,2003:5.
② 乔身吉.上海高校校办产业进入发展新阶段[J].实验室研究与探索,1992(4):113—114.
③ 乔身吉.上海高校校办产业进入发展新阶段[J].实验室研究与探索,1992(4):113—114.
④ 仇松杏,刘运玺.论我国大学科技园发展历史[J].江苏科技信息,2013(21):73—74.

展高科技,实现产业化的决定》进一步强调,支持发展高等学校科技园区,培育一批知识和智力密集、具有市场竞争优势的高新技术企业和企业集团,使产学研更加紧密地结合[1];同年,科学技术部、教育部决定组织开展大学科技园建设试点[2]。截至 1999 年底,全国成立了 40 余家大学科技园[3]。

进入 21 世纪,随着我国科教兴国和人才强国战略的深入实施,大学科技园逐步成长为我国科技创新的重要推动力量,以大学科技园为载体的技术创新体系初步建立。[4] 2001 年 6 月,科技部、教育部联合下发了《国家大学科技园"十五"发展规划纲要》,强调在大学附近区域建立从事技术创新和企业孵化活动的高科技园区。与此同时,复旦大学和上海交通大学先后在 2000 年和 2001 年建立了大学科技园,并在 2002 年通过第一批国家大学科技园认证,成为上海市大学科技园建设的先行者。"十五"期间,同济大学、华东师范大学、华东理工大学、上海理工大学等高校开始建设以本校为依托的大学科技园。2005 年,《科技部、教育部关于进一步推进大学科技园建设与发展的若干意见》提出,各级地方政府应当将与国家高新技术产业开发区、科技孵化器有关的优惠政策落实到国家大学科技园及入园企业;在财政专项资金、建设用地等方面给予大学科技园及其入园企业优惠支持,进一步推动了大学科技园的发展。随着 2006 年和 2011 年科技部和教育部《国家大学科技园"十一五"发展规划纲要》和《国家大学科技园"十二五"发展规划纲要》的发布,大学科技园建设迈入发展的快车道。在此期间,上海财经大学、上海电力大学(原上海电力学院)、上海体育大学、上海工程技术大学、上海海洋大学、上海第二工业大学等一大批上海高校也相继成立了大学科技园。

经过近二十年的建设发展,上海高校已经有 13 家大学科技园被评定为国家大学科技园,占全国国家科技园总量的 13.83%,是上海市科技产业发展的重要载体。

表 6-1　上海市国家大学科技园分布情况

| 序号 | 大学科技园名称 | 成立时间 | 认定时间 | 运作载体 |
| --- | --- | --- | --- | --- |
| 1 | 复旦大学国家大学科技园 | 2000 | 2001 | 上海复旦科技园有限公司 |
| 2 | 上海交通大学国家大学科技园 | 2001 | 2001 | 上海交大科技园有限公司 |
| 3 | 东华大学国家大学科技园 | 1997 | 2003 | 上海东华大学科技园有限公司 |
| 4 | 同济大学国家大学科技园 | 2001 | 2003 | 上海同济科技园有限公司 |

---

① 中共中央,国务院.中共中央、国务院关于加强技术创新,发展高科技,实现产业化的决定[Z].1999-08-20.
② 科学技术部,教育部.科学技术部、教育部关于组织开展大学科技园建设试点的通知[Z].1999-09-13.
③ 李海萍.中国大学科技园的发展与创新[J].湖南师范大学教育科学学报,2007(2):74—78.
④ 蒋国兴,龚民煜,丁洁民,等.上海高校产业改革与发展[M].上海:上海教育出版社,2015:155.

续　表

| 序号 | 大学科技园名称 | 成立时间 | 认定时间 | 运作载体 |
| --- | --- | --- | --- | --- |
| 5 | 上海大学国家大学科技园 | 1991 | 2003 | 上海大学科技园区有限公司 |
| 6 | 华东理工大学国家大学科技园 | 2003 | 2005 | 上海华东理工科技园有限公司 |
| 7 | 华东师范大学国家大学科技园 | 2001 | 2006 | 上海华东师范大学科技园管理有限公司 |
| 8 | 上海理工大学国家大学科技园 | 2005 | 2006 | 上海理工科技园有限公司 |
| 9 | 上海财经大学国家大学科技园 | 2006 | 2009 | 上海财大科技园有限公司 |
| 10 | 上海电力大学国家大学科技园 | 2006 | 2009 | 上海电力科技园股份有限公司 |
| 11 | 上海工程技术大学国家大学科技园 | 2010 | 2010 | 上海工程技术大学科技园发展有限公司 |
| 12 | 上海海洋国家大学科技园 | 2011 | 2013 | 上海水产科技企业管理有限公司 |
| 13 | 上海体育国家大学科技园 | 2009 | 2013 | 上海体院科技发展有限公司 |

来源：整理自上海市各国家大学科技园官网。

## 二、上海高校大学科技园区的功能定位

随着大学科技园的发展，其定位也在不断调整。21世纪早期，大学科技园是指以研究型大学或大学群为依托，把大学的人才、技术、信息、实验设备、图书资料等综合智力优势与其他社会资源优势相结合，为技术创新和成果转化提供服务的机构。[①]《国家大学科技园"十五"发展规划纲要》强调大学科技园是通过包括风险投资在内的多元化投资渠道，在政策引导和支持下，在大学附近区域建立的从事技术创新和企业孵化活动的高科技园区。[②]《国家大学科技园"十一五"发展规划纲要》进一步强调，大学科技园是国家创新体系的重要组成部分和自主创新的重要基地，是区域经济发展和行业技术进步以及高新区二次创业的主要创新源泉之一，是中国特色高等教育体系的组成部分，是高等学校产学研结合、为社会服务、培养创新创业人才的重要平台。[③] 而到今天，大学科技园的功能定位被不断丰富完善，确立了集创新资源集聚功能、科技成果转化功能、科技创业孵化功能、创新人才培养功能和开放协同发展功能为一体的全新定位。

1. 创新资源集聚功能

大学科技园是大学教学与科研联系社会的桥梁与纽带，是协同创新网络当中的

---

[①] 科学技术部，教育部. 国家大学科技园管理试行办法[Z]. 2000-11-27.
[②] 科学技术部，教育部. 国家大学科技园"十五"发展规划纲要[Z]. 2001-06-06.
[③] 科学技术部，教育部. 国家大学科技园"十一五"发展规划纲要[Z]. 2006-12-06.

"节点",在创新网络中处于关键位置①,具有创新资源集聚的重要功能。大学科技园通过搭建高水平创新网络与平台,促进高校创新资源开放共享,集聚人才、技术、资本、信息等多元创新要素,推动科技、教育、经济的融通创新和军民融合发展。

2. 科技成果转化功能

大学是科技创新的源头,集聚了丰富的科技成果,大学科技园是将这些科技成果转化为现实生产力的有效途径。大学科技园不断完善技术转移服务体系和市场化机制,为企业和大学搭建信息平台,实现科技成果供需对接,促进科技成果工程化和成熟化,提升高校科技成果转移转化水平。

3. 科技创业孵化功能

大学科技园在本质上是一种"孵化器"。对于大学科技园而言,其核心的功能定位是依托大学的科技资源优势,对有市场潜力的科技成果进行转化并进而孵化高新技术企业。"从应用研究开始,经过小试、中试、指导产品化的这一技术创新的过程,乃是大学科技园活动的中心;在一过程中,大学科技园真正起到了一个孵化器的作用。"②大学科技园的建设目标是建立一个科研成果中试和产业化先导基地,宗旨是造就高新技术创新环境,致力于科研与生产的衔接,强化中试环节,孵化科技企业,培养新兴产业及企业家,使科研成果直接物化为现实生产力。③

4. 创新人才培养功能

创新人才培养在大学科技园的发展中处于非常重要的地位,通过创业服务,为高校的学科建设、人才培养和学生就业提供支持。通过开展创新创业教育,搭建创新创业实践平台,提升科研育人功能,增强大学生的创新精神、创业意识和创新创业能力,培育富有企业家精神的创新创业后备力量,引领支撑高校"双一流"建设。

5. 开放协同发展功能

大学科技园通过加强与地方政府、高校、企业、科研院所、科技服务机构等的交流合作,整合创新资源,服务产业集群发展,培育区域经济发展新动能。大学科技园将聚集的智力资源进行有效开发并推动高新技术的逐步扩散,带动周边地区产业结构的调整和革新。因其密集的智力资源和雄厚的研发实力,大学科技园被称为社区心脏或知识中心的动力枢纽。而且大学科技园具有很强的技术辐射功能,是全面技术创新的一

---

① 张小红.上海市大学科技园综合绩效评价研究[D].上海:上海工程技术大学,2016:35.
② 田甜.大学科技园发展研究[D].武汉:武汉理工大学,2007:13.
③ 史先社.高校科技成果转化管理模式与实践:上海工业大学科技园区建设[J].高科技与产业化,1996(1):14—18.

种有效的组织形式,把技术创新能力提高到新阶段。①

### 三、上海高校大学科技园区的分布

1. 空间布局

从大学科技园与大学的天然地缘联系来看,大学集聚的区域也即是大学科技园布局的地方。像复旦大学国家大学科技园、同济大学国家大学科技园、上海理工大学国家大学科技园、上海财经大学国家大学科技园、上海电力大学国家大学科技园、上海海洋国家大学科技园、上海体育国家大学科技园都聚集在杨浦区的各所学校周边;上海交通大学国家大学科技园、华东理工大学国家大学科技园、上海师范大学科技园、上海第二工业大学七立方大学科技园集聚在徐汇区;华东师范大学国家大学科技园、同济大学科技园沪西园区等聚集在普陀区。

随着大学分校区的建设和大学科技园的不断扩张,大学科技园的分布形态逐步多样化,形成了一校多园、一园多基地的格局,并逐渐向全市和长三角地区辐射。如复旦大学枫林科技园、上海交通大学科技园闵行分园、同济大学科技园沪西园区都是在主园区外,依托新校区建立的科技园分园。在校区以外,上海交通大学还在长宁区打造了上海慧谷白猫科技园、上海慧山科技园、上海上生慧谷生物科技园,在浦东金桥建立了金桥科技园,在奉贤建立了南桥园区,在浦东临港建立了上海临港海洋科技创业中心;上海理工大学科技园也走出杨浦区,在闵行建立了莘庄基地;上海大学的嘉定产业化基地、上海财经大学的虹口中小企业孵化器等亦是如此。此外,部分高校的大学科技园向长三角地区辐射,上海交通大学在浙江杭州、嘉兴、长兴、平湖、江苏常州、常熟、泰兴等地设立科技园分园②;同济大学科技园在江苏苏州、常熟、浙江杭州湾建立了基地;类似的情况还有如上海理工大学科技园的南通基地,上海工程技术大学的浙江海宁园区。

表6-2 上海市国家大学科技园及部分分园(基地)分布

| 科技园名称 | 园区(基地) | 所在区域 |
| --- | --- | --- |
| 复旦大学国家大学科技园 | 主园区 | 杨浦 |
| | 复旦枫林科技园 | 徐汇 |
| | 复旦软件园 | 杨浦 |

---

① 田甜.大学科技园发展研究[D].武汉:武汉理工大学,2007:14.
② 姜澎,樊丽萍.上海高校科技园蓄势提升能级[N].文汇报,2019-01-23.

续 表

| 科技园名称 | 园区（基地） | 所在区域 |
| --- | --- | --- |
| 上海交通大学国家大学科技园 | 主园区 | 徐汇 |
| | 闵行分园 | 闵行 |
| | 上海慧谷白猫科技园 | 长宁 |
| | 上海慧山科技园 | 长宁 |
| | 上海上生慧谷生物科技园 | 长宁 |
| | 上海交大金桥科技园 | 浦东（金桥） |
| | 上海临港海洋科技创业中心 | 浦东（临港） |
| | 上海虹桥路园区和乐山路园区 | 徐汇 |
| | 上海新慧谷科技产业园 | 静安 |
| | 上海交大科技园南桥园区 | 奉贤 |
| | 上海交大嘉兴科技园 | 浙江嘉兴 |
| 东华大学国家大学科技园 | 主园区 | 长宁 |
| 同济大学国家大学科技园 | 邯郸路基地 | 杨浦 |
| | 嘉定基地 | 嘉定 |
| | 苏州博济科技园基地 | 江苏苏州 |
| | 常熟基地 | 江苏常熟 |
| | 沪西园区 | 普陀 |
| | 国康路创业基地 | 杨浦 |
| | 赤峰路孵化基地 | 杨浦 |
| | 浙江同济园产业基地 | 浙江杭州湾 |
| 上海大学国家大学科技园 | 纳米产业化基地 | 宝山 |
| | 多媒体产业化基地 | 静安 |
| | 嘉定产业化基地 | 嘉定 |
| | 智慧湾科创园 | 宝山 |
| | 上大望源科技园 | 宝山 |
| 华东理工大学国家大学科技园 | 华泾基地 | 徐汇 |
| | G7基地 | 徐汇 |
| | 科汇基地 | 徐汇 |
| | 梅陇基地 | 徐汇 |
| | 凌云基地 | 徐汇 |

续 表

| 科技园名称 | 园区（基地） | 所在区域 |
| --- | --- | --- |
| 华东师范大学国家大学科技园 | 主园区 | 普陀 |
| 上海理工大学国家大学科技园 | 翔殷路基地 | 杨浦 |
| | 莘庄基地 | 闵行 |
| | 军工路基地 | 杨浦 |
| | 延吉大学生创业家园 | 杨浦 |
| | 蚌埠基地 | 安徽蚌埠 |
| | 南通基地 | 江苏南通 |
| | 集客空间 | 杨浦 |
| 上海财经大学国家大学科技园 | 杨浦区金融科技产业园 | 杨浦 |
| | 杨浦区科技金融服务产业基地 | 杨浦 |
| | 杨浦区大学生创新创业基地 | 杨浦 |
| | 杨浦区万达广场5A级写字楼 | 杨浦 |
| | 虹口中小企业孵化器 | 虹口 |
| 上海电力大学国家大学科技园 | 主园区 | 杨浦 |
| 上海工程技术大学国家大学科技园 | 主园区 | 杨浦 |
| | 松江园区（筹建） | 松江 |
| | 浙江海宁园区 | 浙江海宁 |
| | 安徽滁州园区 | 安徽滁州 |
| 上海海洋国家大学科技园 | 上海海洋国家大学科技园临港分园 | 浦东（临港） |
| | 复兴岛水产科技产业化基地 | 杨浦 |
| | 邯郸路创新示范基地 | 杨浦 |
| | 军工路科技园总部 | 杨浦 |
| 上海体育国家大学科技园 | 主园区 | 杨浦 |
| | 福州体育科技园 | 福建福州 |

注：根据各科技园官网等相关信息整理。

2. 产业布局

大学科技园以高校学科优势为依托，不断推进科技成果转化和企业孵化，打造各具特色、错位发展的产业集群。复旦大学科技园以电子信息、新材料为核心；上海交通大学科技园重点关注电子信息和生物医药；同济大学科技园以现代设计为主导；上海大学科技园聚焦软件与信息、新材料新能源、文化创意等领域；上海理工大学科技园以光机电一体化为重点;上海财经大学科技园以科技金融服务为特色;上海电力科技园以新能源、智能电网为基础;上海体育科技园以体育休闲健康为目标;上海海洋科技园以海洋科技为方向。[①] 经过长期的发展,科技园已经形成产业集聚效应。如以信息产业、现代服务业为主导的复旦创新走廊,以现代设计为特色的环同济知识经济圈,以金融服务业为支撑的财大金融谷,以智能制造为引擎的上理工太赫兹产业园,以双创为主轴的紫竹创新创业走廊等。

表6-3 大学科技园创新产业集群

| 大学科技园 | 创新产业集群 |
| --- | --- |
| 复旦大学国家大学科技园 | 复旦创新走廊 |
| 上海交通大学国家大学科技园 | 环剑川路创新创业走廊<br>紫竹创新创业走廊 |
| 东华大学国家大学科技园 | 环东华时尚创意产业集聚区 |
| 同济大学国家大学科技园 | 环同济知识经济圈 |
| 上海大学国家大学科技园 | 环上大文化创意产业集聚区 |
| 华东理工大学国家大学科技园 | 环华理科技创新带 |
| 华东师范大学国家大学科技园 | 紫竹创新创业走廊 |
| 上海理工大学国家大学科技园 | 先进制造业产业带 |
| 上海财经大学国家大学科技园 | 财大金融谷 |
| 上海电力大学国家大学科技园 | 节能环保、新能源及新能源汽车 |
| 上海工程技术大学国家大学科技园 | 移动互联网、软件及信息技术、创意设计三大产业集聚群 |
| 上海海洋国家大学科技园 | 海洋科技 |
| 上海体育国家大学科技园 | 体育产业 |

注:根据上海市各国家大学科技园资料整理。

### 四、上海高校大学科技园区的建设成效

1. 总体规模扩大

经过近二十年的发展,上海高校大学科技园建设成绩斐然。从国家大学科技园来看,截至2017年,上海高校13家国家大学科技园共建成孵化和产业化用房约81.26万平方,累计孵化企业共2 609家,就业人员共12 169人,园区总收入28.5亿元,工业总产值

---

① 杨浦做大做强科技园"创新U场"激发新能量[N].解放日报,2019-01-29(08).

表6-4 上海市国家大学科技园基本情况(2018)

| | 大学科技园数量(个) | 管理机构从业人员总数(人) | 孵化基金总额(千元) | 年末固定资产净值(千元) | 场地面积(平方米) |
|---|---|---|---|---|---|
| 上海 | 13 | 400 | 134 419 | 189 209 | 812 563 |
| 占全国比 | 11% | 14% | 6% | 4% | 10% |

来源:2018年《中国火炬统计年鉴》。

9.6亿元,纳税总额1.3亿元,同时培育出一批世界瞩目的科技企业和创新创业精英。

例如,上海交通大学国家大学科技园目前在上海建成了7个分园,在全国共建设了13个分园,包括2个国家级孵化器和2个国家级众创空间;2017年毕业和孵化企业的销售收入共计33.29亿元,在园企业税收1.38亿元,就业人数4 627人。[①] 同济大学国家大学科技园目前注册高新技术企业99家、上海市专精特新企业50家、院士专家工作站14家、上海市工程中心2家,拥有的知识产权已经超过2 000项;[②] 围绕同济大学科技园区形成的环同济知识经济圈已经成为响彻上海的产学研名片。

2. 孵化成功率较高

大学科技园依托高校优势学科和研发优势,构建公共技术和服务平台及产学研战略联盟,推动高校创新成果向园区转移,吸引外来企业进入园区,以及提升园区在孵企业的自主创新或者协同创新能力。根据2018年《中国火炬统计年鉴》,截至2017年,上海市13家国家大学科技园在孵企业数量已经达到1 423家,仅次于北京和江苏。其中2017年新在孵企业的数量为439家,居全国第一。在孵企业创造的总收入近28.5亿元,平均每家企业收入约200万元。上海市经过大学科技园孵化后毕业企业已经从2012年的914家发展到2017年的1 186家,仅次于北京和江苏。2017年累计毕业企业创造的营业总收入达182.2亿元。上述数据表明,上海市国家大学科技园的孵化功能位居全国前列。

表6-5 上海市国家大学科技园企业孵化情况(2018)

| | 在孵企业(家) | 当年新孵(家) | 总收入(千元) | 累计毕业企业(家) | 总收入(千元) |
|---|---|---|---|---|---|
| 上海 | 1 423 | 439 | 2 849 538 | 1 186 | 18 220 301 |
| 占全国比 | 14% | 16% | 8% | 12% | 11% |

来源:2018年《中国火炬统计年鉴》。

---

① 姜澎,樊丽萍.上海高校科技园蓄势提升能级[N].文汇报,2019-01-23.
② 同济大学新闻网.李强来同济调研大学科技园建设[EB/OL].(2019-01-29).[2019-07-11]. https://news.tongji.edu.cn/info/1003/68575.htm.

例如,上海交大科技园初创十年孵化了 2 000 多家企业,现在在孵企业达 231 家,2018 年有两家企业完成首次公开募股在资本市场上市[①];交大慧谷迄今已在上海、江苏和浙江建立了 13 个分园区,包括 2 个国家级科技企业孵化器、2 个国家级众创空间和多个省级孵化器、众创空间。在这些孵化的科技初创企业中,涌现出了东方财富网、饿了么、恒为科技、柏楚电子、爱奇艺 PPS、曼恒、携宁等大批明星企业。复旦大学科技园注册企业 800 余家,上市企业 11 家,创新公共服务机构 13 个;累计科技成果转移转化近 1 000 个;发明专利近 300 项。[②]

3. 创新人才集聚

根据《2018 上海科技进步报告》的数据,截至 2017 年,上海市大科学设施已运行 3 个,在建 6 个;国家级重点实验室 44 家,工程技术研究中心 21 家;市级重点实验室 126 家,工程技术研究中心 320 家,为大学科技园的发展奠定了特色竞争优势。[③]

而大学科技园在孵企业数量的快速增长,对大学科技园的服务水平和管理团队提出了更高的要求,促使各大学科技园吸纳高素质的管理人才。在上海市的 13 个国家大学科技园中,从事服务与管理工作的管理人员有 400 人,其中获得研究生学历人员 61 人,占大学科技园管理人员总数的 15%;具有本科学历人员 238 人,占总数的 60%;此外还有 12 位博士、8 位留学归国人员。总体来看,园区管理人员以本科及以上学历人才为主。

表 6-6  上海市国家大学科技园工作人员情况

| 年份 | 管理机构从业人员总数 | 博士 | 硕士 | 本科 | 大专 | 留学回国人员 |
| --- | --- | --- | --- | --- | --- | --- |
| 2017 | 400 | 12 | 73 | 238 | 56 | 8 |

来源:2018 年《中国火炬统计年鉴》。

十余年来,上海高校的大学科技园有力地支撑着大学的学科发展以及一流大学建设,促进了大学科技成果的转化,同时很好地推动了人才培养从课堂走向实践、从实践走向产业,成为大学服务社会发展的重要抓手。

## 第二节 上海高校大学科技园区发展的瓶颈

大学科技园启动建设之后,国家对其发展充满期待,政策支持力度密集,园区建设

---

① 姜澎,樊丽萍. 上海高校科技园蓄势提升能级[N]. 文汇报,2019-01-23.
② 复旦大学国家大学科技园[EB/OL]. [2019-07-21]. http://www.fudanusp.com/parks.html.
③ 2018 上海科技进步报告[R]. 上海市科委,2019.

也迎来了一个快速发展期。但从"十二五"时期开始,大学科技园的发展遇到了瓶颈,进入了一个相对沉寂的状态。

## 一、从快速发展走向沉寂的大学科技园区

在大学科技园建设之初,国家相关规划和支持政策密集出台。2001年、2006年、2011年科技部和教育部联合发布《国家大学科技园"十五"发展规划纲要》、《国家大学科技园"十一五"发展规划纲要》和《国家大学科技园"十二五"发展规划纲要》等系列文件,体现了国家和社会对高校科技成果转移转化的期待和政策部署。但在国家"十三五"期间的系列规划文本中,却未曾觅得大学科技园相关专项规划文件的踪迹。同时,大学科技园在相关发展中受到的重视也在减少,在科技成果转移转化工作中的定位逐渐从焦点走向沉寂。

除了专项规划文件的缺席,相关税收政策的落实也困难重重。为鼓励支持大学科技园发展,财政部与科技部等有关部委联合下发了关于大学科技园税收政策的通知,但从目前大学科技园发展情况看,国家相关税收优惠政策却处于难以全面落实的尴尬境地。部分大学科技园无法通过国家税收优惠政策的审核,例如在2019年公布的国家大学科技园免税名单中,上海13家国家大学科技园中仅有8家获得了免税资格。

大学科技园发展走向沉寂或困境,究其深层次的原因,从政策因素方面看,可能在于:一是国家制定的关于大学科技园建设发展的相关政策无法适应市场发展变化的新形势;二是国家在制定有关政策时没有充分考虑行业间的差异;三是地方部门在政策执行时与国家部委制定的优惠政策相脱节。这些因素导致很多大学科技园难以享受国家相关税收优惠政策。[①]

## 二、功能定位冲突的大学科技园区

国家对大学科技园的定位为科技公益平台[②],其主要功能为科技成果转化、高新技术企业培育孵化、创新创业人才培养。从其功能定位看,是不以盈利为主要目的。但绝大多数大学科技园都成立了大学科技园股份有限公司,采用现代企业化的运作模式,实行独立核算、自主经营、自负盈亏[③],以盈利多少来评价科技园建设与运行的成效。不过,大学科技园由于受到管理体制机制等因素的制约影响,在经营管理上行政化

---

① 郭亚婷.大学科技园转型发展的困境与出路[J].中国高校科技,2018,356(4):86—87.
② 孙琛辉.大学科技园:在公益与市场间游走[N].中国科学报,2012-04-25.
③ 吴倩.大学在大学科技园中的角色选择与功能定位研究:基于协同创新的视角[D].杭州:浙江工业大学,2013:84.

色彩浓厚,无法按照市场经济运行条件建立现代企业管理制度,真正成为市场经济发展主体。[①] 因此,大学科技园的功能定位与现代企业管理制度的角色构成了一定的冲突。

大学科技园普遍没有找到促进自身健康发展和持续盈利的发展模式[②],融资能力与盈利能力弱成为运行过程中存在的普遍问题。大学科技园运营发展资金主要来源于房屋、场地、设备和服务费,但大学科技园为了吸引更多的项目入园,对入驻企业采取了减免税收等优惠政策。由于入驻企业多为处于创业阶段的中小企业,自身运营困难,盈利能力有限,对大学科技园无法形成支撑。因此,大学科技园发展所需要的园区建设资金和企业孵化资金多数依赖政府补贴和优惠政策,不能通过市场机制造血。

### 三、丧失活力的大学科技园区

随着"双创"时代的到来,众创空间等新兴科技企业孵化器成为继大学科技园之后的创新创业载体。其培育孵化功能与大学科技园的核心功能重复,在一定程度上进一步转移了政府对大学科技园的关注与支持,对大学科技园的运营带来不少冲击。入孵企业寻求的是孵化场所能够提供的优惠待遇,相比大学科技园这类老牌孵化器,新成长起来的众创空间等科技企业孵化器往往拥有更多优势。比如,相较于大学科技园集多重定位于一身的情况,科技企业孵化器的定位更为精准。它是以促进科技成果转化,培育科技企业和企业家精神为宗旨,提供物理空间、共享设施和专业化服务的科技创业服务机构。[③] 而且运营载体可以完全按现代企业制度运营,更具有市场活力,不仅对创新创业的社会群体具有吸引力,也吸引了一大批高校师生。

### 四、逐渐与大学割裂的大学科技园区

大学科技园在参与市场化运作的过程中,与大学渐行渐远。大学科技园的初衷是推动高校科技成果转化,其服务对象的主体是高校创业师生,通过有效整合资源,让教师与科研更贴近市场和社会需求,促进学科建设和人才培育进而反哺大学。但正如前文所指出的,大学科技园盈利能力有限,而且还面临着巨大的多方面考核压力。根据《国家大学科技园评价指导意见》提供的考核指标,园区企业上缴税收总额、提供的就业岗位总数以及园区企业对区域技术创新的促进作用是重要的考核内容。因此,大学科技园迫于生存压力,不得不忙于对外招商引资,变相开发房地产,而逐渐淡化对大学

---

① 郭亚婷.大学科技园转型发展的困境与出路[J].中国高校科技,2018,356(4):86—87.
② 沈元.大学科技园盈利模式研究[D].哈尔滨:哈尔滨工程大学,2009:11.
③ 科技部.科技企业孵化器管理办法[Z].2018-12-24.

科技成果进行多种方式的转移转化。

## 第三节 科创中心功能承载区是大学科技园区发展的新机遇

根据中共上海市委、上海市人民政府《关于加快建设具有全球影响力的科技创新中心的意见》，打造创新要素集聚、综合服务功能强、适宜创新创业的科技创新中心重要功能承载区成为上海建设全球科技创新中心的重要任务。科技创新中心功能承载区的定位、分布和产业特点，为大学科技园区的发展带来了新的机遇。

### 一、上海科创中心功能承载区的功能定位

上海全球科创中心建设确立了"一核六重"七大承载区，包括张江核心区、紫竹、杨浦、漕河泾、嘉定、临港等重点区域和 G60 上海松江科创走廊。2018 年 6 月，上海市委专题会议强调大力推进张江综合性国家科学中心建设，积极推进各个科创承载区建设，形成分类布局、错位发展的格局。

表 6-7 上海全球科创中心各功能承载区发展定位

| 功能承载区 | 科创核心区 | 发展定位 |
| --- | --- | --- |
| 张江 | 张江科学城 | 世界一流科学城<br>综合性国家科学中心<br>国家自主创新示范区 |
| 闵行 | 紫竹高新技术产业开发区 | 成果转化示范区 |
| 杨浦 | 大创智功能区 | 创新创业示范区 |
| 徐汇 | 漕河泾高新技术开发区 | 知识产权示范区 |
| 嘉定 | 菊园新区 | 新兴产业示范区 |
| 临港 | 临港开发区 | 国际智造城<br>国家新型工业化示范基地<br>战略性新兴产业示范区 |
| 松江 | 松江 G60 科创走廊 | 区域创新承载区 |

注：根据各功能承载区资料整理。

张江作为核心功能承载区，是上海科技创新中心的关键所在。《关于加快建设具有全球影响力的科技创新中心的意见》明确指出："加快建设张江国家自主创新示范区，瞄准世界一流科技园区目标，率先开展体制机制改革试验，推动园区开发管理模式转型，深化功能布局、产业布局、空间布局融合，充分发挥科技创新和科技成果产业化

的示范带动作用。"①其功能定位在随后颁布的《上海市城市总体规划（2017—2035年）》和《张江科学城建设规划》等规划文件中被进一步细化。张江科学城将围绕"上海具有全球影响力科技创新中心的核心承载区"和"上海张江综合性国家科学中心"目标战略，实现从"园区"向"城区"的总体转型。张江科学城的布局结构为"一心一核、多圈多点、森林绕城"。"一心"即依托川杨河两岸地区和国家实验室，形成以科创为特色的市级城市副中心，"一核"即结合南部国际医学园区，形成南部城市公共活动核心区；"多圈"即依托以轨道交通为主的公共交通站点，强调多中心组团式集约紧凑发展，"多点"即结合办公、厂房改造设置分散、嵌入式众创空间；"森林绕城"即连接北侧张家浜和西侧北蔡楔形绿地、东部外环绿带和生态间隔带、南侧生态保育区形成科学城绕城林带。②

闵行以建设"上海南部科技创新中心核心区"为目标，聚焦科技成果转移转化，以科技创新带动产业创新，积极培育经济发展新动能，探索一条依靠成果转化推进区域经济转型发展的新路，实现研发机构、产业创新、成果转化、创新创业四大主体功能。③闵行的布局结构为"双城、双谷、两镇、三基地"，"双城"即莘庄工业区—智能制造城、临港浦江科技城—国际科技城，"双谷"即紫竹高新区—东方硅谷、闵开发—南方慧谷，"两镇"即吴泾时尚科技小镇、马桥人工智能未来小镇，"三基地"即上海航天产业基地、零号湾全球创新创业集聚区、向阳工业互联网基地，打造"南上海高新智造带"。④闵行⑤从南部的创新创业核心区，到东部的吴泾科技时尚小镇，从中部的零号湾国家双创示范基地，到西部的马桥人工智能未来小镇，推动各类创新要素开放共享、互联互通。建设上海南部科技创新中心核心区，推进紫竹创新创业走廊、南部科创服务中心、上海人工智能研究院等建设。

杨浦作为国家"双创"示范基地和国家创新型城区，以深化"三区联动"（大学校区、科技园区、公共社区），推进"三城融合"（产城、学城、创城），成为国内外具有重要影响力的万众创新示范区，推动创新资源和成果向周边地区扩散，辐射带动上海北部地区创新发展和产业升级。杨浦⑥的空间布局为"西部核心区＋中部提升区＋东部战略区"。西部核心区以五角场创智天地为创新功能核，重点建设复旦创新走廊，联动新江

---

① 中共上海市委，上海市人民政府.关于加快建设具有全球影响力的科技创新中心的意见[Z].2015-05-25.
② 上海市政府.张江科学城建设规划[Z].2017-08-07.
③ 鲁哲.闵行区制定建设南部科技创新中心核心区框架方案[N].新民晚报，2016-03-01.
④ 东方网.如何打造闵行特色的"四大品牌"一流承载区？[EB/OL].(2018-06-21).[2019-07-11]. http://mini.eastday.com/a/180621172610360.html.
⑤ 闵行区科学技术委员会.关于建设上海南部科技创新中心核心区的框架方案[Z].2016-03-01.
⑥ 上海科创"杨浦计划"成型 三步走建设重要承载区[N].文汇报，2015-11-27(04).

湾城、环同济、大连路等重点功能区,打造创新经济集聚廊道。中部提升区应充分发挥区位、土地、市场、成本等优势,充分利用旧厂房、具有历史价值的老旧社区等资源,主动承接核心区功能溢出和辐射效应,打造开放式街巷系统。东部战略区的滨江南段要建设成为国内外创新领军企业、平台和孵化器登陆入驻的门户;滨江终端建设一批兼具新模式引领、核心业态聚焦的特色众创空间;滨江北段与中国制造业转型升级对接呼应,构建现代先进制造业和都市产业集聚区。

徐汇以"知识产权示范区"为建设目标,着力推动知识产权服务业由传统代理型向高端服务型转变,形成上海知识产权服务的"徐汇高地"。[①] 徐汇[②]明确构建"两极两带"的科创格局。"两极"是漕河泾信息技术产业创新极和枫林生命健康产业创新极:漕河泾开发区立足高端芯片和智能硬件领域的优势地位,打造以人工智能为核心的信息技术产业创新极;枫林园区打造国内一流、亚洲有影响力的生命健康产业创新极。"两带"是滨江创新创意带和地铁15号线串联的漕河泾—华泾创新创业带:滨江创新创意带全面落实350万平方米创新创意载体建设,以科技创新为主导,推动文化创意和创新金融融合发展;漕河泾—华泾创新创业带结合存量载体改造、业态调整和路网建设,推动产业园区、老厂房空间腾换,为创新创业发展预留空间。

嘉定[③]依托区域科技创新资源集聚和产业基础雄厚的优势,全面推进自主创新,加快经济发展动能转换,构建具有国际竞争力的战略性新兴产业发展体系,着力打造自主创新产业化引领区、新兴产业发展示范区和宜业宜居现代化科技城。嘉定将重点打造"一心两轴三区"创新功能格局。具体规划建设"一心"即汇智中心,依托在核心区南部集聚的以上海微系统与信息技术研究院、硅酸盐研究所、微技术工研院、芯天地物联网产业园、新材料产业园等为代表的一大批科研院所和产业园区,这里将是未来嘉定科技产业化的前沿和主战场。打造"两轴"即城北路产业发展轴和胜竹路创新转化轴,通过两根轴线把核心区连为一体,推动区域内各项创新要素加速融合。划分"三区"即东部将打造成产学研创新区,依托中国电子科技集团公司第三十二研究所(华东计算技术研究所)、核工业部第八研究所、上海应用物理所和正在筹建中的孵化平台,推动产学研一体化发展,并与汇智中心一起,搭建起嘉定的科研发展主体框架;北部将打造成产业融合发展区,依托一批成熟的孵化器和产业基地,着重发展互联网、新型金

---

[①] 2017上海科技进步报告[R].上海市科委,2018.
[②] 程伟.关于加快推进科创中心重要承载区建设情况的报告[R].上海市徐汇区第十六届人民代表大会常务委员会第八次会议,2017-12-05.
[③] 上海市嘉定区人民政府.嘉定区关于加快建设具有全球影响力的科技创新中心重要承载区三年行动计划(2018—2020)[Z].2018-05-28.

融、广告传媒、生物医药等一批现代服务产业;中部将建设成创新商务服务区,依托成熟的教育、社区、酒店住宿、会务、行政服务等配套资源,为核心区的发展提供支撑[①]。

临港作为科创中心主体承载区和开放创新先行示范区,正着力打造"国际智造城"和"工业互联网创新实践基地",瞄准智能制造和工业互联网,围绕建设国家智能制造的核心任务,推进先进制造业和现代服务业的高效联动,成为国家新型工业化示范基地和战略性新兴产业示范区。临港地区[②]由国际未来区(主城区)、智能制造区(重装备产业区、奉贤园区)、统筹发展区(主产业区)、智慧生态区(综合区)及海洋科创城(自贸区、科技城、大学城)等功能区域组成。国际未来区(主城区),以滴水湖为中心,形成"一湖三环"的空间布局。智能制造区(重装备产业区、奉贤园区)是临港制造、临港智造的核心产业区,其中国家级重装备基地已建成新能源装备、大型船用关键件、汽车整车及零部件、海洋工程装备、工程机械装备、民用航空装备、再制造等产业集群。而奉贤园区集聚以智能制造为主题的科技型产业,打造以智能制造、智慧社区、低碳生态、宜业宜居为特征的"智能制造小镇"。统筹发展区(主产业区)将重点聚焦于发展战略性新兴产业和生产性服务业,并成为城乡统筹发展的示范区。智慧生态区(综合区)是以产业、生活、生态融为一体的综合性功能区域,集聚产业培训、科技研发、总部办公、文化会展、生态度假等功能,是临港产业功能的提升延伸,城市功能的补充延续。海洋科创城(自贸区、科技城、大学城),是临港科创中心主体承载区的核心区域,国家海洋经济创新发展示范区,依托自贸区、科技城和大学城,以科技创新研发为主,重点发展人工智能、信息技术、海洋装备等先导产业。

松江以建成上海科技创新成果转化转移先导区、长三角先进制造业高地为目标,计划在2020年基本形成G60科创走廊框架体系,2030年建成G60科创走廊创新体系,2050年建成具有全球影响力的科创走廊。松江[③]致力于构建"一廊九区",形成创新策源、成果转化、先进制造、物流贸易、总部研发等功能相辅相成的总体布局。"一廊"东起临港松江科技城,西至西部科技园区,北沿沪松公路、泗陈公路、嘉松公路、辰花公路一线,南至申嘉湖高速一线,形成产城融合的科创走廊。"九区"围绕G60上海松江科创走廊的空间形态、产业业态及城市生态等特色禀赋,着力构建九大产业功能板块,包括:九科绿洲(临港松江科技城)、松江新城总部研发功能区、松江经济技术开发区西区等三大综合科创板块,以及洞泾人工智能产业基地、松江科技影都、松江经济

---

[①] 嘉定报.嘉定打造科创中心重要承载区核心区规划发布[EB/OL].(2016-07-13). http://www.jiading.gov.cn/zwpd/zwdt/content_236390.
[②] 上海临港.临港规划[EB/OL].[2019-06-27]. http://www.lgxc.gov.cn/channels/4.html.
[③] 徐程.一廊九区构筑G60上海松江科创走廊[N].新民晚报,2018-06-03(02).

技术开发区东区、松江出口加工区(综合保税区等)、松江大学城双创集聚区、松江智慧物流功能区等六大专业创新板块。

表6-8 上海科创中心功能承载区功能布局

| 功能承载区 | 功能布局 |
| --- | --- |
| 张江 | 一心一核、多圈多点、森林绕城 |
| 闵行 | 双城、双谷、两镇、三基地 |
| 杨浦 | 西部核心区＋中部提升区＋东部战略区 |
| 徐汇 | 两极两带 |
| 嘉定 | 一心两轴三区 |
| 临港 | 四区两城 |
| 松江 | 一廊九区 |

注：根据各功能承载区资料整理。

功能承载区分类布局、错位发展的格局基本形成。各承载区在上海城市圈层中明确定位、突出效能、形成合力，既相对独立，又资源共享，在新的资源禀赋和发展机制上协同发展，共同推动上海全球科创中心的建设。

## 二、上海科创中心功能承载区差异化的产业布局

以张江科学城为核心，上海各区积极建设各具特色的科创中心功能承载区，以产业地图为导向，推进有梯度、差异化的产业布局。

表6-9 上海科创中心功能承载区产业布局

| 功能承载区 | 主导产业 |
| --- | --- |
| 张江 | 信息技术、生物医药等 |
| 临港 | 智能制造(乘用车整车及零部件、大型船舶关键件、发电及输变电设备、海洋工程设备、民用航空产业配套、工程机械、物流机械、精密机床等) |
| 闵行 | "4＋4"(高端装备、人工智能、新一代信息技术、生物医药、国际商贸、现代金融、文化创意、科技服务)现代产业体系 |
| 杨浦 | 聚焦发展现代设计服务、智能制造研发服务产业，加快发展北斗、互联网教育、科技金融、信息技术、电子商务产业，培育发展科技服务、文化创意、体育健康、新能源与节能环保产业① |

---

① 杨浦区"十三五"产业发展专项规划[EB/OL]. [2018-07-20]. https://www.ccpc360.com/bencandy.php? fid=191&id=73287.

续 表

| 功能承载区 | 主导产业 |
|---|---|
| 徐汇 | 电子信息、生命科学、智能制造、人工智能等 |
| 嘉定 | 集成电路及物联网、新能源汽车及汽车智能化、高性能医疗及精准医疗、智能制造及机器人等 |
| 松江 | 人工智能、智慧安防、新能源、新材料、生物医药、节能环保等 |

注：根据各功能承载区资料整理。

张江作为浦东新区最早成立的四大重点开发区域之一，初步形成了信息技术和生命健康两大主导产业，旨在打造世界级的高科技产业集群。一是信息技术产业集群。张江集成电路产业是中国最完善、最齐全的产业链布局。全球排名前10的芯片设计企业中有6家在张江设立了区域总部、研发中心；全国排名前10的芯片设计企业中有3家总部位于张江。二是生物医药产业集群。张江生物医药领域形成了新药研发、药物筛选、临床研究、中试放大、注册认证、量产上市的完备创新链。张江聚集了400余家生物医药企业、20余家大型医药生产企业、300余家研发型科技中小企业、40余家CRO公司、100多家各类研发机构。张江的医疗器械领域已成为上海市最重要的高端医疗器械制造基地之一，其中微创医疗器械的国内市场占有率第一。医疗服务领域已引进多家高端医疗、医学检测、康复养老机构，稳步推进各项医疗服务项目，提升科学城产业能级。目前全球排名前10的制药企业中已有7家在张江设立了区域总部、研发中心。

闵行[①]全面对标中国制造业转型升级等国家战略以及上海"四大品牌"建设要求，构建面向未来的"4+4"现代产业体系，主要包括军民融合引领的先进制造业，以及"四新"经济引领的现代服务业。其中军民融合引领的先进制造业体系包括高端装备、人工智能、新一代信息技术和生物医药等"四大产业"；"四新"经济引领的现代服务业包括国际商贸、现代金融、文化创意和科技服务等"四大产业"。

杨浦[②]按照上海市重大战略布局以及将学科人才禀赋转化为产业优势的思路，聚焦分享、互动、大数据、人工智能，通过信息技术全面渗透，互联网广泛应用，泛在连接和全面智能化构建新型产业发展体系。一是广泛发展"互联网+"为主的"四新"经济，实施"互联网+"行动计划，大力推动移动互联网、物联网等与各行各业融合发展；重点聚焦云计算和大数据产业，促进虚拟与现实互动、线上与线下整合、技术与产业跨界融

---

① 上海市闵行区人民政府.闵行区产业布局规划方案(2018—2025年)[Z].2018-08-21.
② 上海科创"杨浦计划"成型 三步走建设重要承载区[N].文汇报,2015-11-27(04).

合;实现产品个性化、制造智能化、组织多样化、资源云端化,不断创造商业新模式、催生产业新业态。二是大力推进知识性现代服务业发展,进一步壮大以环同济知识经济圈为代表的工程设计产业集群;大力发展研究开发、技术转移、检测认证、创业孵化等专业科技和综合科技服务业;发展健康产业;推进海洋食品药品及海洋制造产业。三是推动智能制造产业形成一定规模,落实中国制造业转型升级行动方案,大力发展机器人、智能装备、传感技术等,着力发展个性制造、柔性制造、智能制造、精密制造,推动传统制造向高端制造转型;大力发展嵌入式系统、工业软件等信息服务业;以北斗位置网落户杨浦为契机,整合发展北斗产业;大力发展新材料新能源及节能环保产业。

徐汇着力构建"2+1+2"的产业格局。[①] 打造两大创新极,将漕河泾开发区打造成科技创新与产业创新深度融合、创新功能与商务功能有机联动、创新空间与创新服务配套完善的科技创新集聚区,构建以新一代信息技术为先导、信息技术应用为支撑的信息产业集群,逐步形成具有徐汇特色的产业定位和方向,融入上海生命健康产业整体格局。[②]

嘉定[③]重点推进以菊园新区、嘉定工业区为主的科技城自主创新产业化示范区、国际汽车城产城融合示范区和北虹桥商务示范区的功能建设。嘉定以汽车为主导的产业结构特色鲜明。保持发挥既有优势,建设成为以世界级汽车产业中心为引领的智造高地,着力打造以汽车产业为主体的高端制造业,以战略性新兴产业为主体的高科技产业,聚焦集成电路及物联网、新能源汽车及汽车智能化、高性能医疗及精准医疗、智能制造及机器人等新兴产业,并积极发展有特色的生产性服务业和高品质的生活性服务业。规划形成1个产业基地和14个产业社区,新增工业用地应全部位于规划产业基地和产业社区范围内。

临港[④]实施"2+3+4"产业布局,将人工智能、智能化及工业化机器人作为两大先导产业,打造智能制造区(重装备产业区、奉贤园区)作为临港制造、临港智造的核心产业区,其中国家级重装备基地已建成新能源装备、大型船用关键件、汽车整车及零部件、海洋工程装备、工程机械装备、民用航空装备、再制造等产业集群。加快国际智能制造中心建设,实现先进制造业和现代服务业的高效联动,成为国家新型工业化示范基地和战略性新兴产业示范区。

---

① 中共上海市委,上海市人民政府.关于加快建设具有全球影响力的科技创新中心的意见[Z].2015-05-25.
② 孙玲.徐汇建设上海科创中心重要承载区[N].上海科技报,2015-08-05(04).
③ 上海嘉定.《上海市嘉定区总体规划暨土地利用总体规划(2017—2035年)》今起公示[EB/OL].[2018-06-06]. http://www.at-siac.com/news/detail_1986.html.
④ 上海临港.临港规划[EB/OL].[2019-06-27]. http://www.lgxc.gov.cn/channels/4.html.

松江[①]围绕"6+X"新兴产业集群,大力发展人工智能、智慧安防、新能源、新材料、生物医药、节能环保等战略性新兴产业;推进发展总部经济、总集成总承包、检验检测等生产性服务业;大力培育发展"四新"经济。"九区"根据自身基础和发展导向,形成各具特色的新兴产业集群。其中,九科绿洲重点发展研发设计和智能制造;松江新城总部研发功能区重点发展总部研发;松江经济技术开发区西区重点发展生物医药、智慧安防和新能源;松江大学城双创集聚区重点发展众创空间、孵化器、加速器;洞泾人工智能产业基地,重点发展人工智能(机器人);松江经济技术开发区东区重点发展新材料和节能环保产业;松江出口加工区(综合保税区筹)重点发展新一代信息技术(集成电路)产业;松江智慧物流功能区重点发展供应链管理和服务产业;松江科技影都重点发展科技影视产业。

### 三、上海高校大学科技园区与科创中心功能承载区融合的可行性

1. 高校是功能承载区建设的重要依托

张江、临港、闵行、杨浦、漕河泾、嘉定、松江之所以能够成为上海科创中心的核心和重要承载区,与各区的高校资源密集密不可分。

功能承载区以区域内高校学科优势为依托,实现创新资源集聚。浦东(张江)依托复旦大学张江校区、上海交通大学张江校区,重点推动复旦大学建设微纳电子、新药创制等国际联合研究中心,以及上海交通大学建设前沿物理、代谢与发育科学等国际前沿科学中心。闵行(紫竹)和上海交通大学合作成立了医用机器人研究院,正在谋划成立人工智能研究院;还引进了国内人工智能方面特别有实力的哈尔滨工业大学、西北工业大学等,它们都将在闵行围绕人工智能和军民融合产业打造一些研究院所或者基地。漕河泾一方面充分依托上海地区高校资源,积极开展与上海交通大学、华东理工大学等著名高校的多领域、多层次合作,另一方面以企业大学的形式,进行课题研发和系统教学,服务园区和社区发展。

高校与功能承载区的联动变成了一种相互促进发展的共同体,形成了围绕高校优势学科的产业集群。如同济大学、东华大学周边分别集聚了大量的建筑设计公司、时尚面料设计及时装产业,同济大学嘉定校区"对接"上海国际汽车城,复旦大学软件学院"对接"张江微电子产业园,[②]高校的创新资源在区域发展中发挥了重要的支撑

---

[①] 松江 G60 科创走廊:具有全球影响力的上海科创中心重要承载区[EB/OL].[2017-11-12]. http://m.sohu.com/a/203954497_99918110.
[②] 王奇.在"三区联动"和"长三角互动"中看上海高校在区域创新中的作用[J].中国高校科技,2007(s1):15—17.

作用。

2. 大学科技园是功能承载区建设的重要载体

大学科技园是衔接高校与产业的重要纽带,是功能承载区的重要组成部分,是自主创新能力提升和功能承载区战略性新兴产业培育的重要载体,是各承载区产业结构调整和经济发展方式转变的主要动力。

以大学科技园最为集中的杨浦区为例,大学科技园区不仅是大学和科研院所科研成果转化和产学研一体化的重要基地,是大学生创业和中小企业成长发展以及人才培育的孵化器,更是杨浦区创建国家创新型试点城区的重要组成部分。再如,上海交大科技园闵行分园也是上海南部科创中心和闵行国家科技成果转化示范区的重要支撑平台,大学科技园是构建"交大技术转移中心＋科技创业中心＋国家大学科技园＋创投平台"四位一体的科技成果转化与科技创业孵化支撑体系中的重要一环,为学校科技成果转化和师生创新创业提供了首先承载地。

3. 大学科技园优势产业集群对功能承载区形成支撑

大学科技园空间载体上围绕学校的学科布局,产业形态上围绕学校的优势学科,辐射区域经济发展。大学科技园区根据自身的功能定位,形成各自科技园区的特色产业集聚。如上海理工大学科技园根据大学学科和地理特点,打造"先进制造业产业带"的概念,引进一些先进制造业的龙头企业,引导其特色产业的成功集聚。同济大学科技园的环同济知识经济圈,围绕"环同济研发设计服务特色产业基地",以同济大学四平路校区为核心,借助同济大学的"智力",重点发展创意和设计产业、国际工程咨询服务业、新能源新材料和环保科技产业三大集群,目前产值超过200亿元。杨浦立足区域内高校资源,布局了"复旦创新走廊"、"环同济知识经济圈升级版"、"财大金融谷"和"上理工太赫兹产业园"的"一廊、一圈、一谷、一园"创新创业载体格局①。

## 第四节　加快"两区融合"发展的政策建议

具有20余年发展积淀的大学科技园,拥有长期探索科技企业孵化的经验积累,以及靠近母体大学的科技资源供给优势,在科技创新中心功能承载区建设中,不仅具有转型发展的可能,也可能借助功能承载区建设的叠加优势,更好地助力上海建设全球有影响力科创中心的目标。

---

① 杨浦做大做强科技园"创新U场"激发新能量[N]. 解放日报, 2019-01-29(08).

## 一、加强"两区融合"发展的顶层设计

目前,大学科技园依托高校资源,是集创业园区、实训基地、孵化器于一体的重要创新功能载体,是科技人员创新创业的核心载体、校企资源融合共享的枢纽平台,是建设上海全球科创中心的重要力量。可以说,大学科技园有能力,也有可能建设成为重要的科创中心功能承载区。如何让大学科技园实现从"斯坦福科学园"向"硅谷"的跨越,使大学科技园真正成为重要的科创中心功能承载区?首先,加强科创中心功能承载区、大学科技园区"两区融合"发展的顶层设计。功能承载区要将具有多年建设经验积累的大学科技园纳入其发展规划,将大学科技园作为高校科研成果向外转移转化的重要平台来抓,并据此带动国家大学科技园的转型升级发展。第二,大学科技园找准在科创中心功能承载区内的发展定位。大学科技园要对标功能承载区发展目标,结合自身特色优势,有针对性地制定完善大学科技园的建设发展规划和运行管理制度,做到方向明确、定位精准、任务清晰,从而成为科创中心功能承载区中的核心组成部分。第三,强化科技创新要素和存量优势科技资源的开放合作,激发创新效率。大学科技园应敞开大门,通过与功能承载区内的其他创新主体共建成果转化基地、孵化器等平台,加强校地资源互动,取长补短,协同推动成果转化、企业孵化和产业育成。

## 二、以"两区融合"为契机构建由"自上而下"到"自下而上"的动力转换

为加快包括高校在内的创新主体的科技成果向现实生产力转化,各级政府部门持续密集发力,在整个社会和高等教育系统形成了强烈的成果转移转化的氛围。在国家层面,从2015年全国人大修订《中华人民共和国促进科技成果转化法》,2016年国务院发布《关于印发实施〈中华人民共和国促进科技成果转化法〉若干规定的通知》,到2019年财政部印发《关于进一步加大授权力度促进科技成果转化的通知》,国家为了释放创新主体和科技人员的成果转移转化热情,不遗余力地在法律规定的层面予以松绑,在科技成果转化收益分配方面向一线科技人员倾斜。在上海市层面,政府聚焦全球有影响力科创中心建设综合施策,先后印发《关于进一步促进科技成果转移转化的实施意见》《上海市促进科技成果转移转化行动方案(2017—2020)》,并制定首部科技成果转化的地方性立法——《上海市促进科技成果转化条例》,以及一些综合性政策方案,政策目标也是在政策限制松绑、明晰和下放收益权等方面。这些政策是"自上而下"推动高校科技成果转移转化不可或缺的部分。但是目前高校科技成果转移转化的总体成效仍然不够明显,如何在政策松绑的基础上,推动基于市场需求的技术创新和成果转化成为未来工作重点。借助科创中心功能承载区建设,在企业技术需求的拉动

下,构建"自下而上"的高校科技成果转化动力机制,恰逢其时。基于科创中心功能承载区研发企业的技术需求来发现技术问题,搭建攻关团队,筹措研发资金,以及评价创新的贡献和价值。在整个创新链条上,确立由"自上而下"到"自下而上"的由市场驱动的技术创新动力转换。

### 三、以"两区融合"为纽带密切高校与企业深度融合的技术研发模式

大学科技园一头连着学界,一头连着业界,最有条件集成各种科学技术、各方优秀人才、各类创新资源,最有优势促进科技成果转化、科技企业孵化、科技人才培养。将大学科技园的大学属性、科技特征与科技创新中心功能承载区的科技产业需求相对集中的属性结合起来,对解决高校科技资源与企业产业需求结合始终难以紧密关联、高校与区域经济社会发展难以直接紧密结合的难题,对充分挖掘释放高校创新活力和发展潜力,进一步把大学科技园做大做强,进一步把科创中心功能承载区做大做实具有重要价值。要结合高校布局、产业布局、园区布局,因地制宜、统筹优化大学科技园区和科创中心功能承载区的空间布局。优化大学科技园区和科创中心功能承载区的空间载体,通过空间载体的适当重叠加强"两区融合"发展。通过"两区融合"加强高校与科技企业深度融合的研发合作。通过加强大学科技园区与科创中心功能承载区内创新主体的优势互补,激发创新的内生动力。要提升服务能级,支持和帮助大学科技园聚焦集成电路、人工智能、生物医药等重点领域,全力打造特色鲜明的产业集群。

### 四、探索校区、大学科技园区、科创中心功能承载区的创新资源共享机制

促进高校创新资源开放共享,建立高校创新资源共享机制。推动高校科研基础设施、大型科研仪器、科技数据和图书文献等面向国家大学科技园企业开放服务。开展科研设施与仪器开放共享评价考核,建立服务绩效评价与补助机制。[①] 推动"互联网＋"科技成果转移转化,建设第三方服务平台,汇聚校区、大学科技园区、科创中心功能承载区创新创业资源,搭建集科研资源共享、服务需求匹配、创新政策发布、服务流程管理等功能于一体的综合科技服务平台。

---

① 科技部,教育部.关于促进国家大学科技园创新发展的指导意见[Z].2019-03-29.

### 第七章　长三角高等教育如何协同赋能全球科创中心建设

长三角地区自古以来即是我国的鱼米之乡,人口密集,经济社会发展程度高并始终走在改革开放的前列。长三角区域一体化发展,是党中央在新时代针对世界竞争新态势、国家转型发展新战略和推进区域协同发展新需求做出的重大决策部署。在2018年首届中国国际进口博览会上,国家主席习近平宣布支持长江三角洲区域一体化发展并上升为国家战略。为更好地实现区域协同,作为我国丰富的高等教育资源和科学技术聚集地,长三角地区需要打破行政壁垒,加速促进科技、人才等各种创新要素的融合,提升创新效率,实现共同发展。

## 第一节　长三角一体化战略与全球科技创新中心建设

### 一、长三角城市群网络化空间布局

长三角城市群是我国经济最具活力、开放程度最高、创新能力最强、吸纳外来人口最多的区域之一,是"一带一路"与长江经济带的重要交汇地带,在国家现代化建设大局和全方位开放格局中具有举足轻重的战略地位。

长三角城市群经历了不断扩容的过程。2008年9月,国务院发布《关于进一步推进长江三角洲地区改革开放和经济社会发展的指导意见》,提出推动上海市、江苏省和浙江省的一体化发展,将长三角发展上升为国家战略。2016年6月,国家发改委、住建部联合发布《长江三角洲城市群发展规划》(以下简称《规划》),将安徽省纳入整体规划区域,提出要把长三角建设成为世界级城市群,推进长三角协同发展,使之成为我国提升国际竞争力的重要平台。建立在该《规划》基础上的长三角城市群由上海市、江苏省、浙江省、安徽省范围内的26市组成,形成了以上海为核心,"一核五圈四带"的网络化空间布局。其中,"五圈"是指南京都市圈、杭州都市圈、合肥都市圈、苏锡常都市圈、宁波都市圈,"四带"是指沿海发展带、沿长江发展带、沪宁合杭甬发展带、沪杭金发展带。[①] 根据《规划》发布时的统计结果,长三角城市群的国土面积21.17万平方公里,地

---

① 胡小武.城市群的空间嵌套形态与区域协同发展路径——以长三角城市群为例[J].上海城市管理,2017,26(2):18—23.

区生产总值(GDP)12.67万亿元,总人口1.5亿人,分别约占全国的2.2%、20%、11%。其人口密度、经济活力程度远超全国平均水平。

2019年10月,第十九次长三角城市经济协调会在芜湖市召开,会上通过了《关于吸纳蚌埠等7个城市加入长三角城市经济协调会的提案》,这也是该协调会自1997年成立以来最新一次扩容。至此,长三角经济协调会实现了对长三角地区三省一市地级以上城市的全覆盖,长三角城市群的概念也再次得到延伸。

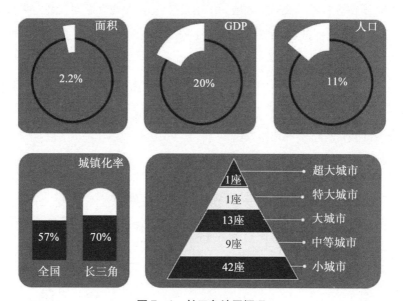

图7-1　长三角地区概况

注:数据来源于《长江三角洲城市群发展规划》。

## 二、长三角一体化发展战略

建设具有全球影响力的科技创新高地是长三角地区的战略定位,即瞄准世界科技前沿领域和顶级水平,建立健全符合科技进步规律的体制机制和政策法规,最大程度地激发创新主体和创业人才的动力、活力和能力,成为全球创新网络的重要枢纽,以及国际性重大科学发展、原创技术发明和高新科技产业培育的重要策源地。

2018年11月,在首届中国国际进口博览会开幕式上,国家主席习近平在主旨演讲中指出,为了更好地发挥上海等地区在对外开放中的重要作用,决定将支持长江三角洲区域一体化发展并上升为国家战略。这意味着长三角的一体化战略,已从地区性战略升格为最高层面的、具备全局性影响的国家战略,并将对中国的国际竞争格局产生更大的影响。

在首届中国国际进口博览会的主论坛会场,G60科创走廊九城市(上海、嘉兴、杭州、金华、湖州、苏州、宣城、芜湖、合肥)联合发布扩大开放政策。政策着眼于放宽外资准入、搭建示范性对外贸易机制、提升外向型金融服务能级、构建开放型产业体系、打造国际化科技创新平台、营造便捷化营商服务环境等领域,提出了30条具有前瞻性、实效性、引领性的协同开放举措。这些政策十分注重挖掘各城市的特色亮点,在尊重九城市对外开放的多样性和差异性,巩固深化各城市自身的区位优势、政策优势和经验优势的基础上,努力追求"同城化效应",力争复制、推广好的政策、经验和做法,辐射带动G60科创走廊城市群开放型经济一体化发展,放大G60科创走廊九城市协同扩大开放的先行先试效应。在首届中国国际进口博览会上,九城市企业与国际参展商深度对接,促进智能及高端装备、技术贸易和服务贸易等领域采购成交,推动长三角实现更高质量的一体化对外开放。

在产业集群的发展方面,《长三角地区一体化发展三年行动计划(2018—2020年)》中明确指出了重点关注的新经济领域,包括:5G、集成电路、人工智能、新零售和新能源汽车等。乌镇举办的全球互联网大会不断推动互联网的发展与治理;与此同时,上海在徐汇滨江举办全球(上海)人工智能创新峰会,并与乌镇形成合作,实现上海人工智能产业与浙江互联网产业的优势互补与资源共享。此外,安徽合肥经济技术开发区的先进制造基地、宁波等地的中小企业行业汇聚了大量云数据,逐渐形成一体化的长三角工业互联网平台。为了做好顶层设计,长三角开展产业专题合作,推进建立城市群间互联互通的工业互联网平台,促进基于数据的跨区域、分布式生产、运营,提升全产业链资源要素配置效率,打造具有国际竞争力的产品创新力和生产效益。

为了配合长三角各地产业发展在上海建设离岸创新中心、主动对接上海的科技服务和人才资源等需求,上海超级计算中心、上海市信息安全行业协会、长三角科技创新传媒服务中心、张江跨国企业联合孵化平台、嘉定区众创空间联合会等创新创业服务机构,以及长三角各省市11个地区政府或园区共同发起成立"长三角离岸创新联盟",通过大赛挖掘优质项目,助力长三角区域内城市在上海设立离岸创新创业基地。"长三角离岸创新联盟"集聚了行业专家、著名投资人、投资机构、高校院所、线上线下知名媒体、专业服务机构以及各地政府等,未来将通过设立实体展示中心、项目路演、高端行业论坛等多种形式,深度孵化和对接转化优质的双创项目和高层次创业团队,推动上海全球科创中心对长三角周边城市的辐射带动,实现周边城市和上海的创新接力与互动。

在政务服务方面,优化营商环境成为三省一市近来发力重点,共同推动形成统一的长三角区域营商环境指标体系。各地政务服务各有特色,亮点纷呈,如上海的"一网通办"、浙江的"最多跑一次"、江苏的"不见面审批"。在政务服务供给一侧,充分吸纳各省市好的做法,并进行系统集成,为所有企业和群众的办事事项统一受理方式、数据格式、证明材料、办理流程、服务标准等;在市场需求响应一侧,建立统一的企业服务平台,帮助企业对接市场资源,进行上下游合作。

在信用体系建设方面,为了促进长三角城市信用体系协同发展,上海市、江苏省、浙江省、安徽省信用建设主管部门共同制定了《长三角地区深化推进国家社会信用体系建设区域合作示范区建设行动方案(2018—2020年)》,以加强城市间信用体系建设工作互进、系统互联、信息互享、奖惩互动,营造区域诚信市场环境,增强区域凝聚力和竞争力。2019年2月,由江苏省发改委牵头起草,四省市共同发布了《关于推进长三角城市群信用合作的方案》,通过一系列合作制度的推行,实现合作城市信用信息共享,包括:以统一社会信用代码为基础,加强跨地区信用信息系统互联,实现各合作城市信用信息共享平台之间的互通和信用信息共享;逐步推进合作城市间企业基本信息、资质资格信息、良好信息、行政处罚和行政许可信息以及"红黑名单"的共享交换;共同推行在行政管理事务中使用信用记录和信用报告的举措,加大对守信主体跨区域办理业务的支持力度,为守信主体提供优先办理、简化程序等"绿色通道"激励政策;在市场管理、税收监管、质量监管、食品药品、环境保护、旅游等重点领域,对失信企业和个人实施联合惩戒,逐步扩大对失信企业和个人协同监管与联合惩戒范围,形成"一市失信、多市受制"的联动机制等。

## 第二节 长三角高等教育协同发展的历程与现状

### 一、长三角协同与高等教育联动的发展历程

作为一个地理区域,长江三角洲的含义是相对明确的。但作为一项区域协同发展的政策和理念,"长三角地区"则经历了一个从小范围到大范围、从单领域到多领域协同、从经济联动到教育联动的发展历程。

"长三角经济区"的提法最早可以追溯至改革开放初期。1982年12月,国务院颁布了《关于成立上海经济区和山西能源基地规划办公室的通知》;1983年4月,民盟中央向中共中央报送了《关于建立长江三角洲经济区的初步设想》;1985年3月有,国务院批转了《长江、珠江三角洲和闽南厦漳泉三角地区座谈会纪要》,这些文件提出"将长

江三角洲、珠江三角洲、闽南厦漳泉三角地区开辟为沿海经济开放区"。①

然而,长三角一体化进程真正取得进展则是在1990年至2010年间。在这段时间里,江苏省、浙江省、上海市先后建立了长江三角洲协作办(委)主任联席会议(1992—1996年)和长江三角洲城市经济协调会(1996年至今),为长三角一体化的长远发展奠定了良好的制度基础。特别是2003年10月,两省一市的教育部门签订了《关于加强沪苏浙教育合作的意见》,标志着长三角开启了教育领域的协同合作。②

2010年前后,长江三角洲区域一体化迎来了一段新的发展机遇。2008年国务院发布《关于进一步推进长江三角洲地区改革开放和经济社会发展的指导意见》,2010年国务院正式批准实施《长江三角洲地区区域规划》,将长三角区域的范围从原来江苏的部分区域扩展到了苏浙沪全境,城市数量也从原来的16个增加到25个。

同时,长三角教育协同也取得了进一步发展。2009年3月,沪苏浙签订了《关于建立长三角教育协作发展会商机制协议书》,决定从当年开始,每年"轮流举办长三角教育协作发展论坛与研讨会,研究协商长三角地区教育改革与发展、交流与合作中的重大问题"。这意味着长三角教育协同从非正式向制度化转变,以及从民间、自发的合作向政府、行政决策转变。③

长三角教育协同的一些举措甚至走在了其他领域的前面。2011年,沪苏浙教育部门在第三届长三角教育联动发展研讨会上提出了共建教育综合改革试验区的想法。④ 次年,沪苏浙皖签订了《关于建立新一轮长三角教育协作发展会商机制协议书》,将区域协同的范围延伸至安徽,比长江三角洲城市群正式扩容到安徽境内还早了4年左右。

现今,长三角协同的范围已经覆盖了沪苏浙皖,四个地区的高等教育发展水平各不相同,为协同发展创造了机遇,也带来了挑战。

## 二、三省一市高等教育发展水平的现状与挑战

沪苏浙皖(三省一市)无论是经济实力还是高等教育实力,都处于我国发展前列。

---

① 陈谈强.中国对外开放呈现新格局——国务院召开长江、珠江三角洲和闽南厦漳泉三角地区座谈会追记[J].瞭望周刊,1985(8):9—11.
② 崔玉平,陈克江.区域一体化进程中高等教育行政区划改革与重构——基于长三角高等教育协作现状的分析[J].现代大学教育,2013(4):63—69.
③ 共建"长三角教育综合改革试验区"课题组.推进长三角教育综合改革 实现区域教育联动发展[J].教育发展研究,2012(5):27—45.
④ 人民网上海频道.长三角新举措发展教育联动 有望共同建设教育综合改革试验区[EB/OL].[2018-10-30]. http://news.163.com/11/0408/21/7158LU1400014JB6.html.

截至 2016 年底,泛长三角区域的面积为 35.73 万平方公里,约占全国的 3.7%,而生产总值超过 15 万亿元,占全国的 22.0% 左右。① 三省一市有普通高校 300 多所,约占全国的 13.5%。其中,"985"高校 8 所,"211"高校 21 所,占全国总数的比例分别接近 18% 和 20%。早在 2010 年,上海的高等教育毛入学率就达到了 60%,而江苏、浙江也高于 40%,超过了当时的全国平均水平 26.5%。目前,上海、杭州、南京、合肥拥有 8 所国家"双一流"高校,99 个一流建设学科,分别占全国总数的 25% 和 34%。② 总体上说,长三角地区的高等教育已进入了"后大众化阶段",向普及化阶段和高水平迈进。

从长三角内部来看,三省一市存在发展的不均衡性。学者张振助利用相对偏差指标衡量了我国区域高等教育的发展水平,其计算方法为:相对偏差=(区域大学在校生比重－区域占全国的人口比重)/区域占全国的人口比重。如果该指标的值大于 1,则代表该区域的高等教育发展程度相比人口规模来说是发达的。根据测算,上海、江苏、浙江和安徽分别属于非常发达(>177%)、比较发达(>29%)、持平(>－20%)和不发达(<－20%)。③ 也就是说,三省一市各自的高等教育水平实际分属于四个不同的发展阶段。就高等教育发展的质量来说,三省一市同样存在差距。我们用 2018 年软科中国最好大学排名中各省级行政单位的大学平均名次来衡量该区域高等院校的平均实力。④ 沪苏浙皖高校的平均排名分别是 150、180、250 和 400 名左右(四地区的参评高校数分别是 22、41、25 和 27 所)。

无论是从规模还是从质量的角度来说,三省一市的高等教育发展水平存在内部的不均衡性。这为区域协调发展、互补互助提供了可能性和必要性。作为国内高等教育的龙头地区之一,长三角高校未来应当在世界舞台上参与竞争。为服务"四个中心"和"科创中心"建设,上海也应将打造亚太教育高地和成为世界高等教育领域的有力竞争者作为教育中长期规划的目标。

自 2009 年第一届长三角教育联动发展研讨会召开和长三角教育联动发展领导小组及其办公室成立以来,教育协同已经具备比较丰富和成熟的形式。在过去近 10 年里,长三角教育协作和联动的形式分为四种:(1)协同的组织机制,如定期会商制度和合作平台、论坛等;(2)资源的共建共享,包括优质数字资源、大型仪器、培训基地等;(3)师资的联合培养,包括民办高校校长研修班和长三角教学技能比赛等;(4)人才的

---

① 赵落涛,曹卫东,魏冶,等.泛长三角人口流动网络及其特征研究[J].长江流域资源与环境,2018,27(4):705—714.
② 洪银兴,王振,曾刚,等.长三角一体化新趋势[J].上海经济,2018(3):122—148.
③ 张振助.高等教育与区域互动发展研究——中国的实证分析及策略选择[J].教育发展研究,2003(9):39—44.
④ 上海软科教育信息咨询有限公司.软科中国最好大学排名 2018[EB/OL].[2018－07－30].http://www.zuihaodaxue.com/zuihaodaxuepaiming2018.html.

交流流动,包括交换生计划、学分互认和长三角研究生论坛等。[①②]

当前教育协同机制和形式也存在一定的挑战。首先,目前的长三角区域教育协同机制以自愿性的协作为主,常规性、固定性的项目不多,与世界其他地区的教育一体化相比,尚未形成一定的规模。[③④] 其次,许多学者指出,长三角地区包括高等教育在内的不少领域都存在重复建设、重复投资的问题。[⑤⑥] 针对上海建设具有全球影响力的科技创新中心的目标,长三角高等教育协同在其中发挥的作用仍然有限。

这两项挑战背后其实是缺乏一定的约束或激励机制的问题。效能的提升可以分为两种途径:降低成本(节约资源)或提高回报(增加产出)。而实现资源的节约,必然要求约束性的手段;实现产出的增加,必须依赖有效的激励政策。因此,应对区域协同的挑战对我们理解教育与科技、教育与产业间的互动关系提出了更高的要求。对此,通过第四部分的国际案例和实践,我们将做进一步的分析。

## 第三节 长三角地区的科技协同与创新动力

2018年6月,长三角地区三省一市主要领导座谈会在上海举行,从体制机制层面,推动区域内更高质量的一体化发展。会议发布了《长三角地区一体化发展三年行动计划(2018—2020年)》。同年,长三角区域合作办公室成立,负责推动和落实该三年行动计划。至此,长三角已形成"三个层次、四个座谈会"的区域合作机制,政府、企业和社会组织各个层面的创新协同机制逐步完善,区域创新协同日益密切。[⑦]

### 一、长三角科创资源分布及发展现状

高端服务业和先进制造业都离不开知识经济的支撑。长三角地区的产业结构呈现出迅速向知识经济型转变的趋势:上海在"五个中心"建设过程中高度重视高端服务业的发展,江苏和浙江早已在先进制造业进行全面布局,安徽通过统筹推进"全创

---

① 上海教育新闻网.八大问题"解密"第六届长三角教育协作会议[EB/OL].[2018-06-31]. http://www.shedunews.com/zixun/shanghai/zonghe/2014/07/09/657674.html.
② 上海市教育委员会.第七届长三角教育协作发展会议召开[EB/OL].[2018-06-31]. http://www.shmec.gov.cn/html/article/201507/82325.html.
③ 谌晓芹.欧洲高等教育一体化改革:博洛尼亚进程的结构与过程分析[J].高等教育研究,2012(6):92—100.
④ 陶俊浪,万秀兰.非洲高等教育一体化进程研究[J].比较教育研究,2016(4):9—17.
⑤ 龚放.观念认同 政府主导 项目推动——再论打造"长三角高等教育发展极"[J].教育发展研究,2005(7):55—57.
⑥ 余秀兰.促进与区域经济的良好互动:长三角教育的应为与难为[J].教育发展研究,2005(17):60—62.
⑦ 李娜,屠启宇,龚晨,等.发挥科技创新龙头作用 引领长江经济带协同发展——上海与长江经济带城市科技创新协同发展的几点建议[J].华东科技,2017(3):44—46.

改"、"合芜蚌"、"三重一创"、"科学中心"等建设,发力先进制造业。现有实证研究表明,长三角的高端服务业和先进制造业,在空间分布、发展规模、升级动力三个维度上,呈现出协同发展状态,通过合理分工,产生了积极的强化效应。①

1. 长三角地区双创示范基地

国家大众创业万众创新示范基地(简称"双创示范基地")是落实双创政策、完善创新创业环境的试点和品牌。根据《国务院办公厅关于建设大众创业万众创新示范基地的实施意见》,双创示范基地的改革措施包括"强化知识产权保护"、"加速科技成果转化"、"加强协同创新和开放共享"等,因而是创新资源集聚的区域和组织,是进一步释放创新活力的先行试点。

国务院办公厅在2016年5月和2017年6月,分别发布第一批和第二批双创示范基地,至此,全国共有120个双创示范基地。双创示范基地类型分为三种：区域示范基地62个、高校和科研院所示范基地30个以及企业示范基地28个,分别占比52%、25%和23%。在占比最多的区域示范基地中,有10个位于长三角地区,分别为上海的杨浦区和徐汇区,江苏的常州市武进区、南京市雨花台区,浙江的杭州市余杭区未来科技城、杭州经济技术开发区、宁波市鄞州区、嘉兴南湖高新区,安徽的合肥高新区、芜湖高新区。

在30个高校和科研院所示范基地中,有19所高校和11个科研院所。高校示范基地中,有7所位于长三角地区,比例高达37%,包括上海交通大学、南京大学、复旦大学、上海科技大学、南京理工大学、南京工业职业技术学院、浙江大学。

在28个企业示范基地中,有中国电信等14家国有企业和阿里巴巴等14家民营企业,其中注册地位于长三角地区的有3家。

2. 长三角地区国家级高新区

国家级高新技术产业开发区(简称"国家级高新区")是依托科技和经济实力,将科技成果实现产业化的集中区域,是中国国家高新技术产业化发展计划——火炬计划的重要内容之一,也是中国自主创新的重要载体。截至2016年底,全国共有146个国家级高新区,主要分布于知识与技术密集型大中城市和沿海地区。其中位于长三角地区的国家级高新区共29个,约占全国的20%,包括上海张江高新技术产业开发区和紫竹高新技术产业开发区、江苏南京高新技术产业开发区、无锡国家高新技术产业开发区等15个高新区,浙江杭州高新技术产业开发区、萧山临江高新技术产业开发区等8个

---

① 曹东坡,于诚,徐保昌.高端服务业与先进制造业的协同机制与实证分析——基于长三角地区的研究[J].经济与管理研究,2014(3):76—86.

高新区,安徽合肥高新技术产业开发区、芜湖国家高新技术产业开发区等4个高新区。

从进入统计的企业数(含高新企业数)、高新企业数、(年末)从业人员、科技人员等可比指标来看,长三角地区约占全国的20%,如表7-1所示。高新企业的比例和科技人员的比例,从一定程度上反映了各区域"创新浓度"的情况。从高新企业占企业总数的比例来看,长三角地区国家级高新区的均值超过全国国家级高新区的均值2.8个百分点;从科技人员占从业人员的比例来看,长三角地区国家级高新区的均值超过全国国家级高新区的均值1.4个百分点。在长三角地区的国家级高新区中,高新企业比例前三的分别是安徽芜湖国家高新技术产业开发区、浙江衢州高新技术开发区和上海张江高新技术产业开发区,分别达到69.0%、67.4%和66.9%,而科技人员比例前三的分别是上海紫竹高新技术产业开发区、浙江杭州高新技术产业开发区和上海张江高新技术产业开发区,分别达到37.2%、31.0%和30.4%。

表7-1 长三角地区国家级高新区企业主要指标

| 内容 | 地区 | 企业数(个) | 高新企业数(个) | 从业人员(人) | 科技人员(人) |
|---|---|---|---|---|---|
| 上海 2 | 上海张江高新技术产业开发区 | 4 244 | 2 838 | 913 156 | 277 871 |
| | 上海紫竹高新技术产业开发区 | 115 | 60 | 22 112 | 8 227 |
| 江苏 15 | 南京高新技术产业开发区 | 1 037 | 583 | 249 453 | 67 097 |
| | 无锡国家高新技术产业开发区 | 1 163 | 369 | 247 778 | 31 674 |
| | 江阴高新技术产业开发区 | 204 | 96 | 93 021 | 9 428 |
| | 徐州高新技术产业开发区 | 109 | 48 | 40 793 | 5 697 |
| | 常州高新技术产业开发区 | 1 108 | 362 | 164 026 | 25 027 |
| | 武进国家高新技术产业开发区 | 403 | 145 | 108 299 | 12 895 |
| | 苏州国家高新技术产业开发区 | 1 176 | 404 | 225 468 | 38 658 |
| | 昆山高新技术产业开发区 | 771 | 334 | 186 631 | 21 504 |
| | 常熟高新技术产业开发区 | 450 | 99 | 77 048 | 6 262 |
| | 南通高新技术产业开发区 | 420 | 125 | 95 920 | 9 113 |
| | 连云港高新技术产业开发区 | 104 | 45 | 41 237 | 7 310 |
| | 盐城高新技术产业开发区 | 207 | 58 | 54 662 | 4 009 |
| | 扬州高新技术产业开发区 | 115 | 63 | 37 670 | 5 086 |
| | 镇江高新技术产业开发区 | 409 | 160 | 65 232 | 9 724 |
| | 泰州医药高新技术产业开发区 | 312 | 43 | 46 738 | 3 581 |

续表

| 内容 | 地区 | 企业数（个） | 高新企业数（个） | 从业人员（人） | 科技人员（人） |
|---|---|---|---|---|---|
| 浙江 8 | 杭州高新技术产业开发区 | 1 950 | 609 | 291 863 | 90 399 |
| | 萧山临江高新技术产业开发区 | 403 | 70 | 70 975 | 5 402 |
| | 宁波国家高新技术产业开发区 | 544 | 253 | 171 125 | 22 735 |
| | 温州高新技术产业开发区 | 503 | 159 | 108 791 | 7 462 |
| | 嘉兴秀洲高新技术产业开发区 | 123 | 61 | 52 036 | 6 542 |
| | 莫干山高新技术产业开发区 | 224 | 64 | 38 216 | 3 685 |
| | 绍兴国家高新技术产业开发区 | 245 | 110 | 54 979 | 7 760 |
| | 衢州高新技术开发区 | 227 | 153 | 64 313 | 6 992 |
| 安徽 4 | 合肥高新技术产业开发区 | 1 074 | 639 | 219 528 | 62 351 |
| | 芜湖国家高新技术产业开发区 | 255 | 176 | 83 957 | 16 171 |
| | 蚌埠国家高新技术产业开发区 | 344 | 145 | 63 061 | 12 298 |
| | 马鞍山慈湖高新技术产业开发区 | 178 | 91 | 36 128 | 5 303 |
| 全国合计 | | 91 093 | 38 841 | 18 059 323 | 3 385 933 |

数据来源：科技部《2017年中国火炬统计年鉴》。

高"创新浓度"的国家级高新区的发展，离不开科技和人才的支持。在长三角地区，共分布着35个国家大学科技园，约占全国总数的30%。在以上位于长三角的国家级高新区中，聚集了大量"千人计划"创业人才。截至2014年底，前十批"千人计划"创业人才的689人中，有464人分布在53个国家级高新区中，占总人数的67%；而泛长三角区域内各省市的国家级高新区中就有214人。在这214名"千人计划"创业人才中，有112人曾获得"科技型中小企业技术创新基金"支持，资助金额达5 500万元。[1]

随着科技创新资源的集聚发展，长三角地区已经形成众多创新型产业集群，包括上海的张江生物医药创新型产业集群、新能源汽车及关键零部件创新型产业集群、精细化工创新型产业集群，江苏的江宁智能电网创新型产业集群、无锡高新区智能传感系统创新型产业集群、江阴特钢新材料创新型产业集群、常州高新区光伏创新型产业集群、苏州高新区医疗器械创新型产业集群、苏州工业园区纳米新材料创新型产业集群、昆山小核酸创新型产业集群，浙江的杭州数字安防创新型产业集群、温州激光与光电创新型产业集群，安徽的合肥基于信息技术的公共安全创新型产业集群、芜湖新能

---

[1] 张志宏，朱小琴，刘琦岩，等. 泛长三角区域国家高新区发展比较分析研究[J]. 科学管理研究，2015,33(4)：1—5.

源汽车创新型产业集群、蚌埠新型高分子材料创新型产业集群等。

3. 长三角地区科技专题合作

(1) 信息经济合作。长三角一体化,除了基础设施和公共服务的一体化,更是数字经济领域的一体化。长三角各区域在信息化领域各自具有独特的优势。中国(杭州)跨境电子商务综合试验区试点,依托"互联网+跨境贸易+中国制造",重构企业的生产链、贸易链、价值链,将试验区建设成全国跨境电子商务创业创新中心、服务中心和大数据中心,信息技术产业已经成为浙江"双创"的主战场。沿沪宁线城市群成为国内外知名的新一代信息技术产业密集带,产业集聚优势逐步形成,拥有一大批行业排头兵企业。南京的新型显示、北斗卫星导航、未来网络,无锡的集成电路、物联网,苏州的新型显示、融合通信,常州的新型电子元器件等重点产业集群在业内拥有较高的知名度和影响力,确立了品牌优势,对全省新一代信息技术产业发展具有显著的带动作用。

长三角城市群在信息化领域展开了一系列专题合作。三省一市经济和信息化委员会联合制定和推出了《长三角区域信息化合作"十三五"规划(2016—2020 年)》,对建设覆盖全区域的"云网端"信息基础、5G 试验网、物联网和云计算基础设施等进行部署。2018 年 7 月,长三角数据智能合作(上海)峰会在上海国家会展中心召开,聚焦区域大数据和人工智能的智慧应用联动和产业协同发展。浙江乌镇连续举办了四届世界互联网大会,立足长三角,辐射全世界。此外,联合构建长三角智慧城市数据平台、区域技术转移数据平台等信息共享平台,加快提升区域协同运用大数据能力。

(2) 科技公共服务平台。上海与苏浙皖正在推动以重大关键技术项目为核心的科技协同,逐步构建全方位、立体化的长三角创新协同体系。长三角是我国先进制造业基地,三省一市协同力量进行重大关键技术联合攻关,并以此推进技术转移转化、创新创业融资服务和社会化人才服务。通过"长三角科技论坛"等平台,推进长三角科技资源展示、共享和优化配置。该论坛是由三省一市科协共同举办的学术技术交流平台,自 2004 年创办以来,至 2018 年已经连续举办了 15 届。2018 年的活动主题为"科技创新圈,助力长三角一体化发展",开展了一系列主题报告、专题活动等。2015 年在上海举行的"长江流域园区与产业合作对接会"汇集了全国 48 个城市、59 个开发园区,成立了长江流域园区合作联盟,有 47 家高新区加入(长江流域 11 省市共 61 家高新区)。

与此同时,虚拟的科技公共服务共享平台建设也在不断完善中。江苏、浙江、安徽均建设了本省的大型科学仪器设备协作共用网。上海则将实践成熟的平台推广至整个长三角区域,构建了"长三角大型科学仪器设备协作共用网"。此外,构建"长三角地区专利交易合作网"等一系列科技创新共享公共服务和支撑平台,使之成为更大范围内科研协作的有效载体。

(3) "信用长三角"品牌建设。长三角地区是全国首个区域信用合作示范区。"信用长三角"成为反映区域高质量一体化发展的重要品牌,长三角地区成为国内信用制度健全、信息流动通畅、服务供给充分、联动奖惩有效、信用环境优化的地区。优化创新创业环境,形成支持创新创业的新型信用产品和信用服务,支持守信创业团队和初创企业发展,降低创业成本。共同组建信用大数据联盟,包括社会保险转移接续、异地就医结算平台互联互通、食品安全电子追溯平台互联互通、区域内高污染机动车联防联控、重污染天气预警应急处置协作、长三角区域空气质量预测预报数据共享。此外,"创新券"在长三角区域内通用通兑,为科技联合攻关进一步注入活力。

4. 长三角地区教育科研联盟

长三角地区教育科研联盟由三省一市教育科学研究院共同参加。为支撑长三角教育协作发展,三省一市教育科学研究院联合组建了"长三角地区教育协作发展研究中心"(以下简称"研究中心")。"研究中心"在长三角教育联动发展协调领导小组办公室的支持和协调指导下,以组织机构建设为核心,形成了制度化、常态化工作机制,每年两次召开相关的工作协调会议,确定当年度的主要工作,实施轮值省、市工作负责制。以项目执行、监测、评价和推进为工作抓手,对三省一市签署的协作合作协议的项目执行情况进行监测评价,并根据长三角教育联动发展协调领导小组办公室的意见,组织推进。以课题研究为纽带,建立学术交流和联合科研机制。近几年已先后完成了"长三角区域性教育立法立规可行性研究"、"长三角教育联动发展项目绩效评价指导体系研究"、"长三角教育现代化指标体系研究"和"长三角教育资源优化配置研究"等课题,确定了每年组织撰写《长三角地区教育发展报告》。

## 二、高等教育服务科创资源协同发展的特征

1. 长三角优势学科分析

ESI 数据库是全球最具权威性的衡量科学研究绩效、跟踪科学发展趋势的基本分析评价工具之一。从世界范围看,自 2018 年 5 月起,中国境内机构入围 ESI 前 1‰ 学科数超过法国,位居世界第二。根据 2018 年 7 月更新的数据,美国共有 4 986 个高校或科研机构的学科入围,占比超过全世界总数的 1/4;中国境内共有 1 564 个高校或科研机构的学科入围,占世界总数的 8.1%,如图 7-2(a)所示。从中国范围看,在 31 个省份中,根据高校所在省份计,位于上海、江苏、浙江和安徽的所有高校中共有 273 个学科入围,超过京津冀地区和其他各省份,位居全国第一。

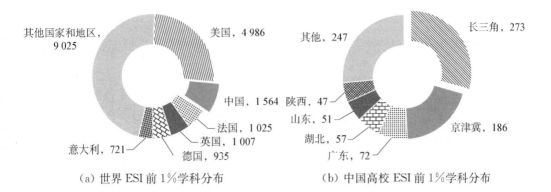

(a) 世界 ESI 前 1% 学科分布　　　(b) 中国高校 ESI 前 1% 学科分布

**图 7-2　ESI 前 1% 学科分布情况与长三角的优势**

注：数据来源于 2018 年 7 月 ESI 公布结果，中国数据不含港澳台地区。

表 7-2　长三角 ESI 前 1% 学科分布

| 内容 | 江苏 | 上海 | 浙江 | 安徽 | 学科总计 |
| --- | --- | --- | --- | --- | --- |
| 化学 | 15 | 9 | 8 | 5 | 37 |
| 工程学 | 17 | 9 | 8 | 3 | 37 |
| 材料科学 | 14 | 8 | 5 | 3 | 30 |
| 临床医学 | 10 | 6 | 5 | 2 | 23 |
| 生物学与生物化学 | 8 | 7 | 2 | 1 | 18 |
| 计算机科学 | 8 | 4 | 2 | 1 | 15 |
| 药理学与毒理学 | 6 | 6 | 2 | 1 | 15 |
| 植物学与动物学 | 4 | 4 | 3 | 1 | 12 |
| 农业科学 | 6 | 2 | 3 |  | 11 |
| 环境科学与生态学 | 3 | 4 | 2 | 1 | 10 |
| 数学 | 2 | 5 | 2 | 1 | 10 |
| 分子生物学与遗传学 | 4 | 4 | 1 | 1 | 10 |
| 神经科学与行为学 | 5 | 3 | 1 |  | 9 |
| 物理学 | 3 | 4 | 1 | 1 | 9 |
| 社科总论 | 3 | 4 | 1 | 1 | 9 |
| 地球科学 | 3 | 2 | 1 | 1 | 7 |
| 免疫学 | 2 | 3 | 1 |  | 6 |
| 微生物学 | 1 | 2 | 1 |  | 4 |
| 经济与商学 |  | 1 |  |  | 1 |
| 各省市总计 | 114 | 87 | 49 | 23 |  |

注：数据来源于 2018 年 7 月 ESI 公布结果。

## 2. 长三角高校学科与优先发展产业的关联分析

围绕长三角地区全球科技创新高地建设方案,聚焦信息与大数据、生物医药与大健康工程、高端装备制造、新材料与新能源等重点领域,长三角地区高校已经具有一批达到或接近国际一流水平的学科。根据英国 QS 世界大学排名、上海软科世界大学学术排名(ARWU)、美国 U. S. News 世界大学排名等在全球范围内得到认可的高校与学科分析评价工具,长三角地区已有部分学科的排名进入全球前 100、前 50,甚至前 10。

根据 2018 年公布的 ARWU 学科排名,长三角地区高校学科进入全球前 50 的学科包括:纳米科学与技术、遥感技术、仪器科学、机械工程、生物工程、生物医学工程、食品科学与工程、计算机科学与工程、通信工程、控制科学与工程、材料科学与工程、能源科学与工程等,如表 7-3 所示。其中,上海高校排名进入全球前 10 的学科为上海交通大学的仪器科学、机械工程、生物医学工程、通信工程,复旦大学的生物医学工程,排名最前的为上海交通大学的生物医学工程,为全球第 3;江苏高校排名进入全球前 10 的学科为东南大学的仪器科学、通信工程,江南大学的食品科学与工程,河海大学的水资源工程,排名最前的为江南大学的食品科学与工程,为全球第 2;浙江高校排名进入全球前 10 的学科为浙江大学的仪器科学、生物工程、食品科学与工程,排名最前的为仪器科学,为全球第 3;安徽高校排名进入全球前 10 的学科为中国科技大学的纳米科学与技术,为全球第 10。

表 7-3　长三角地区围绕科创中心建设的优势学科(根据 ARWU 学科排名)

| 重点领域 | 上海学科高校<br>(全球排名) | 江苏学科高校<br>(全球排名) | 浙江学科高校<br>(全球排名) | 安徽学科高校<br>(全球排名) |
| --- | --- | --- | --- | --- |
| 高端装备制造 | 纳米科学与技术(复旦大学 16,上海交通大学 27)、遥感技术(同济大学与复旦大学 51—75)、仪器科学(上海交通大学 9)、机械工程(上海交通大学 9) | 纳米科学与技术(苏州大学 19,南京大学 29,东南大学 51—75)、遥感技术(南京大学 28,南京信息工程大学 51—75)、仪器科学(东南大学 7,南京航空航天大学 24,南京理工大学 51—75)、机械工程(南京航空航天大学 40,东南大学 51—75) | 纳米科学与技术(浙江大学 20)、遥感技术(浙江大学 76—100)、仪器科学(浙江大学 3)、机械工程(浙江大学 23) | 纳米科学与技术(中国科学技术大学 10)、机械工程(中国科学技术大学 24)、仪器科学(中国科学技术大学 30,合肥工业大学 100—150) |

续 表

| 重点领域 | 上海学科高校（全球排名） | 江苏学科高校（全球排名） | 浙江学科高校（全球排名） | 安徽学科高校（全球排名） |
|---|---|---|---|---|
| 生物医药与大健康工程 | 生物工程(上海交通大学 25,华东理工大学 48,同济大学 50)、生物医学工程(上海交通大学 3,复旦大学 8)、食品科学与工程(上海交通大学 50) | 生物工程(江南大学 27,南京大学 51—75,南京农业大学 76—100)、生物医学工程(苏州大学 16,南京大学 51—75)、食品科学与工程(江南大学 2,南京农业大学 11,江苏大学 76—100) | 生物工程(浙江大学 5)、生物医学工程(浙江大学 23)、食品科学与工程(浙江大学 6) | 生物医学工程(中国科学技术大学 51—75) |
| 信息与大数据 | 计算机科学与工程(上海交通大学 28)、通信工程(上海交通大学 10)、控制科学与工程(上海交通大学 31) | 电力电子工程(东南大学 43,南京信息工程大学 101—150)、控制科学与工程(东南大学 21,南京航空航天大学、南京理工大学 51—75)、通信工程(东南大学 7,南京邮电大学 51—75) | 计算机科学与工程(浙江大学 14)、电力电子工程(浙江大学 32)、控制科学与工程(浙江大学 19)、通信工程(浙江大学 15) | 计算机科学与工程(中国科学技术大学 34)、通信工程(中国科学技术大学 23) |
| 新材料、新能源 | 材料科学与工程(上海交通大学 39,复旦大学 41)、能源科学与工程(上海交通大学 23,复旦大学 27)、环境科学与工程(同济大学 41) | 材料科学与工程(南京大学 49,苏州大学 51—75,东南大学 76—100)、能源科学与工程(苏州大学 31,南京大学 51—75)、环境科学与工程(南京大学 20)、水资源工程(河海大学 10,南京大学 51—75) | 材料科学与工程(浙江大学 37)、能源科学与工程(浙江大学 19)、环境科学与工程(浙江大学 28) | 材料科学与工程(中国科学技术大学 30)、能源科学与工程(中国科学技术大学 13) |

注:数据来源于 2018 年软科世界一流学科排名。

3. 长三角高校前沿交叉学科分析

把握全球产业变革和技术融合的大趋势,在国内率先创设一批前沿交叉型新学科,是服务全球科创中心建设、学科布局的先手棋。

《研究前沿》分析报告是科睿唯安公司基于 Web of Sciences 数据库,持续跟踪全球最重要的科研和学术论文,通过分析论文被引用的模式和聚类发布的,并同时发布在该前沿方向拥有最多核心论文的国家和机构。根据近三年的科睿唯安公司《研究前沿》报告,长三角高校在数学、计算机科学与工程学(上海交通大学、中国科学技术大学、上海科技大学、中国矿业大学、上海电力大学、绍兴文理学院、徐州工程学院),物理学(中国科学技术大学)、生态与环境科学(同济大学、东华大学、合肥工业大学、南京信息工程大学)、地球科学(中国矿业大学)、化学与材料科学(浙江大学)、经济学、心理学及其他社会科学(南京航空航天大学)的相关热点前沿问题上占有研究优势,如表7-4所示。①

表7-4 长三角高校占有研究优势的热点前沿问题

| 年度 | 学科 | 热点前沿 | 排名 | 学校名称 | 核心论文 | 比例 |
|---|---|---|---|---|---|---|
| 2018 | 生态与环境科学 | 利用过渡金属与纳米技术催化活化过硫酸盐降解水中污染物 | 3 | 同济大学 | 6 | 12.0% |
| | | | 4 | 东华大学 | 3 | 6.0% |
| | | | 4 | 合肥工业大学 | 3 | 6.0% |
| | 数学、计算机科学与工程学 | 几类典型非线性发展偏微分方程的求解及其在流体力学、电磁学等领域的应用 | 3 | 中国矿业大学 | 9 | 32.1% |
| | | | 6 | 上海电力大学 | 3 | 10.7% |
| | | | 6 | 绍兴文理学院 | 3 | 10.7% |
| | | | 10 | 徐州工程学院 | 2 | 7.1% |
| | | | 10 | 上海科技大学 | 2 | 7.1% |
| | | 基于智能卡、生物特征等的远程用户认证方案及相关技术 | 1 | 南京信息工程大学 | 25 | 54.3% |
| 2017 | 生态与环境科学 | 2013年1月中国中东部重度雾霾形成机制 | 3 | 南京信息工程大学 | 3 | 13.6% |
| | 地球科学 | 页岩气储层孔隙系统类型及表征 | 7 | 中国矿业大学 | 3 | 7.5% |
| | 化学与材料科学 | 三价钴催化的碳氢键活化反应 | 8 | 浙江大学 | 2 | 5.6% |
| 2016 | 数学、计算机科学与工程学 | 物联网、云制造及其相关信息服务技术 | 3 | 上海交通大学 | 6 | 15.8% |
| | | 测量设备无关型量子密钥分配研究 | 3 | 中国科学技术大学 | 3 | 16.7% |
| | 物理学 | 单层/多层黑磷的特性及其应用 | 4 | 中国科学技术大学 | 2 | 8.0% |
| | 经济学、心理学及其他社会科学 | 环境与能源效率评价的数据包络分析法 | 1 | 南京航空航天大学 | 10 | 25.7% |

注:数据来源于科睿唯安2016—2018年度《研究前沿》分析报告。

① 科睿唯安.研究前沿(科睿唯安公司发布)[EB/OL].[2018-11-02]. https://clarivate.com.cn/e-clarivate/report.htm.

交叉学科研究在推动科技变革和创新方面有巨大潜力,跨学科交叉研究已成为获得高水平创新成果、提升创新能力的重要途径。2017年,长三角新增了交叉型本科专业名单如表7-5所示,在沪高校的新专业达十余个。其中,同济大学、上海大学、上海第二工业大学的"智能制造工程"专业紧密围绕中国制造业转型升级趋势,作为系统工程,强调数字化设计与制造、智能装备、智能机器人、物联网、人工智能、大数据、云计算等关键技术的集成,涉及机械工程、控制科学与工程、计算机科学等多个学科;"智能建造"专业则是以土木工程为核心,结合建筑与城市规划、机械工程、电子与信息工程、计算机科学与技术、经济与管理等学科共同建设。多所高校新增了"数据科学与大数据技术"这一备案本科专业,包括上海财经大学、上海电机学院、上海对外经贸大学、上海体育学院、上海健康医学院等不同类型高校。上海财经大学还在工学和理学两个门类分别设置"数据科学与大数据技术"专业,南京财经大学在管理学门类设置了"大数据管理与应用"专业。

表7-5 2017年长三角新增交叉型本科专业

| 学校名称 | 专业名称 | 专业代码 | 学位授予门类 |
| --- | --- | --- | --- |
| 上海交通大学 | 临床药学 | 100703TK | 理学 |
| 同济大学 | 智能制造工程 | 080213T | 工学 |
| 同济大学 | 智能建造 | 081008T | 工学 |
| 上海财经大学 | 数据科学与大数据技术 | 080910T | 工学 |
| 上海财经大学 | 数据科学与大数据技术 | 080910T | 理学 |
| 上海大学 | 智能制造工程 | 080213T | 工学 |
| 上海电机学院 | 数据科学与大数据技术 | 080910T | 工学 |
| 上海对外经贸大学 | 数据科学与大数据技术 | 080910T | 理学 |
| 上海体育学院 | 数据科学与大数据技术 | 080910T | 理学 |
| 上海第二工业大学 | 智能制造工程 | 080213T | 工学 |
| 上海健康医学院 | 数据科学与大数据技术 | 080910T | 工学 |
| 上海健康医学院 | 康复物理治疗 | 101009T | 理学 |
| 上海健康医学院 | 医疗产品管理 | 120412T | 管理学 |
| 东南大学 | 网络空间安全 | 080911TK | 工学 |
| 浙江大学 | 生物医学 | 100102TKH | 理学 |
| 南京财经大学 | 大数据管理与应用 | 120108T | 管理学 |
| 浙江师范大学行知学院 | 网络空间安全 | 080911TK | 工学 |

数据来源:http://www.moe.gov.cn/srcsite/A08/moe_1034/s4930/201803/t20180321_330874.html。

此外,上海交通大学和复旦大学于 2019 年在"智能科学与技术"(人工智能)专业正式招生。作为信息学院、计算机学院、类脑研究院、工研院等共同开展的理工融合专业建设实践,这是沪上高校在"人工智能"(AI)专业教育领域的率先布局。拥有"人工智能"特定名称的学科专业设置虽少,但与之同属一个大类的新专业群已隐隐成势。

4. 长三角高校推动创新集群的案例分析

(1) G60 科创走廊

G60 沪昆高速穿过上海、嘉兴、杭州。2017 年,上海松江区与浙江嘉兴市、杭州市合作建设沪嘉杭 G60 科创走廊,签订《沪嘉杭 G60 科创走廊建设战略合作协议》,沿线的上海松江科创走廊、嘉兴沿线产业园区、杭州城西科创大走廊进入协同发展的高速通道。

在上海段,松江科创走廊立足上海全球科创中心建设,积极推动人工智能、智慧安防、新能源和新材料等产业,并依托松江大学城的众多高校,积极引入中科院、清华大学等机构,建立 G60 长三角研究院、上海低碳技术研究院等,产生全国首套便携式质谱仪等一批科创成果。东华大学碳纤维产业化关键技术及应用获得国家科技进步一等奖。[1]

在杭州段,依托浙江大学的杭州城西科创大走廊,正着力打造"一带"(科技创新带)"三城"(浙大科技城、未来科技城、青山湖科技城)"多镇"(特色小镇和创新区块)为核心、长约 33 公里、规划总面积约 224 平方公里的科技创新高地。积极创建亚热带森林培育、眼视光学和视觉科学等省部共建国家重点实验室,谋划创建之江实验室、国家实验室、国家技术创新中心等高端研发平台。西湖高等研究院正式启动建设。

2018 年,G60 科创走廊第一次联席会议召开。金华、苏州、湖州、宣城、芜湖、合肥 6 个城市加入,至此,G60 科创走廊上升成为提升长三角一体化更高质量发展的重要引擎。

(2) 中国声谷

"中国声谷"是依托中国科学技术大学、中国科学院、科大讯飞等全球领先的语音、机器视觉、生物识别等智能交互技术,打造的智能语音产业发展聚集地。安徽省政府办公厅印发的《中国(合肥)智能语音及人工智能产业基地(中国声谷)发展规划(2018—2025 年)》正式实施以来,"一核两区多园"的空间布局逐渐形成。根据规划,到 2020 年,智能语音及人工智能互联网产品用户将达到 12 亿户,"中国声谷"企业营业收入将达到 1 000 亿元。

---

[1] 人民论坛课题组.如何实现更高质量的创新发展——上海市松江区以 G60 科创走廊推动创新发展调研报告[J].国家治理,2018(9):28—42.

(3) 量子信息创新研究院

安徽省依托中国科技大学的优势研究力量,统筹聚集全国高校、科研院所和相关企业的创新要素资源,启动建设量子信息创新研究院,着力突破推动量子信息科技革命的前沿科学问题和核心关键技术,构建全国乃至全球范围的量子通信网络体系,探索可实用化的量子计算和量子精密测量。

(4) 合肥综合性国家科学中心

合肥市依托大科学装置群,加快推进综合性国家科学中心建设。在新能源、健康、环境信息领域,新建聚变堆主机关键系统综合研究设施、未来网络试验设施(合肥管控中心)、天地一体化等一大批大科学装置,建设联合微电子中心、离子医学中心、开展先进光源预研,共建大气立体探测与实验模拟装置。聚焦基础科学领域催生变革性技术,打造产业共性研发平台,建设共性技术研发圈。加快存储、驱动、射频、微机电系统等特色芯片发展。

5. 高校跨省技术转移中心的案例分析

(1) 上海交通大学安徽陶铝新材料研究院(淮北)

上海交通大学安徽陶铝新材料研究院是由安徽省淮北市人民政府、上海交通大学、上海均瑶(集团)有限公司、安徽相邦复合材料有限公司四方共同组成的创新中心。依托上海交大材料学院超强纳米陶铝合金技术团队,建立材料生产、产品设计、制造工艺以及使用标准等成套体系。陶铝新材料有望成为下一代航空新材料,具有广阔的应用前景。

研究院成立于2017年8月,而在前期的筹备过程中,淮北市从2013年4月起,就开始布局陶铝产业并逐渐发展壮大。安徽省淮北经济开发区为研究院提供150亩建设用地,研究院的4个组成单位共同出资4亿元,分别在上海和淮北设立陶铝新材料应用技术研究中心和产业化中心,在两地间架起"研发"和"产业化"的桥梁,用核心自主知识产权,推动跨省技术转移和联动发展。

上海交通大学安徽陶铝新材料研究院不仅直接推动了地方经济发展,也为高校学术提供了实践与应用的平台。在产业发展领域,安徽相邦公司生产的陶铝新材料被成功运用到"墨子号"、"天宫二号"等军工、航天领域,年产陶铝新材料5 000吨,为淮北市实现转型发展、建设"千亿铝基板块的增长极"提供了重要支撑。在学术和技术应用领域,上海交通大学材料学院的专家团队申报和制定了陶铝新材料国家标准,目前已有2项标准被国家标准委立项。

(2) 复旦大学宁波研究院

复旦大学宁波研究院是由复旦大学和宁波市政府共同组建的政产学研机构,聚焦生物医药与医疗市场、绿色科技(新能源、新材料和节能环保)、信息技术与电子通信及科技文化四大产业集群,致力于通过"多样化创新载体、多层次科技金融、专业化科研服务"三大抓手,打造完善的创新创业生态体系和专业深度、辐射全球的创新创业平台。研究院成立于2013年1月,依托复旦大学的学科资源优势,结合地方发展需求,分别成立了CanNova能创空间宁波分部、复旦杭州湾科创园、复旦南太湖创新中心等创新载体。

## 第四节 国际高等教育赋能区域发展的经验

国际上高等教育区域协同、助力科技创新的实践,尤其是高等教育协同发展怎样与科创中心建设相结合,对长三角高等教育协同和上海科创中心建设具有一定的借鉴意义。长三角和上海市的高等教育和科技创新要更好地在国际舞台上竞争,就需要与国际对标,学习先进的经验。以下我们通过两个案例来对此进行分析。

### 一、欧洲国家高校与区域发展关系

高等教育如何与区域发生良性的互动,大学在赋能区域发展方面又面临哪些限制性因素?学者们就这个问题对英国、德国、西班牙等欧洲8个国家共14个地区的高校进行了一次大规模的专题研究。[1] 通过政策比较和对政府、企业、大学工作人员的访谈发现,不同大学与其所在区域间的密切程度差别巨大[2]:有的高校在区域发展中扮演了核心推动者的角色,有的则在政治、文化某一个特殊领域起到了作用,而有的可能只发挥了非正式的或有限的作用。学者们将各种影响因素总结为三个方面。

首先,一个国家或地区的高等教育政策导向和分布密集程度是影响校地合作的总体因素。具体来说有这样三个特点:(1)越趋向于区域间平等的国家的高校更容易促成校地互动和协同发展(如英国、德国),反之,人才尤其是毕业生的流动就越严重,一定程度上破坏了学校与区域互动的重要环节;(2)越分权化,也就是地方政府负担教育经费越多的地区更容易促成校地合作;(3)有一个中心城市而且该城市有顶级大学的国家,其科研往往呈现出很高的国家集中度,地方则参与较少(如爱尔兰、芬兰、希腊),反之,区域则支持或参与了更多的高校科研活动(如德国、荷兰)。

---

[1] Boucher G, Conway C, Van Der Meer E. Tiers of engagement by universities in their region's development [J]. Regional Studies, 2003,37(9): 887-897.
[2] Boucher G, Conway C, Van Der Meer E. Tiers of engagement by universities in their region's development [J]. Regional Studies, 2003,37(9): 887-897.

表 7-6 欧洲各国家高等教育宏观特征

| 宏观特征 | 高 | 低 | 结合 |
| --- | --- | --- | --- |
| 地区教育平等/分散程度 | 英国、芬兰、德国、西班牙 | | |
| 地区政府负担教育程度 | 德国、西班牙(1980年后) | 希腊、芬兰、爱尔兰、荷兰 | |
| 地区承担科研经费程度 | 德国、荷兰 | 希腊、芬兰、爱尔兰 | 英国、西班牙 |

资料来源：Boucher G, Conway C, Van Der Meer E. Tiers of engagement by universities in their region's development [J]. Regional Studies, 2003, 37(9): 887-897。

影响高等学校与区域互动程度的第二个主要因素是区域的定位。具体来说有三个方面：(1)处于核心城市或城市核心区的高校，校地合作更多以个人或非正式的形式开展，而外围区域或非中心区域则更依赖于正式的合作形式(前者如荷兰的阿姆斯特丹大学，后者如荷兰东部的特温特大学)；(2)在老工业区或以传统产业为主导的地区，校地合作往往难以形成规模(如德国的鲁尔工业区和希腊的克里特岛地区)；(3)在较小的区域，大学更容易扮演中心角色并推动更多校地合作(如西班牙的安达卢西亚大学、爱尔兰香农开发区的利默里克大学、荷兰的特温特大学)。

第三个影响因素则与学校数量和性质有关，包括两个特点：(1)同一地区的大学数量越多，特别是相互竞争激烈、地区没有加以引导的情况下，校地合作密切程度越低；(2)新近成立的技术型高校，更容易与区域发生互动(如都柏林城市大学、伦敦大都会大学)。

总结以上三个影响因素，我们可以总结三类大学与区域互动的模式：(1)位于非中心区的单个大学，或中心区较新近成立的技术型大学，是最容易促进校地合作的，且核心作用最明显；(2)位于非中心区域，且区域内有多个大学的，互动程度次之；(3)互动程度最不明显的、体系化程度最低的则是位于中心区域的传统型大学。

当然，以上研究结论是比较宏观层面的，还存在一些特殊的情况。对一些位于核心城市的传统名校来说，比如马德里大学、阿姆斯特丹大学、都柏林大学，"周边区域"可能并不限于学校或国内的范围，而更多是指国家、国际意义上的区域。这些学校在地区合作上更加依赖个人的或非正式的途径，是因为考虑到地区合作会削弱自身的全球定位和特色。

以上欧洲部分国家和大学的案例，为促进长三角高等教育协同和上海高校赋能科创中心建设提供了有益的参考，特别是启发我们从大学与区域合作的制约因素入手，提出相应的建议。就上海市而言，本地区内高水平的部属高校、地方高校数量相对较多，平均实力也较强。这一方面有利于上海吸引其他地区的人才，另一方面也可能会加剧内部竞争,不利于校地合作的形成。因此,包括上海市在内的长三角三省一市更应对校地合作加以引导,激励不同地区高校与区域良性合作关系的形成,减少不必要的竞争。否则将有可能出现类似西班牙马德里、爱尔兰都柏林和荷兰阿姆斯特丹地区的多个学校在有限空间内争夺有限资源的情况,最后弱化了高校与区域间的联系。

## 二、加拿大滑铁卢大学推动区域创新和创业的实践

除了对制约高等教育与区域合作的客观因素进行分析外,还有学者从实践层面探究了更合理和先进的校地合作路径。这方面比较值得借鉴的则是加拿大滑铁卢大学的案例。

滑铁卢大学的发展推动其周边区域成为加拿大最著名的高科技、网络与通信科技中心。自20世纪70年代开始,该地区就陆续出现利用学校技术或专利转移创办的公司,到2000年前后数量接近250家,其中大部分顺利渡过了IT危机,目前总数已达到500余家,占加拿大全国的22%左右,领先于其他学校和地区。2004—2005年间,学校共收到联邦政府和地方政府近7 000万美金的科研经费,同时通过企业委托的科研合同收入达2 400万美金,通过专利授权获得的收入约为500万美金。

学者通过研究滑铁卢大学的校地合作实践发现,高校技术转移、产业合作以及对科技创新的促进作用并不是一个简单的线性过程,而是"流动的、反复的"。① 其中一个重要的原因就是科技创新中的隐性知识。根据迈克尔·波兰尼(Michael Polanyi)等人的定义,隐性知识是难以定义、表述或记录的知识,与能被正式和规范记录的显性知识不同,但对知识的理解和应用起着重要作用。一位企业的受访者指出,一项创新或一个专利不足以创立一个成功的企业,一个公司往往要具备40项左右的专利才能在一个领域取得关键优势。因此,大学在区域创新、创业过程中的作用不仅是简单地提供成熟的技术或专利,而且包括提供正式或非正式的技术服务和支持,以及在交流、学习中传授隐性知识。

针对这些科技创新和区域合作的新形势、新挑战,滑铁卢大学采取的措施包括: (1)长期稳定地施行与企业共同培养学生的共同培养计划(Cooperative Education Program);(2)推行学校研究人员完全拥有知识产权的优惠政策;(3)在正常的校企科研合作项目之外,特别资助和支持校企之间短期的科研计划、专项技术改革、试验性的技术转移;(4)成立校级层面的商业创业和技术中心、创新工场和在工程学院建立的创

---

① Bramwell A, Wolfe D A. Universities and regional economic development: The entrepreneurial University of Waterloo [J]. Research Policy, 2008,37(8): 1175 - 1187.

新研究院，分别负责协调支持校级层面创业项目，支持和孵化学校成员与学生的创业项目，以及专门为企业提供技术与应用支持。

滑铁卢大学的实践为上海高等教育促进科创中心建设提供了许多值得借鉴的思路。首先，企业和产业应该更多地参与学校人才培养的过程，比如课程的设计、教学方法的创新、行业实践与前沿的分享等。我们以往比较强调学校主动"走出去"，参与校企、校地合作，其实政府可以用政策或项目激励更多的企业主动"走进来"。其次，合作不应只限于大型科学技术公司或大型国企，或长期、重大的项目，而可以广泛地吸纳其他行业、中小型企业或微型创业公司，如像滑铁卢大学一样鼓励校企之间的短期技术和创新合作。通过这样的方式增加技术和信息交流的机会和频繁程度，有利于"隐性知识"的传播，而这部分知识对于创新、创业，特别是对中小型企业的成长可能起到更关键的作用。

## 第五节　长三角高等教育协同赋能科创中心建设的未来方向

本章分别从长三角一体化战略、高等教育的长三角协同、科技创新的长三角协同和相关国际案例，探讨了高等教育长三角协同如何赋能科创中心建设的问题。长三角一体化发展上升为国家战略，为长三角高等教育的协同和赋能科创中心建设提供了崭新的历史机遇，而把握这个机遇需要对长三角协同的现状有更深入的理解，以及对国际前沿实践进行更广泛的借鉴。

就高等教育的协同来说，长三角地区的整体实力在全国属于领先水平，但内部发展仍不均衡。沪苏浙皖既有高等教育规模相对发达的地区，也有与其他地区持平和相对较不发达的地区；既有平均实力领先大多数其他省份的地区，也有在全国各省份中处于相对下游的地区。经过近二十年的发展，区域教育协同机制从萌芽走向了成熟，从自发性走向了制度化，其未来发展面临的主要挑战是如何提高合作规模和效能。

就科技创新的协同来说，长三角地区已经在多个层面开展了富有成果的实践。这些专题合作包括信息产业、科技公共服务平台、"信用长三角"、G60科创走廊和"中国声谷"等创新集群，以及上海交通大学、复旦大学等高校建设的跨省技术转移中心。长三角科技创新协同起步较早，且具有坚实的经济社会发展基础，通过长期的机制建设，有效地促进了科技资源的流动，推动了高科技园区的迅速崛起，进一步带动了经济、贸易和社会事业的加速发展。然而，科技创新协同仍面临一系列挑战，主要体现在如何突破行政区划限制、营造更加紧密联系的外部环境，如何协调不同的区域利益诉求、构建共赢的分配和考核方式等方面。

放眼国际,欧洲多个国家高等教育与区域互动的案例显示,校企合作和产研融合的密切程度受国家教育政策、区域定位、高校数量和本身特色等客观因素的影响。加拿大滑铁卢大学促进科技创新和校企合作的实践则体现了大学为地区提供服务和传播隐性知识的重要性,这与技术专利转化、显性知识传播同等重要。

基于以上分析,本节最后针对长三角高等教育协同和上海建设科创中心的未来发展方向,总结以下四点建议。

### 一、立足于长三角一体化发展国家战略,加强高等教育协同发展的战略规划

上海市作为长三角一体化发展战略的牵头单位,应加强高等教育领域的长三角协同战略规划。自 2010 年 6 月《长江三角洲地区区域规划》发布以来,《长江三角洲城市群发展规划》、《长三角地区一体化发展三年行动计划(2018—2020 年)》相继出台。2019 年 5 月,由三省一市共同拟定的《长江三角洲区域一体化发展规划纲要》(下文简称《纲要》)正式发布,进一步明确了长三角高质量一体化发展的方向。《纲要》强调,长三角将以"一极三区一高地"作为战略定位;同时上海也出台了实施方案,抓好"七个重点领域"合作、"三个重点区域"建设,包括区域协调发展、协同创新、基础设施、生态环境、公共服务、对外开放、统一市场等重点领域,以及长三角生态绿色一体化发展示范区、上海自贸试验区新片区和虹桥商务区三个重点区域。

可以说,在这些领域的长三角协同规划已然先行,但高等教育领域仍然存在一定的空白。因此,建议及时出台长三角高等教育协同发展的战略规划,或在各层级教育的中长期规划、五年规划中增加长三角协作的内容,从而与国家战略、上海科创中心建设实现有效对接。通过战略规划的引导,增强高等教育发展的内生驱动力,鼓励高校明确自身定位,在不同的发展环境和历史阶段中,匹配环境需求与学校特色,真正发挥人才培养和科学研究的优势,不仅服务中心城市,更要服务毗邻中小城市的差异化发展,形成全方位的对接机制。

### 二、立足于高等教育资源分布与发展水平,提高长三角资源配置的效率与合作的效能

优化长三角高等教育资源配置的两个重点是降低重复建设和提高引领性科研产出。针对长三角内部高等教育资源分布不均的现状,建议国家和地方对高等教育的资

源投入，比如基础设施建设、人才培养（招生数量）方面统筹规划，避免重复投入。在节流的同时保证开源，在制度设计中增加资源优势地区对弱势地区定向帮扶或培养的内容，让更多长三角地区能利用高质量的高等教育资源。

高层次创新人才是提升区域高等教育发展水平的关键因素之一。为了进一步优化长三角高等教育资源的协同效率，提高合作效能，建议推动高校顶级名师的交流与互聘制度，促进人才培养的均衡化发展；同时构建区域内高校的科研合作和共享平台，吸收不同高校相关优势学科的科研力量，通过优势互补和资源共享，形成研发合力，在关键领域实现突破。此外，建议进一步优化长三角高校的学科布局，在培养专业型人才方面，根据对行业需求的预测，形成校企联动机制，提高高校服务能力的效能。

### 三、立足于科技创新与学科发展的规律，探索长三角产研融合新前沿和新模式

科技创新发展与学科发展是紧密相联的，一流学科建设也是国家"双一流"建设的重要一环。一方面，鼓励长三角企业和产业更多地参与学校的人才培养过程。可以用设立项目、奖金的方式，让企业有更多的动力参与学校课程的设计、教学方法的创新、行业实践与前沿的分享等过程。另一方面，着力加强长三角地区高校之间的交流合作，特别是在新兴前沿学科领域，通过机构交叉推动学科领域研究的交叉。

创新一体化是长三角产研融合的发展趋势。为了促进区域协调和产研融合，需要立足现有资源基础和规模优势，加强关键共性技术和前沿引领技术的研究力量。首先形成集聚效应，培育若干个具有国际竞争力的学科群和产业集群，融入全球的创新链；进而在集聚效应的基础上，进一步形成溢出效应，在全区域范围内整合资源、人才、环境等要素，推进研究型大学和高科技企业的协同发展，形成科学技术变革的领头羊和全球经济发展的增长极。

### 四、立足于上海市的自身特点，借鉴国际上区域协同和产研融合的先进经验

放宽视野，在促进上海科创中心建设，发挥长三角协同发展龙头作用时学习国际一流高校和领先科创地区的经验。西班牙安达卢西亚大学、爱尔兰利默里克大学和荷兰特温特大学的经验表明，一些小范围区域内的大学可以发挥核心的推动作用。因此，长三角三省一市可以在某个限定区域或外围，选择一所龙头大学在校地合作、校企合作方面给予政策支持和优惠；还可以基于行业特色，支持一些大学在文化、少数民

族、特殊群体等某个特定领域与地区建立互动和互助关系。借鉴加拿大滑铁卢大学推动创新创业和区域发展的经验,把校企合作和产研融合的关注范围扩大到中小企业甚至微创业企业,鼓励学校和学生团队帮助这些企业克服短期技术难题和创新瓶颈。这样一方面提高了创新创业的成功率,另一方面也增加了技术与信息交流的机会,对中小企业和普通学生而言是双赢的机会。

科技创新,是一个量变到质变的过程。长三角一体化协同发展经过二十余年的发展,在国家战略支持和三省一市新的实施方案的引导下,也将迎来前所未有的质变。高等教育作为地区人才、技术的重要来源,必须通过战略规划引领、资源优化配置、交叉合作探索的方式与长三角协同发展对接,从而更好地助力上海科创中心的建设。

## 参考文献

### 专著

[1] [西]奥尔特加·加塞特.大学的使命[M].徐小洲,陈军,译.杭州:浙江教育出版社,2001.
[2] [英]贝尔纳.历史上的科学[M].伍况甫,等,译.北京:科学出版社,1959.
[3] [美]伯顿·克拉克.探究的场所——现代大学的科研和研究生教育[M].王承绪,译.杭州:浙江教育出版社,2001.
[4] 陈洪捷.德国古典大学观及其对中国的影响[M].北京:北京大学出版社,2006.
[5] 杜德斌.全球科技创新中心:动力与模式[M].上海:上海人民出版社,2015.
[6] 高维和.全球科技创新中心:现状、经验与挑战[M].上海:格致出版社,上海人民出版社,2015.
[7] [日]国立教育研究所.日本近代教育百年史(第5卷)[M].文唱堂,1974:490.
[8] 贺国庆,等.外国高等教育史[M].北京:人民教育出版社,2003.
[9] 蒋国兴,龚民煜,丁洁民,等.上海高校产业改革与发展[M].上海:上海教育出版社,2015.
[10] 李志红,等.大学与城市互动研究[M].济南:山东大学出版社,2009.
[11] 刘念才,赵文华.面向创新型国家的高校科技创新能力建设研究[M].北京:中国人民大学出版社,2006.
[12] 刘念才,周铃.面向创新型国家的研究型大学建设研究[M].北京:中国人民大学出版社,2007.
[13] 骆大进.科技创新中心:内涵、路径与政策[M].上海:上海交通大学出版社,2016.
[14] 聂永有,殷凤,尹应凯.科创引领未来:科技创新中心的国际经验与启示,城市篇[M].上海:上海大学出版社,2015.
[15] 任学安.大国崛起——德国[M].北京:中国民主法制出版社,2006.
[16] 任学安.大国崛起——日本[M].北京:中国民主法制出版社,2006.
[17] 上海科学技术情报研究所,上海市前沿技术研究中心.全球科技创新中心战略情报研究——从"园区时代"到"城市时代"[M].上海:上海科学技术文献出版社,2016.
[18] 苏州市统计局.苏州统计年鉴2000[M].北京:中国统计出版社,2000.
[19] 夏人青,胡国勇.国际大都市高等教育比较研究[M].上海:上海教育出版社,2018.
[20] 赵中建.全球教育发展的研究热点——90年代来自联合国教科文组织的报告[M].北京:教育科学出版社,1999.
[21] 周振华,陶纪明,等.上海建设全球科技创新中心:战略前瞻与行动策略[M].上海:格致出版社,上海人民出版社,2015.

### 期刊报纸

[22] 曹东坡,于诚,徐保昌.高端服务业与先进制造业的协同机制与实证分析——基于长三角地区的研究[J].经济与管理研究,2014(3):76—86.
[23] 陈谈强.中国对外开放展现新格局——国务院召开长江、珠江三角洲和闽南厦漳泉三角地区座谈会追记[J].瞭望周刊,1985(8):9—11.
[24] 陈武元.美日两国高校经费筹措模式及其对我国的启示[J].高等教育研究,39(7):99—109.
[25] 程莹,刘念才.世界知名大学建校时间的实证分析[J].清华教育研究,2007(4):56—63.

[26] 迟景明.科学中心转移与高等教育中心转移之间的关系[J].教育科学,2003(6):35—37.
[27] 崔一鸣.英国将推出新的网络工具促进英国大学与产业界合作[J].世界教育信息,2017(24):77—77.
[28] 崔玉平,陈克江.区域一体化进程中高等教育行政区划改革与重构——基于长三角高等教育协作现状的分析[J].现代大学教育,2013(4):63—69.
[29] 杜德斌.全球科技创新中心:世界趋势与中国的实践[J].科学,2018,70(6):15—18.
[30] 杜德斌,段德忠.全球科技创新中心的空间分布、发展类型及演化趋势[J].上海城市规划,2015(2):76—81.
[31] 杜德斌,何舜辉.全球科技创新中心的内涵、功能与组织结构[J].中国科技论坛,2016(2):10—15.
[32] 范燏.新加坡高等教育国际化战略分析[J].世界教育信息,2013(13):22—27.
[33] 冯烨,梁立明.世界科学中心转移的时空特征及学科层次析因(上)[J].科学学与科学技术管理,2000(5):4—8.
[34] 龚放.观念认同 政府主导 项目推动——再论打造"长三角高等教育发展极"[J].教育发展研究,2005(7):55—57.
[35] 共建"长三角教育综合改革试验区"课题组.推进长三角教育综合改革 实现区域教育联动发展[J].教育发展研究,2012(5):27—45.
[36] 顾一琼.徐汇区启动科创中心重要承载区建设"光启计划"[N].文汇报,2017-04-26.
[37] 郭亚婷.大学科技园转型发展的困境与出路[J].中国高校科技,2018,356(4):86—87.
[38] 洪银兴,王振,曾刚,等.长三角一体化新趋势[J].上海经济,2018(3):122—148.
[39] 胡小武.城市群的空间嵌套形态与区域协同发展路径——以长三角城市群为例[J].上海城市管理,2017,26(2):18—23.
[40] 季俊峰.一流大学的建设经验与启示——以新加坡南洋理工大学为例[J].南昌航空大学学报(社会科学版),2014(4):103—108.
[41] 姜澎,樊丽萍.上海高校科技园蓄势提升能级[N].文汇报,2019-01-23.
[42] 蒋向利.高校科技成果转化:巨大潜力待释放——访全国政协教科文卫体委员会副主任、上海交通大学原党委书记马德秀[J].中国科技产业,2015(9):14—15.
[43] 金保华,刘晓洁.世界城市纽约高等教育的演进、特征及启示[J].现代教育科学,2017(6):149—156.
[44] 孔令帅.高等教育与经济社会的互动:纽约高校与企业合作的经验及启示[J].现代教育管理,2012(11):120—123.
[45] 匡建江,孙敏,沈阳.英国高等教育对国民经济贡献逾730亿英镑[J].世界教育信息,2014(9):73—74.
[46] 李海萍.中国大学科技园的发展与创新[J].湖南师范大学教育科学学报,2007(2):74—78.
[47] 李家华,卢旭东.把创新创业教育融入高校人才培养体系[J].中国高等教育,2010(12):9—11.
[48] 李娜,屠启宇,龚晨,等.发挥科技创新龙头作用 引领长江经济带协同发展——上海与长江经济带城市科技创新协同发展的几点建议[J].华东科技,2017(3):44—46.
[49] 李强实地调研复旦大学科技园和同济大学科技园建设并主持召开座谈会——把大学科技园建好建强形成品牌特色[N].新民晚报,2019-01-19(03).
[50] 李伟铭,黎春燕,杜晓华.我国高校创业教育十年:演进、问题与体系建设[J].教育研究,2013,34(6):42—51.
[51] 李晓华,徐凌霄,丁萌琪.构建我国高校创新创业教育体系初探[J].中国高等医学教育,2006(7):53—54.
[52] 刘霁雯.科创中心建设背景下提升高校创新能力的对策[J].中国高校科技,2018,360(8):7—11.
[53] 刘则渊.贝尔纳论世界科学中心转移与大国博弈中的中国[J].科技中国,2017(1):18—24.

[54] 刘志彪,张晔.中国沿海地区外资加工贸易模式与本土产业升级:苏州地区的案例研究[J].经济理论与经济管理,2005(8):57—62.
[55] 鲁哲.闵行区制定建设南部科技创新中心核心区框架方案[N].新民晚报,2016-03-01.
[56] 罗月领,高希杰,何万篷.上海建设全球科技创新中心体制机制问题研究[J].科技进步与对策,2015(18):28—33.
[57] 骆建文,王海军,张虹.国际城市群科技创新中心建设经验及对上海的启示[J].华东科技,2015(3):64—68.
[58] 吕春燕,孟浩,何建坤.研究型大学在国家自主创新体系中的作用分析[J].清华大学教育研究,2005(5):1—7.
[59] 毛国锋,王莹.加快杭州引进名院名所的对策研究[J].杭州科技,2017(5):15 20.
[60] 潘教峰,刘益东,陈光华,张秋菊.世界科技中心转移的钻石模型[J].中国科学院院刊,2019(1):10—21.
[61] 潘燕萍.从"自上而下"向"创业本质"的回归——以日本的创新创业教育为例[J].高教探索,2016(8):49—55.
[62] 乔身吉.上海高校校办产业进入发展新阶段[J].实验室研究与探索,1992(4):113—114.
[63] 仇松杏,刘运玺.论我国大学科技园发展历史[J].江苏科技信息,2013(21):73—74.
[64] 人民论坛课题组.如何实现更高质量的创新发展——上海市松江区以G60科创走廊推动创新发展调研报告[J].国家治理,2018(9):28—42.
[65] 上海科创"杨浦计划"成型 三步走建设重要承载区[N].文汇报,2015-11-27(04).
[66] 上海南部科创中心核心区建设初显成效[N].经济参考报,2018-11-05.
[67] 上海市中国特色社会主义理论体系研究中心.对加快建成具有全球影响力科技创新中心的思考[J].红旗文稿.2015(12):25—27.
[68] 谌晓芹.欧洲高等教育一体化改革:博洛尼亚进程的结构与过程分析[J].高等教育研究,2012(6):92—100.
[69] 石变梅,吴伟,高树昱.纽约大学理工学院$i^2e$创业教育模式探索[J].现代教育管理,2012(4):123—127.
[70] 史先社.高校科技成果转化管理模式与实践:上海工业大学科技园区建设[J].高科技与产业化,1996(1):14—18.
[71] 宋姝婷,吴绍棠.日本官产学合作促进人才开发机制及启示[J].科技进步与对策,2013(9):143—147.
[72] 苏洋,赵文华.我国研究型大学如何服务全球科技创新中心建设——基于纽约市三所研究型大学的经验[J].教育发展研究,2015(17):1—7.
[73] 孙琛辉.大学科技园:在公益与市场间游走[N].中国科学报,2012-04-25.
[74] 孙玲.徐汇建设上海科创中心重要承载区[N].上海科技报,2015-08-05(04).
[75] 孙芸.国外高校设立技术转移公司模式[N].中国科学报,2019-01-31(06).
[76] 陶俊浪,万秀兰.非洲高等教育一体化进程研究[J].比较教育研究,2016(4):9—17.
[77] 屠启宇,王冰.发挥智力资本优势参与全球创新网络:从国际指标体系看上海建设全球科技创新中心[J].华东科技,2015(4):70—73.
[78] 汪克强.引领新时代科技强国建设的重大战略[N].人民日报,2017-11-07.
[79] 王德禄.以新经济视角看"科技创新中心"[J].中关村,2014(6):80.
[80] 王奇.在"三区联动"和"长三角互动"中看上海高校在区域创新中的作用[J].中国高校科技,2007(s1):15—17.
[81] 吴亮.德国创业型大学的改革发展及其启示——以慕尼黑工业大学为例[J].高教探索,2016(12):45—50.
[82] 吴伟,蔡雯莹,蒋啸.美国大学市场化技术转移服务:两种模式的比较[J].复旦教育论坛,2018(1):106—112.
[83] 夏春雨.大学生创业教育的实践与思考[J].江苏高教,2004(6):106—108.
[84] 肖林.未来30年上海全球科技创新中心与人才战略[J].科学发展,2015(7):14—19.
[85] 熊华军,岳芩.斯坦福大学创业教育的内涵及启示[J].比较教育研究,2011(11):67—71.

[86] 徐程.一廊九区构筑G60上海松江科创走廊[N].新民晚报,2018-06-03(02).
[87] 徐飞.以创业学院为平台,构建"一体两翼"创业教育模式[J].创新与创业教育,2011,2(3):10—11.
[88] 徐鹏杰.国外高校科技成果转化的经验及启示[J].经济研究导刊,2010(23):239—241.
[89] 杨立军.从十大名校看美国式精英教育[J].教育,2012(25).
[90] 杨浦做大做强科技园"创新U场"激发新能量[N].解放日报,2019-01-29(08).
[91] 杨婷,尹向毅.大学如何构建创业支持系统——哥伦比亚大学的探索[J].华东师范大学学报(教育科学版),2019,37(1):37—45.
[92] 杨逸飞.G60科创走廊重点项目 天安云谷科技园昨开工[N].松江报,2017-10-13.
[93] 杨宗仁.我国高校创业教育的现状、问题和教育对策[J].兰州交通大学学报,2004(5):154—157.
[94] 英国高等教育每年为经济贡献450亿英镑[J].世界教育信息,2006(7):22—22.
[95] 余秀兰.促进与区域经济的良好互动:长三角教育的应为与难为[J].教育发展研究,2005(17):60—62.
[96] 袁玮.徐汇区出台新的人才计划 聚焦高峰人才实行一人一策[N].新民晚报,2018-04-25.
[97] 扎西达娃,丁思嘉,朱军文.美国能源部国家实验室未来十年战略要点启示[J].实验室研究与探索,2014(10):234—238.
[98] 张继龙.从规划文本到决策准则——《纽约大学2031年发展纲要》的内容及启示[J].高校教育管理,2015,9(1):71—75.
[99] 张振助.高等教育与区域互动发展研究——中国的实证分析及策略选择[J].教育发展研究,2003(9):39—44.
[100] 张志宏,朱小琴,刘琦岩,等.泛长三角区域国家高新区发展比较分析研究[J].科学管理研究,2015,33(4):1—5.
[101] 赵刚.尽快谋划和建立符合中国利益的全球创新体系[J].科技创新与生产力,2011(11):25—30.
[102] 赵落涛,曹卫东,魏冶,等.泛长三角人口流动网络及其特征研究[J].长江流域资源与环境,2018,27(4):705—714.
[103] 周光礼.走向高等教育强国:发达国家教育理念的传承与创新[J].高等工程教育研究,2010(3):66—77.
[104] 朱军文,丁思嘉.我国高校基础研究发展探析[J].中国高校科技,2011(12):15—17.
[105] 朱军文,刘念才.科研评价:目的与方法的适切性研究[J].北京大学教育评论,2012(3):47—56.
[106] 朱军文,刘念才.高校科研评价定量方法与质量导向的偏离及治理[J].教育研究,2014(8):52—59.
[107] 卓泽林,王志强.构建全球化知识企业:新加坡国立大学创新创业策略研究及启示[J].比较教育研究,2016(1):14—21.

## 学位论文

[108] 揭选州.论高等教育与世界科学中心的转移[D].武汉:武汉大学,2004.
[109] 秦振华.创新驱动发展背景下上海市完善创新人才开发政策研究[D].上海:上海师范大学,2015.
[110] 沈元.大学科技园盈利模式研究[D].哈尔滨:哈尔滨工程大学,2009.
[111] 田甜.大学科技园发展研究[D].武汉:武汉理工大学,2007.
[112] 王子龙.世界高等教育中心转移现象研究[D].金华:浙江师范大学,2018.
[113] 吴倩.大学在大学科技园中的角色选择与功能定位研究:基于协同创新的视角[D].杭州:浙江工业大学,2013.
[114] 张平.试论高校校办产业管理体制改革[D].武汉:华中师范大学,2003.

[115] 张小红.上海市大学科技园综合绩效评价研究[D].上海:上海工程技术大学.2016.

## 其他

[116] 2017 上海科技进步报告[R].上海市科委,2018.
[117] 2018 上海科技进步报告[R].上海市科委,2019.
[118] 程伟.关于加快推进科创中心重要承载区建设情况的报告[R].上海市徐汇区第十六届人民代表大会常务委员会第八次会议,2017-12-05.
[119] 东方网.如何打造闵行特色的"四大品牌"一流承载区?[EB/OL].(2018-06-21).[2019-07-11].http://mini.eastday.com/a/180621172610360.html.
[120] 复旦大学国家大学科技园[EB/OL].[2019-07-21].http://www.fudanusp.com/parks.html.
[121] 光明网.上海浦东再推人才发展"35条"[EB/OL].[2019-07-31].http://difang.gmw.cn/sh/2018-04/04/content_28222482.htm.
[122] 哈尔滨工业大学(深圳).基本情况[EB/OL].[2018-08-15].http://www.hitsz.edu.cn/page/id-3.html.
[123] 嘉定报.嘉定打造科创中心重要承载区核心区规划发布[EB/OL].(2016-07-13).http://www.jiading.gov.cn/zwpd/zwdt/content_236390.
[124] 教育部 国务院学位委员会关于印发《学位与研究生教育发展"十三五"规划》的通知[EB/OL].(2017-01-20).[2018-09-29].http://www.moe.gov.cn/srcsite/A22/s7065/201701/t20170120_295344.html.
[125] 教育部.学位授予和人才培养学科目录(2018年)[EB/OL].http://www.moe.gov.cn/s78/A22/xwb_left/moe_833/201804/t20180419_333655.html.
[126] 科技部.科技企业孵化器管理办法[Z].2018-12-24.
[127] 科技部,教育部.关于促进国家大学科技园创新发展的指导意见[Z].2019-03-29.
[128] 科睿唯安.研究前沿(科睿唯安公司发布)[EB/OL].[2018-11-02].https://clarivate.com.cn/e-clarivate/report.htm.
[129] 科学技术部,教育部.科学技术部、教育部关于组织开展大学科技园建设试点的通知[Z].1999-09-13.
[130] 科学技术部,教育部.国家大学科技园管理试行办法[Z].2000-11-27.
[131] 科学技术部,教育部.国家大学科技园"十五"发展规划纲要[Z].2001-06-06.
[132] 科学技术部,教育部.国家大学科技园"十一五"发展规划纲要[Z].2006-12-06.
[133] 闵行区科学技术委员会.关于建设上海南部科技创新中心核心区的框架方案[Z].2016-03-01.
[134] 南方科技大学.师资力量[EB/OL].[2018-08-15].http://www.sustech.edu.cn/about_0.
[135] 澎湃讯.上海市委书记李强:上海科创中心建设要突出"三个聚力"[EB/OL].[2018-06-20].https://www.thepaper.cn/newsDetail_forward_2207986.
[136] 全球化智库.2017中国高校学生创新创业调查报告[EB/OL].(2017-09-26).[2018-09-29].http://www.ccg.org.cn/Event/View.aspx?Id=7577.
[137] 人民网上海频道.长三角新举措发展教育联动 有望共同建设教育综合改革试验区[EB/OL].[2018-10-30].http://news.163.com/11/0408/21/7158LU1400014JB6.html.
[138] 上海高校创新创业教育联盟[EB/OL].[2018-09-29].http://saiee.fanya.chaoxing.com/portal.
[139] 上海嘉定.《上海市嘉定区总体规划暨土地利用总体规划(2017—2035年)》今起公示[EB/OL].[2018-06-06].http://www.at-siac.com/news/detail_1986.html.
[140] 上海教育.大学生创新创业训练计划实施情况[EB/OL].(2012-05-30).[2018-09-29].http://edu.sh.gov.cn/web/xwzx/show_article.html?article_id=66974.
[141] 上海教育.关于做好2013年上海市研究生创新创业培养专项申报工作的通知[EB/OL].(2013-06-17).[2018-9-29].http://edu.sh.gov.cn/web/xxgk/rows_content_view.

html? article_code=418062013008.

[142] 上海教育.产学研合作[EB/OL].[2019-09-28]. http://edu.sh.gov.cn/html/xxgk/rows.list.41211.html.

[143] 上海教育.关于报送2018年上海市大学生创新创业训练计划立项项目的通知[EB/OL].(2018-03-19).[2018-09-29]. http://edu.sh.gov.cn/web/xxgk/rows_content_view.html? article_code=418022018002.

[144] 上海教育.关于公布上海市首批深化创新创业教育改革示范高校名单的通知[EB/OL].(2017-08-11).[2019-09-29]. http://edu.sh.gov.cn/web/xxgk/rows_content_view.html? article_code=418022017006.

[145] 上海教育.关于申报第一批上海高校创新创业教育实验基地的通知[EB/OL].(2012-06-08).[2018-09-29]. http://edu.sh.gov.cn/web/xxgk/rows_content_view.html? article_code=418022012007.

[146] 上海教育.关于做好深化高等学校创新创业教育改革工作的通知[EB/OL].(2016-02-17).[2018-09-29]. http://edu.sh.gov.cn/web/xxgk/rows_content_view.html? article_code=418022016002.

[147] 上海教育.上海交大全方位构建特色创新创业生态系统[EB/OL].(2016-04-03).[2018-09-29]. http://edu.sh.gov.cn/web/xwzx/show_article.html? article_id=86958.

[148] 上海教育.同济大学启动"国家大学生创新训练计划"试点工作[EB/OL].(2006-11-28).[2018-09-29]. http://edu.sh.gov.cn/web/xwzx/show_article.html? article_id=33030.

[149] 上海教育新闻网.八大问题"解密"第六届长三角教育协作会议[EB/OL].[2018-06-31]. http://www.shedunews.com/zixun/shanghai/zonghe/2014/07/09/657674.html.

[150] 上海临港.临港规划[EB/OL].[2019-06-27]. http://www.lgxc.gov.cn/channels/4.html.

[151] 上海软科教育信息咨询有限公司.软科中国最好大学排名2018[EB/OL].[2018-07-30]. http://www.zuihaodaxue.com/zuihaodaxuepaiming2018.html.

[152] 上海市嘉定区人民政府.嘉定关于加快建设具有全球影响力的科技创新中心重要承载区三年行动计划(2018—2020)[Z].2018-05-28.

[153] 上海市教育委员会.第七届长三角教育协作发展会议召开[EB/OL].[2018-06-31]. http://www.shmec.gov.cn/html/article/201507/82325.html.

[154] 上海市科学技术委员会.上海嘉定出台"双高"人才计划力争2020年人才总量达40万名[EB/OL].[2018-06-12]. http://shanghai.gov.cn/nw2/nw2314/nw2315/nw15343/u21aw1317886.html.

[155] 上海市科学技术委员会.上海科创中心建设五年成绩亮眼[EB/OL].(2019-05-23). http://www.shanghai.gov.cn/nw2/nw2314/nw2315/nw31406/u21aw1384293.html.

[156] 上海市科学技术委员会,上海市统计局.上海科技统计年鉴2017[EB/OL]. http://shsts.stcsm.gov.cn/home/njptcx.aspx? FunID=12&ModuleID=3.

[157] 上海市闵行区人民政府.闵行区产业布局规划方案(2018—2025年)[Z].2018-08-21.

[158] 上海市张江科学城建设管理办公室.张江科学城概况[EB/OL].[2019-07-01]. http://www.sh-zj.gov.cn/Default.aspx? tabid=152.

[159] 上海市政府.张江科学城建设规划[Z].2017-08-07.

[160] 上海市政府关于印发《上海市教育改革和发展"十三五"规划》的通知[EB/OL].(2016-09-12).[2018-09-29]. http://www.shanghai.gov.cn/nw2/nw2314/nw39309/nw39385/nw40603/u26aw49535.html.

[161] 上海科技创新资源数据中心.上海市重点实验室年度评估报告[EB/OL].[2017-09-30]. http://www.sstir.cn/base! labDocs.do.

[162] 深化推进全球科创中心建设 上海今年准备这么干[EB/OL].[2019-07-31]. https://baijiahao.baidu.com/s? id=1621602847135729994&wfr=spider&for=pc.

[163] 深圳虚拟大学园简介[EB/OL].[2018-08-22]. http://www.szvup.com/Html/xygk/3840.html.

[164] 首席评论 | 大学孵化器如何实现十年项目融资超 10 亿英镑?[EB/OL]. (2017 - 09 - 18). 第一财经. https://www.yicai.com/news/5346650.html.

[165] 松江 G60 科创走廊:具有全球影响力的上海科创中心重要承载区[EB/OL]. [2017 - 11 - 12]. http://m.sohu.com/a/203954497_99918110.

[166] 松江出台系列措施打造 G60 科创走廊人才集聚新高地[EB/OL]. [2017 - 11 - 16]. http://mini.eastday.com/mobile/171116134007321.html.

[167] 苏州工业园区管委会. 高等教育[EB/OL]. (2018 - 02 - 17). [2018 - 08 - 12]. http://www.sipac.gov.cn/dept/szdshkjcxq/jywh/gdjy/201802/t20180227_687879.htm.

[168] 腾讯教育. 哈工大(深圳)就业率超 97% 超半数毕业生留深[EB/OL]. (2018 - 06 - 15). [2018 - 08 - 25]. http://edu.qq.com/a/20180615/031948.htm.

[169] 同济大学新闻网. 李强来同济调研大学科技园建设[EB/OL]. (2019 - 01 - 29). [2019 - 07 - 11]. https://news.tongji.edu.cn/info/1003/68575.htm.

[170] 王玉凤. 深圳人才政策诱惑大 北大深圳研究生院毕业生留深率猛增[EB/OL]. (2017 - 07 - 14). [2018 - 08 - 25]. http://sohu.com/a/154233454_465583.

[171] 徐汇区科学技术委员会. 徐汇区高新技术产业发展"十三五"规划[Z]. 2016 - 10 - 18.

[172] 杨浦区"十三五"产业发展专项规划[EB/OL]. [2018 - 07 - 20]. https://www.ccpc360.com/bencandy.php?fid=191&id=73287.

[173] 中共上海市委,上海市人民政府. 关于加快建设具有全球影响力的科技创新中心的意见[Z]. 2015 - 05 - 25.

[174] 中共中央,国务院. 中共中央、国务院关于加强技术创新,发展高科技,实现产业化的决定[Z]. 1999 - 08 - 20.

[175] 中华人民共和国国务院. 关于强化实施创新驱动发展战略进一步推进大众创业万众创新深入发展的意见[EB/OL]. (2017 - 07 - 21). [2018 - 09 - 27]. http://www.gov.cn/zhengce/content/2017-07/27/content_5213735.htm.

[176] 中国学位与研究生教育信息网[EB/OL]. http://www.cdgdc.edu.cn/.

[177] 中华人民共和国教育部. 教育部关于大力推进高等学校创新创业教育和大学生自主创业工作的意见[EB/OL]. (2010 - 05 - 13). [2018 - 09 - 27]. http://www.moe.gov.cn/srcsite/A08/s5672/201005/t20100513_120174.html.

[178] 中华人民共和国教育部. 教育部关于全面提高高等教育质量的若干意见[EB/OL]. (2012 - 03 - 16). [2018 - 09 - 27]. http://old.moe.gov.cn/publicfiles/business/htmlfiles/moe/s6342/201301/xxgk_146673.html.

[179] 中华人民共和国教育部. 面向 21 世纪教育振兴行动计划[EB/OL]. (1998 - 12 - 24). [2018 - 09 - 28]. http://old.moe.gov.cn/publicfiles/business/htmlfiles/moe/s6986/200407/2487.html.

[180] 中华人民共和国教育部,人事部,劳动保障部. 关于积极做好2008年普通高等学校毕业生就业工作的通知[EB/OL]. (2007 - 11 - 16). [2018 - 09 - 27]. http://www.moe.gov.cn/jyb_xxgk/gk_gbgg/moe_0/moe_1443/moe_1898/tnull_29935.html.

## 外文文献

[181] Boucher G, Conway C, Van Der Meer E. Tiers of engagement by universities in their region's development [J]. Regional Studies, 2003, 37(9): 887 - 897.

[182] Bramwell A, Wolfe D A. Universities and regional economic development: The entrepreneurial University of Waterloo [J]. Research Policy, 2008, 37(8): 1175 - 1187.

[183] Cooke P. Regional innovation systems: Competitive regulation in the new Europe [J]. Geoforum, 1992, 23(3): 365 - 382.

[184] Eesley C E, Miller W F. Impact: Stanford University's Economic Impact via Innovation and Entrepreneurship [M]. California: Stanford University Press. 2012.

[185] New York State Education Department, Office of Research and Information Systems.

Solutions for New York: The Economic Significance of Independent Colleges and Universities in New York State [J]. Center for Governmental Research, 2006(6).

[186] Panel Criteria and Working Methods [EB/OL]. (2014-04-06). http://www.ref.ac.uk/pubs/2012-01/#d.en.69569.

[187] Rothaermel F T, Agung S D, Jiang L. University entrepreneurship: A taxonomy of the literature [J]. Industrial & Corporate Change, 2007,16(4): 691-791.

[188] University of Tokyo. Division of University-Corporate Relations [EB/OL]. http://www.ducr.u-tokyo.ac.jp/en/mission/greeting.html.

[189] University of Tokyo. About UTokyo [EB/OL]. https://www.u-tokyo.ac.jp/en/about/finances.html#anchor3.

[190] Yuasa M. Center of scientific activity: Its shift from the 16th to the 20th century [J]. Japanese Studies in the History of Science, 1962,1(1): 57-75.

## 后记

有关高等教育对经济社会发展的价值,基于人力资本视角或创新驱动发展视角的相关研究已经硕果累累。比如,高等教育对一个国家经济社会发展的重要性,可以从世界科学中心转移与世界高等教育中心转移之间的一致性、国家之间综合国力兴替与其高等教育实力消长的一致性、创新型国家分布与世界一流大学分布的一致性来检视。高等教育对区域或城市发展的贡献,可以从区域创新体系竞争力、城市级别的世界科技中心发展、大学科学园区的成长等方面去探求。在这些已有研究基础上,聚焦上海,提出高等教育如何服务科技创新中心建设的独特案例,对我们是一项挑战。

"赋能"是互联网时代出现的一个新概念,顾名思义,是一个因素赋予另外一个因素更大的动力、能力或能量的过程。在经过多次讨论后,我们希望借用"赋能"概念,研究阐述高等教育对科技创新中心的全面、深入和无所不在的正面影响以及存在的不足,并提出政策建议。愿望美好,但实现起来却非常困难,本书算是一次积极的尝试。在篇章结构安排上,除了体现高等教育在人才培养输送、原始创新策源等方面的基本功能外,本书有意突出高等教育中的"学科"单元及其与产业衔接、科创中心功能承载区与大学科技园区的融合、长三角科教协同等内容。

几位作者长期从事高等教育特别是研究型大学的研究,在创新政策、人才政策、学生培养、学科评价、科学计量以及战略规划等方面具有一些理论研究和政策咨询工作积累。本书成稿历时两年多,是大家在已有工作基础上通力合作的成果。整体框架由朱军文、余新丽、杨颉讨论确定;绪论、第一章、第二章、第三章、第六章主要由朱军文撰写完成,李奕赢协助撰写了第三章;第四章、第五章、第七章由余新丽、杨颉、吕薇、秦野、刘晓雯共同完成。

本书是丛书"2035 中国教育发展战略研究"中的一本,感谢丛书主编袁振国教授的信任和邀请。感谢编委会对本书框架、思路的多次研讨和建议。感谢华东师范大学出版社白锋宇、王冰如两位编辑的细致编校工作。文中所有疏漏由作者负责。

朱军文　余新丽　杨　颉
2019 年 12 月